普通高等教育风景园林专业系列教材

盆景与插花艺术

主　编　潘远智

副主编　严贤春　江明艳　姜贝贝
　　　　张　婷

参　编（排名不分先后）
　　　　何　兵　秦红玫　廖雪兰
　　　　潘　欣

主　审　秦　华

重庆大学出版社

内容简介

"盆景与插花艺术"是风景园林专业的专业课教材。本书由两部分组成,共12章:第一部分盆景学分为盆景概论、盆景造型的基本理论、盆景的材料与工具、树桩盆景、山水盆景、盆景的陈设与鉴赏,共6章;第二部分插花艺术分为插花艺术的发展史、插花艺术的基本原理、插花艺术的基本知识、插花造型技艺、插花作品的鉴赏与评比、切花保鲜,共6章。

本书可作为园林及相关专业的专业课教材,也可作为风景园林、环境艺术相关专业教学参考用书。通过本书的教学,可提高学生对盆景和插花艺术的欣赏能力,进一步培养学生的审美、拓宽专业理论基础、增加专业技能、增强动手能力和独立创作能力。

图书在版编目(CIP)数据

盆景与插花艺术 / 潘远智主编.— 重庆 : 重庆大学出版社,2020.3(2022.7 重印)
普通高等教育风景园林专业系列教材
ISBN 978-7-5689-1979-1

Ⅰ.①盆…　Ⅱ.①潘…　Ⅲ.①盆景—观赏园艺—高等学校—教材②插花—装饰美术—高等学校—教材　Ⅳ.①S688.1②J525.12

中国版本图书馆 CIP 数据核字(2020)第 005926 号

普通高等教育风景园林专业系列教材
盆景与插花艺术
PENJING YU CHAHUA YISHU
主　编　潘远智
主　审　秦　华

责任编辑:文　鹏　夏　宇　　版式设计:张　婷
责任校对:谢　芳　　　　　　责任印制:赵　晟
*
重庆大学出版社出版发行
出版人:饶帮华
社址:重庆市沙坪坝区大学城西路 21 号
邮编:401331
电话:(023)88617190　88617185(中小学)
传真:(023)88617186　88617166
网址:http://www.cqup.com.cn
邮箱:fxk@ cqup.com.cn(营销中心)
全国新华书店经销
重庆巍承印务有限公司印刷
*
开本:787mm×1092mm　1/16　印张:17.5　字数:439 千
2020 年 3 月第 1 版　　2022 年 7 月第 2 次印刷
印数:3 001—6 000
ISBN 978-7-5689-1979-1　定价:59.00 元

总　序

　　风景园林学,这门古老而又常新的学科,正以崭新的姿态迎接未来。

　　"风景园林学"(Landscape Architecture)是规划、设计、保护、建设和管理户外自然和人工环境的学科。其核心内容是户外空间营造,根本使命是协调人与自然之间的环境关系。回顾已经走过的历史,风景园林已持续存在数千年,从史前文明时期的"筑土为坛""列石为阵",到 21 世纪的绿色基础设施、都市景观主义和低碳节约型园林,都有一个共同的特点:就是与人们对生存环境的质量追求息息相关。无论中西,都遵循一个共同的规律,社会经济高速发展之时,正是风景园林大展宏图之势。

　　今天,随着城市化进程的飞速发展,人们对生存环境的要求也越来越高,不仅注重建筑本身,而且更加关注户外空间的营造。休闲意识和休闲时代的来临,使风景名胜区和旅游度假区保护与开发的矛盾日益加大;滨水地区的开发随着城市形象的提档升级受到越来越高的关注;代表城市需求和城市形象的广场、公园、步行街等城市公共开放空间大量兴建;居住区环境景观设计的要求越来越高;城市道路在满足交通需求的前提下景观功能逐步被强调……这些都明确显示,社会需要风景园林人才。

　　自 1951 年清华大学与原北京农业大学联合设立"造园组"开始,中国现代风景园林学科已有 58 年的发展历史。据统计,2009 年我国共有 184 个本科专业培养点。但是,由于本学科的专业设置分属工学门类建筑学一级学科下城市规划与设计二级学科的研究方向和农学门类林学一级学科下园林植物与观赏园艺二级学科;同时,本学科的本科名称又分别有园林、风景园林、景观建筑设计、景观学等,加之社会上从事风景园林行业的人员复杂的专业背景,使得人们对这个学科的认知一度呈现较为混乱的局面。

　　然而,随着社会的进步和发展,学科发展越来越受到高度关注,业界普遍认为应该集中精力调整与发展学科建设,培养更多更好的适应社会需求的专业人才为当务之急,于是"风景园林"作为专业名称得到了共识。为了贯彻《中共中央国务院关于深化教育改革全面推进素质教育的决定》的精神,促进风景园林学科人才培养走上规范化的轨道,推进风景园林类专业的"融合、一体化"进程,拓宽和深化专业教学内容,满足现代化城市建设的具体要求,编写一套适合新时代普通高等教育风景园林专业教学需要的系列教材是十分必要的。

　　重庆大学出版社从 2007 年开始跟踪、调研全国风景园林专业的教学状况,2008 年决定启动"普通高等教育风景园林专业系列教材"的编写工作,并于 2008 年 12 月组织召开了普通高等教育风景园林专业系列教材编写研讨会。研讨会汇集南北各地园林、景观、环境艺术领域的专业教师，就风景园林类专业的教学状况、教材大纲等进行交流和研讨，为确保系列教材的编写质量与顺利出版奠定了基础。经过重庆大学出版社和主编们两年多的精心策划，以及广大参编人员的精诚协作与不懈努力，"普通高等教育风景园林专业系列教材"将于2011年陆续问世，真是可喜可贺！

这套系列教材的编写广泛吸收了有关专家、教师及风景园林工作者的意见和建议，立足于培养具有综合创新能力的普通本科风景园林专业人才，精心选择内容，既考虑到了相关知识和技能的科学体系的全面系统性，又结合了广大编写人员多年来教学与规划设计的实践经验，并汲取国内外最新研究成果编写而成。教材理论深度合适，注重对实践经验与成就的推介，内容翔实，图文并茂，是一套风景园林学科领域内的详尽、系统的教学系列用书，具较高的学术价值和实用价值。这套系列教材适应性广，不仅可供风景园林类及相关专业学生学习风景园林理论知识与专业技能使用，也是专业工作者和广大业余爱好者学习专业基础理论、提高设计能力的有效参考书。

相信这套系列教材的出版，能更好地适应我国风景园林事业发展的需要，能为推动我国风景园林学科的建设、提高风景园林教育总体水平起到积极的作用。

愿风景园林之树常青！

编委会主任　杜春兰
编委会副主任　陈其兵
2010年9月

前 言

传统园林专业开设了"盆景学""插花艺术基础"等课程,随着风景园林行业的发展及风景园林专业教育教学改革的不断深入,有必要对部分课程加以合并、整合,特别是针对艺术类、建筑类高等院校的风景园林专业开设的植物类课程,更应该侧重知识的多维度和审美情趣的培养。本书将两门课程合并为"盆景与插花艺术",希望在此方面得到初步尝试。

盆景是在盆栽基础上发展起来,通过艺术加工和技术手段形成的一种园艺艺术品,而插花是利用植物可观赏的花、枝、叶、果、根为材料,通过艺术构思和技术加工形成的花卉装饰品,这两种看似无关的艺术也有相关性,它们既是造型艺术,又是视觉艺术。本书的编写正是基于这样一条主线把二者统领起来,主要探讨盆景与插花的起源和发展、造型原理与美学特征、造型形式与艺术加工、作品提名与鉴赏等。"盆景与插花艺术"是园林、风景园林专业重要的专业课或推荐选修课,也可以作为园艺、茶学、林学环境设计等专业的公共选修课;本书既可以作为植物类课程的教材延展,又可以作为培养和提高审美意识和审美情趣的教科书。

本书的编者来自全国不同院校,具有一定的代表性,充分考虑了目前本学科的教学情况。编写人员具体分工如下:第1、3章由潘远智、张婷编写,第2章由姜贝贝编写,第4、6章由江明艳编写,第5章由何兵编写,第7章由廖雪兰编写,第8章由廖雪兰、严贤春、张婷编写,第9、10章由秦红玫、张婷编写,第11章由潘欣编写,第12章由严贤春编写;最后由潘远智负责统稿和整理工作。

本书的编写得到了重庆大学出版社、四川农业大学、西华师范大学、四川师范大学、成都理工大学及本书参编人员所在单位的大力支持和帮助,西南大学秦华教授为本书审稿,全体编者付出了艰辛的劳动,编写过程中还参考并引用了同行大量有价值的资料,在此一并致谢!

由于编者水平有限,书中错漏及欠妥之处在所难免,诚望广大读者及同行批评指正。

编 者

2019 年 12 月

目　录

第二部分　插花艺术

第一部分　盆景学

1 盆景概论

目的与要求：通过本章的学习，主要了解我国和世界盆景的发展历史，了解盆景的地方风格与流派，掌握盆景的特征与类型。

1.1 盆景的发展历史与现状

1.1.1 盆景的概念

盆景是以活植物、山石或山石代用物等实体性材料作为物质手段，以盆盎一类器皿作为造型空间，通过自然景致立体艺术形象的创造而真实地再现自然，并且表现创作者对自然的审美理想与艺术感情。盆景是在我国盆栽、石玩基础上发展起来的以树、石为基本材料，并在盆内表现自然景观的艺术品。要特别注意的是，盆景始终是以艺术品的形态来定位的，与普通的盆栽有本质区别。

盆景属于专用名词，根据国务院有关规定，中国人名、地名和专用名词应当采用汉语拼音，因此，正如彭春生先生所持观点，盆景的英文名称应为 Penjing。这一名称的统一，大大改善了过去盆景英文名称混乱的状况。粗略统计，至少曾出现过 7 种盆景的英文名称。《盆景艺术展览》与《小小汉英词典》中把盆景称为 Potted landscape；《上海盆景》中将其称为 Miniature landscape；《当代英汉词典》中将其翻译为 Miniature landscape or flower arrangement in the basin or bowl；《上海盆景》的另一版本将其译为 Miniature gardening；在《盆栽技艺》一书中叫作 Bonsai，国外一些专著中也有用这一名称的；在《苏州盆景》中叫作 Pot scenery；《龙华盆景》中则直接取名 Penjing。这些不同的称谓容易引起文字和语言上的混乱，不利于国际间的交流。因此，一个统一的英文名称是非常必要的。国家规定的 Penjing 一名，一方面体现了盆景的根源在中国，是中国文化的沿袭，传统的汉语拼音更加符合这一本质；另一方面，很好地表达了盆景的概念，不同于盆栽或者地栽等片面的植物栽培方式，是以体现一定的艺术性为根本的。

学习盆景技艺是一个系统的过程,需要完成两大任务:一是了解盆景发展历史及文化传承,继承盆景艺术传统;二是在继承传统的基础上不断发展和创新,发展当代的盆景艺术。要达到这两个要求,首先,要充分了解盆景的历史沿革及各时代盆景的发展动向;其次,要密切关注当今盆景的发展现状,不断研究出新的思路和方法。本章即是在介绍盆景艺术的历史和现状的基础上,重点分析了不同流派的地域盆景特色、当代盆景的基本特征和常见盆景的类别及盆景的社会功用等多方面的问题,为学习盆景技艺打下良好的基础。

1.1.2　中国盆景的发展历史

1) 盆景的起源时期

（1）新石器时期的草类崇拜

1977 年,在距今约 7 000 年的我国浙江余姚河姆渡新石器遗址第四文化层中,出土了两块刻有盆栽图案的陶器残块,一块是五叶纹陶块,一块是三叶纹陶块。有学者将前者解释为带有短足的长方形花盆内阴刻的万年青状植物,将后者解释为有环形装饰图案的长方形式花盆内阴刻的万年青状植物。叶片均挺拔直立,生机盎然,阴刻画面统一、协调、均衡,是原始美术家对当时盆栽植物所做的艺术再现。也有学者认为这不是草本盆栽,只是原始先民对某种食用草类植物的原始崇拜。长方形的图样不是盆钵,更倾向于是圣坛。植物的纹样也会有夸张的成分在里面,所以不能认定其为万年青类植物。

但无论哪一种解释,都没有否认一个事实:新石器时期的先民,确实有对某些植物的原始崇拜,因此才会把这些植物的纹样阴刻在陶器等器物上。也许这些不是盆栽,也许是最早出现的盆栽,无论哪种情况,都说明先民已经了解和认识到了植物的重要性,并对某些植物具有特殊的喜好,这对后世不断发掘出适宜盆栽的植物类型,开始着重栽培养护某些植物,并将其向着艺术化方向发展奠定了坚实的基础。

不能盲目地判断这个时期有没有出现真正的草本盆栽,但可以肯定的是,先民们对草类植物的某种崇拜意识对后世盆栽的出现产生了深远影响。

（2）夏商古玩与玉雕

无论旧石器时期还是新石器时期,人们制造的石斧、石针、石刀,一方面既是简单的生产工具,另一方面又是最初级的工艺品。到殷商以后,铜器工具逐渐代替石器工具。与此同时,石器也开始向着偏艺术品的方向转化,最后完全变成了装饰、赏玩的艺术品。由于人们审美能力的不断提高,由最开始粗糙的石料转向以细腻、坚硬、透明、美观玲珑的玉石为原料,出现了玉雕、赏石的社会风尚。早在 4 000 多年前,我国已有了玉雕、石玩的记载。在 1983 年江苏武进出土的夏代文物中,发现一件雕有花纹图案的精致玉琮,高 8.2 cm,宽8.4 cm,类似现在微型盆景中常用的小盆盎。夏、周及其以后的春秋战国时期,玉雕、赏石达到极盛,时时处处皆有玉。从日常妇女的装饰佩戴延伸到人们的礼尚往来,从帝王的名讳到国家间的政治交往,从日常生活用品到乐器和科学仪器,都可以看到玉石的身影。总之,夏商周秦这个时期的玉雕、石玩和当时流传极盛的老庄思想,都为中国山水盆景的选材、造型、审美、技法等打下了深厚的物质基础和思想基础,对汉代缶景的形成影响深远。

2）盆景的形成时期

（1）汉代木本盆栽与缸景

汉代是我国盆景形成的关键时期,这个时期既出现了草本盆栽向木本盆栽的转化,又实现了原始盆栽向艺术盆栽的转化,即真正意义上的盆景正式出现。

汉代盆栽的出现最初还是以生产为目的。早在西汉张骞出使西域时,为了把石榴引种到中原来,就采用了盆栽石榴的办法。这是迄今为止我国最早的木本植物盆栽的文字记载。但是,这种木本盆栽仍然是一种原始的盆栽形式,观赏性不高,与真正意义的盆景相去甚远。木本盆栽的出现为汉代缸景打下了栽培技术基础。

据野史记载,"东汉费长房能集各地山川、鸟兽、人物、亭台楼阁、帆船舟车、树木河流于一缸,世人誉为缩地之方"。这即是此书中所谓的缸景。从此处的描述可以看出,这时的缸景已远远超越了本来的盆栽形式,具有艺术盆栽的特点,真正的盆景艺术可见一斑。这也是迄今为止我国艺术盆栽的最早记载。发掘出土的汉代山形陶砚即是上述记载中的缸景的物证。山形陶砚内有山川(十二峰)、重峦叠嶂、湖光山色,与缸景景观内容描述如出一辙,已略具山水盆景之大观。

（2）唐代盆栽、盆池、小滩及赏石

唐代是我国封建社会的盛世,政治、经济、文化等各方面都有长足的发展,尤其文化和艺术方面(如诗歌、绘画、雕塑等)都取得了辉煌的成就。魏晋时期,由于社会长期动乱,在士大夫中追求隐逸的风气日盛,他们崇尚老庄思想,以山林为乐土,以隐居为清高,将理想的生活与山林之秀美结合起来,并涌现出一批有名的山水诗人与山水画家。唐代以来,统治者采取较为开明的政治制度,使得这种崇尚自然之气、追求诗情画意的思想日盛,一定程度上促进了盆景艺术的发展,使其开始向着诗情画意的方向转变。这一时期的盆景艺术主要特点为形式多样、题材丰富、景中寓情、情景交融、具有诗情画意等,盆景美学理论也日渐成熟。

唐代盆景的技艺已经相当成熟,具体可表现在以下几个方面:

①类别全面。树桩盆景、附石盆景、水旱盆景等几大类别的盆景都已具备,而且桩景的造型手法(扎剪)也有了记载。其中以桩景和山水盆景最为多见。

②形式多样。以桩景为例,有直干式、曲干式和观花盆栽三种。据记载,直干式盆栽树干挺拔通直、枝条低垂繁茂、连鸟都飞不进去。经常陈设在有窗的长廊或小室内,在当时很受人们的青睐。曲干式盆栽充分运用"枝无寸直"的画理,采用娴熟的蟠扎和修剪技术来实现,达到了雅俗共赏的艺术境地。观花盆栽最初是为了解异乡人的思乡之苦,南方人身居北方想要看到南方的山花,于是植于盆中,悉心养护。可见当时的盆栽技艺已经相当成熟,完全是以观赏为目的来进行栽植和养护。

③山水盆景多有记载。乾陵考古中发掘出的唐章怀太子李贤之墓角道东壁上绘有"侍女一,双手托一盆景,中有假山和小树"和"侍女二,手持莲瓣形盘,盘中有盆景、绿叶、红果"的壁画。《职贡图》是外国使者或中国境内少数民族贵族向皇帝进贡的纪实图画。图中画有以山水盆景为贡品进贡的场景:左边一人双手捧一体量较小的三峰式山水盆景,右边一人用右肩扛着一体量较大的三峰式山水盆景,盆内山石玲珑剔透,奇形怪状。另外,唐代诗歌极盛,其中不乏

一些描写盆景的诗歌,为我们研究唐代盆景艺术留下了宝贵的资料。

总体来讲,唐代盆景具有一定的艺术特色,盆景本身也从民间进入上层社会,欣赏盆景并把盆景作为室内装饰品、作为人际交往中的礼品已经成为一种社会风尚。从唐代文人画中可以看出,唐代盆景主流是把生活诗意化,把诗情画意融入盆景,形成了文人构思的写意山水盆景。布局上力求在一块小小的境地里布置以千山万壑、河溪池沼甚至大千世界为主体的生活境域,充满了浪漫主义色彩,反映了士大夫阶层的理想和要求。足见在封建文化极盛的唐代,是盆景艺术的辉煌时期。盆景作为艺术品和商品,既有观赏价值又有经济价值。人们对盆景的鉴赏能力已经达到一定程度,对不同类别、不同形式的盆栽也有了不同的欣赏标准。

3) 盆景发展的成熟时期

（1）宋代盆景、盆玩、盆山

虽然唐代盆景在各项技艺上已趋于成熟,与现代意义的盆景相差无几,但是仍有不完善之处。一方面,宋代盆景是唐代盆景的延续,在继承的基础上有所发展,主要是将宋代绘画理论更多地运用于盆景造型之中,使盆景艺术有所提高。宋代也出现了很多盆景诗词,更为难得的是出现了很多论述盆石的专著,主要有《宣和石谱》《渔阳公石谱》《云林石谱》等。赵希鹄《洞天清录》曾对山水盆景的制作方法有较详细的记载。大画家米芾爱石成癖,田园诗人范成大爱英石、灵璧石和太湖石,两人都曾在奇石上题名,开创了盆景题名的先河。另一方面,宋人对盆景赏石的标准进一步明确,对石品研究取得了新的突破,山水盆景的制作技艺较唐代也有了显著提高。此外,宋代对盆景的分类以及桩景与山水盆景的区别更加明确,对附石盆景也有了现存的文字记载,宋诗中还出现了对"根艺"的描述。

宋代是盆景的一个全面发展时期,在继承唐代盆景的基础上,无论是盆景本身还是其所具有的艺术价值,较唐代都有了较大的进步。今扬州瘦西湖公园,尚陈列有宋代花石纲的遗物,它是由钟乳石制作而成的山水盆景,看上去山峦起伏、溪壑渊深,为世上罕见,被誉为国宝,是宋代山水盆景之实证。

（2）元代些子景

唐宋以来,除假山、盆栽为中型盆景外,其余盆池、小池等虽说比汉代以来园林中之池沼小得多,但仍为大型盆景,是布置在门槛两旁或窗前、厅前的主要形式。到了元代,才开始大力提倡盆景小型化,并实现了体量小型化的飞跃。当时有一位名叫丁鹤年的诗人,云游四方,饱览祖国名川大山,胸有丘壑,师法自然,并善于运用盆景制作的各种技法,打破一般格局,极力提倡盆景小型化,称之"些子景"。其在《些子景为平江韫上人赋》诗中写道:"仿佛烟霞生隙地,分明日月在壶天。旁人莫讶胸襟隘,毫发从来立大千。"清代刘銮在《五石瓠》中记:"今人以盆盎间树石为玩,长者屈而短之,大者削而约之,或肤寸而结果实,或咫尺而蓄虫鱼,概称盆景,元人谓之些子景。"由此可见,元代些子景与今人中型盆景差不多,与微型盆景尚有差别。元代画家饶自然所著《绘宗十二忌》,运用中国山水画理论,精辟地论述了山水盆景的制作及用石方法,对盆景造型起到了一定的指导作用。

4）盆景的盛行时期

明清时期是我国盆景发展史上的盛行期，"盆景"这一专有名词在这时开始出现。

在明代，盆景艺术出现了兴盛景象。这时的盆景很强调画意，常常是"摹仿名人图绘"之作，有意地追寻前代画家的不同画风。盆景树态一般是"结为马远之'欹斜结曲'，郭熙之'露顶攫拿'，刘松年之'偃亚层叠'，盛子昭之'拖拽轩翥'等状"。在制作形式方面，树桩盆景已有自然型和规则型两种不同的做法。"取法自然""摹仿名人图绘"的树桩盆景是用棕丝蟠扎整形的，形式规则整齐，深受一些盆景艺人的喜爱。"沉香片"即是当时很流行的一种造型方式，是指规则型的呈平片状的枝条造型样式，可见当时的蟠扎加工技艺是比较成熟的。除蟠扎技艺外，修剪方法用于树桩造型也比较常见。陆廷灿在《南村随笔》中说："邑人朱三松，摹仿名人图绘，择花树修剪，高不盈尺，而奇秀苍古，具虬龙百尺之势，培养数十年方成。"这是用修剪方法造型的典型案例。明代人除了注重枝、干的造型，也比较注意树桩的根部处理。

明代的山水盆景主要是继承前代的传统，但也有一定的发展，对盆景石材的选用范围比前代大一些。林有麟的《素园石谱》即收录有假山、盆景、石玩的石种百余个，计成的《园冶》、文震亨的《长物志》中也记录了几十种。明代人将树桩盆景和山水盆景都称作"盆玩"，有时也称作"盆景"。可见"盆景"一词的出现不会早于明代。明末遗留下来的古柏盆景——明代天宁寺圆柏盆景和泰州明代古柏盆景，为现存最古老的盆景，堪称国宝。从这两件稀世珍品中可以看出，明代的盆景造型技法已经十分精湛，其地方流派均已形成。"一寸三弯"的扬派造型和云片式的树冠形状，与今天的扬派盆景已十分相似。

清代的盆景艺术继续保持着兴盛状况，有的地方因广筑园林，大兴盆景，而有"家家有花园，户户养盆景"之说。盆景的艺术水平有较大提高，景象内容也复杂起来。如龚翔麟的《小重山·盆景》所述，盆景中有松石村烟、丘壑柴门，就是"丹青叟，见也定消魂"了。这时盆景技艺发展是比较全面的。树桩盆景的材料很多都取自深山幽谷，利用野生树桩加工整形，"三春截附枝，屈作回蟠势"，并将树桩雕刻、烙烧成自然皲裂状，以增强盆树的老态。苏州胡焕章就曾将山中古老梅树截取根部一段进行盆栽，并雕琢树身，如同枯干。在修剪与蟠扎两种盆景技艺方面，清代盆景都有所发展和完善。特别是蟠扎技法，更是形成了一整套枝法和格律体系，通过世代盆景艺人的心传口授而流传于后世。到了清末，仅成都地区就有专门从事树桩盆景蟠扎的艺匠 60 余人。清代盆景还有造型材料多种多样的特点。苏灵所著《盆景偶录》二卷，仅把当时的部分盆景植物划归人为分类体系中，即纳入植物 33 种之多。这些植物被他分为四大家、七贤、十八学士和花草四雅一共四个类别。具体是指：

四大家：金雀、黄杨、迎春、绒针柏。

七贤：黄山松、璎珞柏、榆、枫、冬青、银杏、雀梅。

十八学士：梅、桃、虎刺、吉庆、枸杞、杜鹃、翠柏、木瓜、蜡梅、南天竹、山茶、罗汉松、西府海棠、凤尾竹、紫薇、石榴、六月雪、栀子。

花草四雅：兰、菊、水仙、菖蒲。

在清代以前的山水盆景，山石材料多是英石、昆山石、道州石等。到了清代，由于"川石"的发掘使用，盆景石材的种类更为丰富了。钱塘人诸九鼎所著《石谱》和四川知府陈矩所著《天全

石录》，就主要著录的是蜀地的盆景石和石玩观赏石，这对推动山水盆景的发展起到了极大的促进作用。在盆景植物的栽培管理方面，清代人积累了较为丰富的经验。园艺家陈淏子在《花境》的"种盆取景法"中，对盆景植物的营养特点已有所认识，根据这些特点，还介绍了相应的制土、施肥、栽种、配景等技艺，这说明清代盆景养护水平有了较大的提高。

5）盆景发展的黑暗时期

清朝末期是政局动荡的时期，长期军阀混战，经济萧条，民不聊生，导致盆景事业日趋衰败，一蹶不振。日本帝国主义的入侵，更使得广大中国人民流离失所，朝不保夕，盆景艺人连最基本的生活都难以保障，根本谈不上盆景创作。解放区的经济也十分困难，人民的当务之急是解决温饱问题，根本没有力量发展盆景事业。因此，清朝末期至中华人民共和国成立之前，是盆景艺术发展史上的黑暗期。这一时期虽然仍有少数人热衷于盆景的改革、创新和研究，如苏州的周瘦鹃、朱子安，广州的孔泰初，上海的董叔瑜、徐志明等，并取得了显著成就，使这个时期的盆景有了很大的突破和发展，为后来中国盆景的复苏做了大量的准备工作，但这毕竟是潜流枝节，并未改变中国盆景的萧条景象。

6）盆景的复苏时期

中华人民共和国成立后，国家日趋稳定，国民经济得到很好的恢复和发展，国家强盛，人民生活稳定，文艺繁荣，人民政府对这一文化遗产高度重视，对盆景艺术积极挽救与发展，成都、苏州、扬州、广州、上海等城市先后举办盆景艺术展览，盆景艺术开始走向复苏。但是好景不长，"文化大革命"时期，盆景一度萧条，盆景艺术遭到摧残，直到1976年"四人帮"被粉碎后，盆景艺术才得以重见天日。

1979年中华人民共和国成立30年大庆期间，在北京北海公园举办了全国盆景艺术展览，共展出13个省、自治区、直辖市54个单位的盆景作品共计1 100余件。展品中除园林部门的作品之外，还展出了一些出自农民和业余爱好者之手的盆景艺术作品。由此，中国盆景开始复苏，并沿着继承传统、改革创新的发展方向大踏步前进。

7）盆景的发展变革、兴盛时期

20世纪80年代，盆景艺术迎来了一个大发展、大变革、大兴旺的重要转折期，发展十分迅速。自从在北海公园举办全国盆景艺术展览以来，各地相继拍摄了关于盆景艺术的纪录片，并相继成立了花卉盆景协会，先后举办了盆景艺术展览，使得盆景艺术在学术方面及艺术性方面都得到了足够的重视与发展，不但加快了中国盆景的发展和普及速度，而且使盆景艺术水平得到很大的提高。80—90年代，全国有关盆景的报纸、杂志和书籍更是层出不穷，这也是我国历史上盆景书籍最多的盛世年代。这些书刊的出版和发行，对指导盆景的生产和创作有着十分重要的作用，同时对我国盆景艺术的普及和提高做出了很大的贡献。

这个时期也是我国盆景发展史上创新的高潮期，同时盆景创作、制作和商品生产的规模也是史无前例的，长江沿岸地区和沿海地区的盆景发展更是突飞猛进。盆景的制作内容更为丰富，形式也更为活泼多样。无论从创作技巧还是栽培技术和养护管理手段等方面都吸收了现代科技成果,如玉石切割机、电子喷雾器、化肥、无土栽培、生长刺激素、杀虫药剂、温室、组织培养等技术的运用,都给这门古老的艺术注入了新鲜的血液,各地也形成不同的风格流派。盆景艺术家如雨后春笋般层出不穷,中国盆景呈现出一派前所未有的"百花齐放,百家争鸣"的盛况,中国盆景迎来了一个崭新的时代!

1.1.3　世界盆景的发展历史

盆景起源于中国,发展于中日,流传于欧美,现已成为世界性的一门艺术。受中国盆景文化的影响,在亚洲形成了盆景文化圈。其中日本盆景受中国盆景影响最深,发展最快。

日本自绳文、弥生的史前原始时代以来,从中国接受了先进的文化并加以发展,在4世纪前后建立起大和政权。此后,日本多次派使者来隋唐学习,包括律令、宗教、思想、文物、习俗等,其中就包括学习唐代的盆栽。日本在平安时代后期至镰仓时代初期,把南宋文人生活风尚的"盆玩""盆山""假山"引入国内;奈良时期,在日本的贵族、文人之间出现草木爱好风习与小假山趣味;中世时期开始流行"岩上树"与盆石;随后开始了五山禅林的盆景、盆石赏玩之风;江户时期,将军们多沉溺于盆景花木爱好之中;明治时期盆景开始发展,维新后在东京发展成一种正式流派,盆景赏玩也成为一种潮流,在日本盆景爱好者的影响下,盆景被当作专业来经营,日本盆景事业趋向繁荣;到了昭和时期,日本在盆景的多个领域已处于领先水平。

在亚洲盆景,特别是日本、中国盆景的影响下,欧美人士在经历了对盆景艺术的惊叹与质疑之后,开始对盆景产生好感,从而使盆景走向国际化。目前,盆景在国际上的现状如下:盆景已成为人类共同的文化和艺术;结合乡土植物资源与文化背景,形成各具特色的盆景;盆景的科学研究工作有待开展,研究水平有待提高;从事盆景职业的年轻人增多;盆景素材转向以人工繁殖为主;盆景趋于批量生产与商品化生产,并成为世界和平的使者与园艺疗法的重要内容和手段。

综合来看,盆景作为一门独特的艺术,被越来越多的国家和人民所接受和重视,不得不说这是中国盆景文化不断发展的良好证明,也是中国文化为世界文化所做的又一重大贡献。

1.1.4　盆景的效益

1)社会效益

(1)增进国内外的文化交流,提升国际形象

中国盆景在世界上享有很高的知名度,在国际上的盆景博览会上屡得金牌,盆景以它独特的艺术形式和内容证明了中华民族是有着悠久历史和光辉灿烂文化的民族。中国盆景自1979年以来,曾参加过几次国际园艺展览或博览会,每次都是载誉而归。例如,1980年,在比利时根特举办的第28届国际园艺博览会、英国皇家协会花卉展览和加拿大蒙特利尔国际花展中,我国盆景曾获"例外品种一等奖""镀金银质奖"和"外国展览荣誉奖";1986年春,在意大利热亚那第5届世界花卉博览会上,我国参展盆景荣获"造型优美"银质奖章三枚,最佳配置设计荣誉银质奖一枚。众多的荣誉使得各国人民深深地被我国博大精深的盆景艺术所吸引,大大提高了我

国的国际形象,让世界人民全方位地了解了中国灿烂的历史文化。

1993年五一期间举办的第3届全国花卉博览会,除全国33个省、自治区、直辖市,香港、台湾地区,林业部、水利部、铁道部花协组团参展外,还有美国、荷兰、日本、韩国、以色列、新加坡等国家的园艺界、盆景界朋友来参展。这次盛大的花卉博览会不仅让首都人民大饱眼福,更重要的是把我国的盆景艺术推广开来,取得了良好的社会效益,这些效益是用金钱难以估量的。近年来,我国越来越频繁地举办盛大的花博会、园博会,这些盛会不仅为盆景艺术打开了大门,而且使得更多的人认识它、了解它、热爱它,其产生的良好社会效益也是不可估量的。

(2)陶冶情操,丰富生活

盆景艺术能够提高人们的艺术修养,培养人们热爱大自然、热爱生活、热爱祖国锦绣山河的高贵品质。另外,许多盆景是根据古代诗词的意境来创作和命名的,能激发人们无限的联想,在人们学习工作之余,增添趣味。例如,根据"轻舟已过万重山""断桥相会""赤壁夜游"等诗意、神话、典故等创作的盆景,除了盆景本身独具美感之外,能使人自然而然地联想到壮阔的自然美景、凄美的爱情故事、富有传奇色彩的英雄往事等,其意味无穷。由此看来,盆景在日常生活中发挥的作用,早已不单单是供人欣赏这么简单,其中所包含的无限内涵与意蕴,使得越来越多的人被其艺术特色所征服,陶冶了情操,荡涤了心灵。

(3)普及科学知识,开阔视野

盆景是一门综合性很强的艺术,其本身所用的植物、石材就有很大的学问,研究盆景的人对此类知识必定信手拈来。另外,盆景的创作与艺术是相通的,盆景的造型、意境都是在生活的基础上加以艺术性的提高和升华,懂盆景的人能够看出其中的意蕴,与盆景制作者产生精神共鸣。这就需要盆景爱好者具有广泛的知识空间,对艺术、文学、美学、诗词、绘画、历史等都有一定的了解。另外很重要的一点,盆景的栽植与养护也是植物学及物候学中很大的一门学问,凡是盆景植物的萌芽、抽枝、开花、结果、落叶、休眠等生长发育规律,无一不与其密切相关;同时,盆景的整形、修剪、除病虫害等许多方面都蕴藏着很多的科学道理。因此,盆景虽小,学问颇大,尤其是在青少年的科普教育中,能够很好地激发他们的兴趣,不仅能引起他们对自然环境的向往,也能激发他们探索自然、热爱艺术和科学的兴趣。

2)经济效益

首先,制作盆景所用的原材料都是较易获取的树桩和石料,但是经过艺术加工,它们所产生的经济价值却是难以估量的。可以说盆景花费的成本较少,产生的经济效益却较大,这是很多工艺品和农产品都望尘莫及的。

我国的盆景具有悠久的历史、精湛的技艺,在国外的各种博览会上屡屡获奖。虽然我国的花卉生产不及国外,但是盆景却占有很大的优势。据统计,江苏省十年内累计出口的中、小型盆景有百万盆以上。其中如皋绿园年创汇达100多万美元,他们还与意大利合资办了企业,为中国盆景打入欧洲市场做出了很大的贡献。

盆景的国内市场更是有巨大的潜力,各地举办的花卉节,开发的花卉盆景市场,销售额都达上百万元。随着国民生活水平的提高,人们越来越重视精神生活,上海等地的微型盆景大受欢迎,无疑将会迎来盆景艺术的又一个春天。

3）生态效益

大多数盆景是作为家庭摆设放置在室内空间中,起到美化环境和净化空气的作用。有研究表明,盆景植物在白天进行光合作用制造的氧气,比植物本身夜间呼吸作用消耗的氧气高出 20 倍。另外,有些盆景选用了对有害气体有吸收吸附作用的植物,可以很好地净化室内空气。例如,松类每天可从 1 m^3 空气中吸收 20 mg 二氧化碳。据测定,桩景植物如榆树、女贞、大叶黄杨等有较强的吸硫能力,而榉树、女贞、大叶黄杨等桩景植物和石榴、柑橘类、葡萄、苹果、桃等果树盆景植物有一定的吸氟能力。此外,桩景植物如柽柳、朴树、圆柏、水杉则有较强的吸氯能力;大叶黄杨还可以吸收较多的汞的气体;榆树、女贞、石榴、大叶黄杨还可吸收一定分量的铅蒸气。

桩景还具有一定的降温、增湿、杀菌的作用。桩景降低辐射热的作用要比降低空气温度的作用大得多。很多时候,过高的辐射热会使人眩晕,但是夏季的盆景园使人感觉舒适。夏季增加桩景植物的浇水量,强烈的蒸腾作用使得周围环境的空气湿度增加,从而使人们感到舒适。桩景植物如瓜子黄杨、紫薇、圆柏、雪松、黄栌、大叶黄杨、女贞、石榴、枣等都能分泌杀菌素或有杀灭细菌等微生物的能力。其次,盆景还有减弱噪声的作用,个别盆景树种如苏铁、银杏、榕树、女贞等还是抗强燃的防火树种。利用这些盆景植物加以辅助分隔空间,会起到良好的效果。

总之,盆景所发挥的巨大生态效益可以涉及日常生活的方方面面,不容小觑,只要善加利用,就会有更为显著的效果。

1.2　盆景的地方风格和流派

盆景风格是在一定的历史时期和特定的环境条件(社会环境、自然环境)下形成的,且随着一定的时空条件而变化,可分为盆景个人风格和盆景地方风格。盆景个人风格是指某个盆景艺术家在其作品的内容和形式的各种要素中所表现出来的艺术特色和创作个性。而盆景地方风格则是某一地域的盆景艺术家们在盆景作品的内容和形式上的各种要素中所表现出来的艺术特色和创作个性。

由于各地在自然、经济与社会风俗上的地域性差异,盆景艺术家创作盆景时在选择树种、造型特点、表现题材、立意境界、造型技法、栽培管理技术,选用石种、盆、架、配件等方面都不尽相同,这就形成了盆景作品的各种地方风格。如北京小菊盆景、徐州果树盆景、淮安香艾盆景等在盆景植物材料选择上、造型技艺上、栽培管理技术上都形成了自己的特色,与其他地区相比,创作个性独树一帜,被大家称为北京风格、徐州风格等。从本质上来说,盆景形成地方风格的基础是盆景个人风格,盆景个人风格在很大程度上又取决于盆景制作人的个性特点,其个人风格中的佼佼者很可能就是未来地方风格的雏形,而地方风格逐渐发展成熟则是盆景流派产生的基础。

1.2.1 树桩盆景地方风格

1) 中州风格

中州风格的树桩盆景主要流行于河南中原地区,集中在郑州、鄢陵、平顶山等地,代表人物有张瑞堂。中州风格的盆景以自然型为主要特点。其造型形式因材而异,柽柳多制成"垂枝式""风吹式",黄荆常制成"云朵式",石榴制成"自然式"等,形成"倒栽松""疙瘩梅"等特色,主要技法包括捏形、靠接,还采用压顶法、牵拉法、折枝法以及倒悬盆钵等独特手法,形成了粗犷朴实、形象逼真的艺术风格。常用的树种有柽柳、蜡梅、圆柏、石榴、荆条等。

2) 福建风格

福建风格的树桩盆景主要集中在福州、泉州、厦门等地,代表人物有杨吉章、傅耐翁。福建风格的盆景有飞榕、配石悬崖式的造型特点。其技法上讲究粗扎细剪,以剪为主,金属丝蟠扎为辅,以当地千姿百态的古榕为摹本,利用榕树形状奇特的块根、气根,以根代干,或将块根与主干养成一体,形成独特的榕树盆景。此类盆景根部隆起,枝干粗壮,枝叶稠密,色翠如盖,甚是壮观,形成了奇特生动、自然豪放的艺术风格。常用的树种有榕树、福建茶、榔榆等。

3) 湖北风格

湖北人喜爱盆景艺术是受悠久的传统文化和优美的自然景观的影响,又取各派之长,不断创新,形成具有湖北特色的地方风格。湖北风格主要集中在武汉、荆州、黄石等地,代表人物有贺淦荪。湖北风格的盆景过去是以规则型为主,现在逐步向着自然型为主发展。技法上以棕丝、金属丝蟠扎与修剪并用,造型上采用云片与自然式的结合,形成了洒脱清秀、自然流畅的艺术风格,具有楚文化特色。常用的树种有三角枫、黄荆、榆树、朴树等。

4) 北方风格

北方盆景包括北京、河北、山东等地具有北方风格的树木盆景,以古朴、雄伟见长。常用的树种有松柏、银杏、桂花、石榴、迎春等。例如,北京风格是以北京地区为中心,代表人物有于锡钊、周国良。其造型多样,技法上以铁丝缠绕为主,小菊去脚芽,形成自然流畅的艺术风格,讲究色、香、姿、韵并重。常用的材料以小菊为主,还有鹅耳枥、荆条、元宝枫等树种。山东风格则是以益都等地为中心,以迎春、黑松等为主要树种,以剪为主的技法,形成自然型和垂枝式的造型特点,展现了枯木逢春、繁花似锦的艺术风格。

5) 其他风格

(1) 金陵风格

以南京为中心,代表人物有华炳生。造型上以自然型为主,技法上扎剪并施,用超浅盆,形成博采众长、自然秀丽的艺术风格。常用的树种有真柏。

（2）徐州风格

以徐州为中心，代表人物有张尊中。造型上以自然型为主，技法上讲究矮化、二重修和修剪，形成果实累累、独具一格的艺术风格。常用的树种有苹果、梨、山楂等。

（3）湖南风格

以长沙为中心，代表人物有张国森。以铺地柏为常用树种，采用蟠扎、修剪等技法形成超悬崖式的造型特点，展现出高超的艺术水准。

（4）八桂风格

以广西为中心，以九里香、榕树、雀梅等常用树种，蓄枝截干，形成大树型的造型特点，展现出以老取胜、气派见长、意境见功的艺术风格。

（5）淮安风格

以淮安为中心，以香艾等为主要材料，通过以剪为主、以扎为辅的技法形成悬崖式造型特点，展现了独树一帜的艺术风格。

1.2.2　山水盆景地方风格

1）上海风格

上海经济发达，水陆空交通便利，与外界联系密切，是文人雅士汇集之地，文化艺术繁荣，为上海山水盆景的发展起到了良好的促进作用。此外，上海人口密集，高楼林立，空间有限，因此盛行培养山水盆景和微型盆景。制作山水盆景所用的石料基本取自全国各地，种类全，且多为硬质材料。

上海山水盆景风格以上海为中心，选取江南风光和皖浙名山为主要表现题材，选用斧劈石、英石、砂积石、海母石等为主要石料，采用平远式、高远式布局为主。常以小叶常绿树五针松、虎刺等作为点缀，且多数盆景中都加以做工精湛、比例恰当、符合主题思想的配件，不但起到了画龙点睛的作用，还使景物平添了生活气息。多用大理石浅盆盛装，形成气势磅礴、精巧玲珑的艺术风格。

2）江苏风格

江苏地处长江下游，壮丽的自然美景与丰富的石材和植被资源，均为江苏山水盆景的发展打下了良好的物质基础。因此，江苏山水盆景历史悠久，源远流长。且江苏自古以来经济发达、文化繁荣、文人荟萃，留下了丰富的文化资源，对促进江苏山水盆景的发展起到了良好的推动作用。

江苏山水盆景以靖江、无锡、苏州、南京、扬州等地较为集中，选取的题材较为广泛，山水、园林均有涉及。选用斧劈石、砂积石、芦管石、英石为主要石料，通常采用偏重式、开合式布局，加以瓜子黄杨、六月雪、金雀、陶瓷质配件等为点缀，盆内山石所栽种树木注重和山石的比例协调，讲究位置和树木姿态，展现出气势磅礴、秀丽的艺术风格。

3）四川风格

四川山水盆景以成都为中心,力求用艺术的手法再现巴山蜀水的名山古迹。自古蜀地多仙山,巴山胜迹,形成了幽、秀、险、雄的艺术风格。四川盛产砂积石、龟纹石、芦管石,尤以川西出产的砂片石最具代表,其瘦漏出奇,纵向褶皱,能很好地再现巴山蜀水的自然风貌。用川石表现川貌,可谓得天独厚,情趣盎然。

四川山水盆景布局造型比较简练,很好地运用了"以少胜多"的造型原则,寥寥几块山石,不用配件,经艺者的巧妙搭配,就展现出一幅生动活泼的画卷。四川山水盆景的款式多为高远式或深远式,山石层峦叠嶂,挺拔伟岸,充分体现了幽、秀、险、雄的风格。此外,山石注重绿化,常在山石的缝隙或洞穴等处栽种草木,使景致更具生活气息。

4）岭南风格

通常把大庾岭以南的广东、广西的广大地区称为"岭南",该地区的山水盆景风格即为岭南风格。广东省石料资源丰富,以英德地区出产的英石最为著名。英石质地坚硬,正面体态嶙峋、背面较平坦,既可做大中型盆景,也可用于小型盆景的制作。广东山水盆景以秀丽的南国风光为题材,款式多样,但是远没有树木盆景驰名。

岭南山水盆景分为两个区域:一是广东地区,以广州为中心,石料选取以英石为主,布局上借鉴假山的堆叠艺术,点缀以石湾"山公仔",展现出姿态多样、气魄宏大的艺术风格。二是广西地区,以南宁、桂林为中心,主要表现题材是桂林地区山青、水秀、石美、洞奇的自然景色,通常选取钟乳石、砂积石、芦管石为主要石料,布局上仿真山真水,以云盆和凿石浅盆盛装,展现清、通、险、阔的艺术风格。

5）福建风格

福建地区山水盆景风格以福建、厦门、漳州为中心,题材主要表现武夷山水,石料选材以海母石为主,布局上讲究雕琢,以透、漏、瘦、皱为美,以凿石浅盆盛装,展现出清秀淡雅、气势雄伟的艺术风格。

6）湖北风格

湖北地区水系发达,以长江为主干,各河从两侧汇集形成长江水系,横贯全省。众多的湖泊分布在东南部的江汉平原上,有"千湖之省"的称号。湖北还是楚文化的发源地,屈原、李白、李时珍等均在此留下了足迹,这对湖北山水盆景风格的历史沉淀产生了很大的影响。

湖北山水盆景风格以武汉、荆州、黄石为中心,题材上表现长江两岸的自然景观。石料选取以芦管石为主,也有用到朽木和黄石。布局上以重叠式为主,用盆上以水泥盆和大理石盆居多。湖北山水盆景展现了景色秀丽、雄浑壮观的艺术风格。

7）北方风格

北方山水盆景是指黄河流域及其以北广大地区的山水盆景。北方有很多极具特色的北方山水盆景风格。

（1）北京风格

北京作为古都，历史悠久，文化积淀深厚，大规模的皇家园林有山有水，气势磅礴，做工精湛，代表全国最高水平的造园技艺。北京西部和北部山区面积广大，山岩结构复杂，山石、植物资源丰富，为北京风格的形成打下了良好的基础。

（2）山东风格

山东是黄河流域一个具有悠久历史的省，是中国古文化的发源地之一，历史上在经济、文化艺术方面均有着辉煌的创造。山东依山傍海，自然景观极为壮丽，山地丘陵面积众多，尤以五岳之首的泰山驰名，省内石料资源丰富，这些条件为山水盆景的发展打下了良好的基础。山东风格的山水盆景以青岛、泰安、济南地区为中心，以表现北国山河为题材，用石上主要为崂山绿石和斧劈石，布局上不拘一格，展现出以雄奇取胜的艺术风格。

（3）沈阳风格

以沈阳、锦州为中心，题材上主要表现北国山河，选取木化石、江浮石为主要石料，布局上多用偏重式、开合式，主要以大理石用盆，展现出气势雄伟、颇具画意的艺术风格。

此外，河北的千层石盆景、辽宁的木化石盆景、吉林的浮石盆景都具有明显的地方特色。

1.2.3　盆景流派

盆景流派是在特定环境下形成的一种盆景艺术现象，它是在盆景的个人风格、地方风格的基础上发展起来的。随着时间的推移和时代的前进，盆景的个人风格、地方风格在内容和形式上日趋成熟，不断升华，且盆景产量也在扩大。盆景诸要素在某一地域内的程式化，逐渐形成盆景的艺术流派，流派的形成也是某地域盆景艺术成熟的重要标志。

目前，我国盆景界公认的流派有苏派、扬派、川派、岭南派、海派、浙派、徽派、通派八大流派，简称苏扬川岭海浙徽通。此外，还有闽派、中州派和滇派等。我国的盆景流派常以地域命名，此处着重介绍八大流派。

1）苏派

苏派即以苏州命名的盆景艺术风格流派。其范围以苏州为中心，包括无锡、常熟、常州等长江下游及以南的许多地区。代表人物有周瘦鹃、朱子安。苏派盆景以树木盆景为主，传统的苏派盆景多为规则式造型，最常见的为"六台三托一顶"，发展到现在以半规则式为主，即树木的枝片数量不限，造型呈圆片状，似"馒头形"，主干呈自然弯曲形状，整体形态即是江南常见的老树造型。苏派盆景常见的还有屏风式、顺风式、垂枝式、劈干式等。典型的技法特征是"粗扎细剪"，以棕丝蟠扎为主，整体造型，注重自然，形随桩变，成形求速，摆脱了生长期长、手续烦琐、形式呆板的传统造型束缚。苏派盆景有着清秀古雅的艺术风格，至真质朴，气韵生动，情景相融，耐人寻味。常用的树种有雀梅、榆、枫、梅、石榴等。

2）扬派

扬派即以扬州命名的盆景艺术风格流派。其范围以扬州为中心，包括苏北的泰州、泰兴、盐

城、宝应等多地。代表人物有万觐堂、王寿山。扬派盆景根据中国画"枝无寸直"的画理,创造应用11种棕法(扬棕、底棕、平棕、撇棕、连棕、靠棕、挥棕、吊棕、套棕、拌棕、缝棕)结合而成的蟠扎艺术手法,使不同部位寸长之枝能有三弯,将枝片剪扎成枝枝平行而列、叶叶俱平而仰,如同飘浮在蓝天中极薄的"云片",形成层次分明、严整壮观、富有工笔细腻装饰美的特点。"云片"吸取了山水画的苍松翠柏的远景姿态,不求细节的描绘,而注意树冠的总体构图形象,布局疏密有致、高低相宜、四面八方、层次分明且极为平整,具有很强的装饰性,给人以优美清秀的视觉感受。技法上采用棕丝蟠扎,要求精扎细剪。蟠扎的11种技法是盆景艺人必须掌握的基本盆景蟠扎技术。扬派盆景立意来自高山峻岭、苍松翠柏,历经加工、升华,形成了严整壮观的艺术风格,展现出英姿勃勃的特色。常用的树种有松、圆柏、榆、黄杨等。

3)川派

川派即以四川命名的盆景艺术风格流派,又分为川东、川西两部分,川西以成都为中心,川东以重庆为中心。代表人物有李宗玉、冯灌父、陈思甫、潘传瑞。川派盆景有着极其强烈的地域特色和造型特点,其树木盆景以展现虬曲多姿、典雅清秀、苍古雄奇为特色,同时体现悬根露爪、状若大树的神态,讲求造型和制作上的节奏和韵律感。其技法以棕丝蟠扎为主,扎剪结合,分为规则型和自然型两种。初造型时以蟠扎为主,其后以补扎、修剪为主。常用的树种有金弹子、六月雪、贴梗海棠、竹,以及花果类。

4)岭南派

岭南派即以岭南地区命名的盆景艺术风格流派。其范围以广州为中心,集中在广东、广西、福建等地。代表人物有孔泰初、陆学明、莫眠府、素仁和尚等。岭南派盆景受岭南画派影响颇深,旁及清代大师王石谷、王时敏的树法及宋元花鸟画的技法,创造了以"截干蓄枝"为主的独特折枝法构图,形成"挺茂自然、飘逸豪放"的特色。造型上创作出了秀茂雄奇的大树型和扶疏挺拔的高耸型,还包括野趣天然的自然型和矮干密叶的叠翠型。擅长修剪是岭南树桩盆景的一大特色,剪枝上常采用"鹿角枝"或"鸡爪枝"等技法。常用的树种有榕树、榆、雀梅、九里香、福建茶等,皆是当地生长较快、枝干棱节嶙峋或株矮叶小的树种。

5)海派

海派即以上海命名的盆景艺术风格流派。其主要分布在上海一带,但是对全国乃至世界都有较大的影响。代表人物有殷志敏、胡运骅。海派盆景讲究自然型的造型:师法自然,苍劲入画;扎剪并施,刚柔并济;树种丰富,琳琅满目。在造型艺术上,根据树木的特征、神态和树坯的形状,因势利导,自成天然之趣,尽力避免矫揉造作、呆板失真之弊;十分讲究处理好主与次、虚与实的关系,掌握好比例尺度以及景物的动静、含蓄等。海派盆景还发展了许多微型盆景,技法上以金属丝缠绕为主,具有明快流畅、精巧玲珑的艺术风格。海派盆景用材丰富,以常绿松柏类和色姿并丽的花果类为主。

6)浙派

浙派即以浙江命名的盆景艺术风格流派。它以浙江的杭州和温州为中心。代表人物有潘

仲连、胡乐国。浙派盆景除了受当地自然条件和文化等因素影响外,还受到岭南盆景和海派盆景的影响,形成了刚劲自然、时代气息明显的艺术风格。浙派松类盆景别具特色,以高干型或合栽型见长。主干直中稍带弯曲,其艺术形象高昂挺拔,遒劲潇洒;严谨之中有舒展,豪放之中见优雅;讲求层次清晰,却又不求薄片;注意左右收放照应、前后透视深度,却又因材取势,不受固定片数和序列所局限;重视结顶收尾的点睛效果,在强调顶端态势的基础之上,避免僵化不变的模式。浙派盆景在造型技法上对针叶树以扎为主、阔叶树以剪为主,采用金属丝蟠扎与细致修剪相结合的技法,常用的树种多为针叶树。

7)徽派

徽派即以徽州命名的盆景艺术风格流派。它以歙县卖花渔村为代表,包括绩溪、休宁、黟县等地。代表人物有宋钟玲。徽派盆景以树木盆景为主,苍古纯朴,清丽典雅。选材多为数十年或百年以上的老桩,侧重于根部和主干造型,把"桩老"作为评价和鉴赏的首要标准。总体造型以单干式为主,造型特点为游龙式。徽派盆景技法用棕丝蟠扎,粗扎细剪,常用棕皮树筋蟠扎,艺术风格奇特古朴。常用的树种有梅、黄山松、黄山桦、圆柏、罗汉松、石楠、杜鹃、石榴等。尤其是黄山松,由于生态习性的关系,很难移植,所以在全国其他地区,很少看到黄山松的美姿,这也成为徽派盆景的一大特色。

8)通派

通派即以南通命名的盆景艺术风格流派。其范围包括南通、如皋等地。代表人物有朱宝祥。通派盆景端庄雄伟,清奇古朴。代表树种有小叶罗汉松,常用树种有重瓣六月雪、迎春、白皮黄杨、五针松、圆柏、紫杉、璎珞柏、椰榆、杜鹃、锦松、银杏等。主干多采用"二弯半"艺术造型,选材精细,制作严谨。技法上以扎为主,多用棕丝蟠扎。通派盆景讲摆设,多为奇数成"堂"摆设和对称式摆设。五盆一堂为常见,高大粗壮的主树居中,讲究立势,其余各盆"武树"对称,排列于两侧,形成端庄雄伟的艺术风格。盆景陈设常用红木几架,烘托典雅庄重的气氛。

总而言之,盆景这一传统的艺术形式博大精深,内涵深刻,无论其形成多少种流派与地方风格,都是在传统基础上的继承与发扬,都是盆景艺术家们不断探索创新与融合的结果。盆景的个人风格是形成地方风格的基础,地方风格又是盆景流派的基础;流派则是地方风格发展的高级阶段和可能趋势,流派还是民族风格的集中体现。地方风格和流派之间虽没有本质的区别,但也有文野之分、高低之分、粗细之分、先后之分,不能够等量齐观。盆景事业的蓬勃发展使得这一古老的艺术形式重新焕发出无限的青春与活力,并走向更加广阔的平台,使得更多的国内外人士了解它、热爱它。

1.3 盆景的特征与类型

1.3.1 盆景的艺术特征

盆景是以植物和山石为基本材料在盆内表现自然景观的艺术品,作为一种艺术品,盆景有

它自身所特有的艺术特征。

（1）立体性

盆景的造型材料，包括植物、山石、配件，都具有实体性，因此盆景所塑造出来的形象是具有三维性的，是可视可触的立体形象。这也是盆景区别于摄影、绘画等其他平面的、非三维性艺术的根本特点。

（2）生命性

生命性是一种自然属性，具有生命性是盆景的最根本的特征。盆景是由植物、山石为基本材料构成的，盆景所用的植物材料为活的有机体，其所获得的能源是由光合作用得到的。植物有生长周期，在不同时期展现出不同的自然形态美。严格说来，任何盆景中都必须有活的植物，因此，盆景都是有生命的。如果没有活的植物存于其中，便不能称为盆景，只能称为"石玩"或"石供"。同样，塑料制作的工艺盆景或金玉制作的珍宝盆景等也都不是真正意义上的盆景。

（3）盆的规定性

盆景乃盆中之景，必须有盆或者类似于盆的器皿作为载体，如以盆、盘、盅甚至香炉、鼎为依托。盆是盆景创作的凭借和载体，而盆盎及其上方的空间是盆景的造型空间。盆的规定性表现为界定范围和空间容量。盆景创作受盆的范围、容量的制约，受盆的高矮、宽狭、深浅等的限制。从盆四周的底边线上升到造景需要的高度，这样一个界定范围，就是盆景制作者施展才华的空间。

（4）风景的规定性

盆景所表现的艺术形象必须是一种自然风景或一种自然景物，这是盆景区别于盆栽的根本特征。盆景是经过艺术加工的盆栽。盆景突出"景"字，是用盆栽植物再现某种风景，从而表现画境美与意境，因而盆景中作为配件的建筑模型等则不能构成独立的风景，只能成为一种从属景象。盆栽仅表现植物本身的自然美，而只有风景或景物表现于盆盎中，才能称为盆景。

（5）小中见大的艺术性

盆景是通过艺术手法将大自然的美景以及人文景观浓缩于方寸之间的艺术表现形式，是一种微缩景观，可谓"咫尺之石，观五岳太华；一勺之水，睹千里江河"。即使一株植物，如果未经艺术加工，或者其自然形态不体现艺术性，栽种姿势也不考虑艺术效果，只能被认为是盆栽而非盆景。盆景以其有限的体量展现了无限的魅力，在小小的盆钵中表现大地景观。小中见大的艺术性是盆景区别于其他园艺观赏品的根本特征。

总之，立体性、生命性、盆的规定性、风景的规定性和小中见大的艺术性是盆景的基本特征，所有盆景作品都必须具备，缺一不可。当代盆景的概念，也是建立在这样的理解之上的，即盆景是艺术地创造于盆中的包括植物活体在内的风景实体。

1.3.2　盆景的美学特征

盆景是活的艺术品，具有现实时空与艺术时空的审美二重性。掌握艺术的美学特征对于创作和鉴赏艺术作品具有指导作用。对美学特征认识的深浅，直接影响作品的创作和鉴赏。各种艺术形式，从美学的角度来讲，都具有各自的特征。

（1）盆景的美是自然美的反映

各种自然景物呈现的美，即自然美，它是社会性与自然性的统一。自然美包括日月星云、山水花鸟、草木鱼虫、园林四野等。但是这些自然美常常是分散的、弱化的和原始状态的。而盆景表现的内容是自然景物或自然风景，作为艺术品的盆景，就是把分散在自然景象中的自然美进行收集、提炼、概括，使其更集中、更强烈、更典型地表现出来。因此，盆景的美不是自然美，而是一种艺术美，是自然美在盆景艺术品中的现实反映。

（2）盆景的美是生命之美

生命是一种特殊形态的美。人们之所以不满足于塑料工艺盆景和山水模型提供的审美感受而要追求欣赏真正的盆景，根本原因就在于后者具有生命之美。当然，树桩盆景中，植物是活的植物，是有生命的，因此具有生命之美很容易理解。山水盆景主要是山石，如何理解其具有生命之美呢？大家都有体会，水分充足、润泽感强、苔藓生长茂盛的山水盆景，比干燥的不能滋长苔藓的山水盆景更有一番风味；另外，山水盆景的山形如果是臃肿的、呆板的，人们一般会认为不美，人们要求山形要有骨力、要生动，因此更喜欢玲珑剔透的盆石。但是，山石本身是无所谓骨力、生动和灵巧的，因为它们没有生命，骨力、生动、灵巧这些特性是人的生命表现。因此，要想山水盆景也有生命之美，不是要山石有生命，而是要山石表现生命，表现人的生命所常有的骨力、生动、灵巧等现象。总之，没有生命的美，就没有盆景的艺术美，这是盆景的一个重要的美学特征。

（3）古、奇之美是盆景美的一种表现

清代刘熙载在《艺概》中说，"怪石以丑为美，丑到极处，便是美到极处"。此说法与苏东坡论石一脉相承，都是以一个丑字来概括石头的怪、奇等特点，这也是山水盆景选择石材的原则之一。对于树桩盆景，树桩越古老，形态越奇特，也就越被看作是美的，甚至貌似枯朽的树桩可能被认为是很美的。但是，这要与"病态美"相区别。盆景艺术活动是否认病态美的。病态的、腐朽的、垂死的盆景树桩并不被认为是美的。病态在盆景中的表现与古老、奇特的盆景特点是不同的情况。人们欣赏的不是盆景的病态和垂死状，而是老态与奇特性。古老的、奇特的、貌似枯朽的树桩在人的精心培育下，能够在十分有限的盆土和盆盎空间中勃勃生长，因此欣赏盆景的老态，实质就是欣赏凝聚在其中的人们的劳动，欣赏人们改造自然的能力。当然，并不是所有的盆景都必须具有古、奇之美，如再现自然山水的山水盆景。

（4）盆景的美主要是不规则之美

盆景美是自然美的反映，因此自然界的一些客观规律也就反映在盆景美之中。自然型树桩盆景、山水盆景等反映的是运动、变化等自然规律，因此其艺术美就具有不规则的形式，属于不规则之美。不规则之美是盆景之美的主要表现形式，具有一般性。对称、整齐的形式只有在规则型树桩中出现。但是规则型树桩在树桩盆景中只占很少一部分，不是树桩盆景的主流。

1.3.3　盆景的类型

盆景的分类问题是盆景界一个悬而未决的学术问题。由于分类混乱，直接给盆景的生产、科研及交流等带来诸多不便。盆景的种类很多，按照不同的分类原则，可把盆景分成不同系统的多种类型。

1) 按盆景的规格大小来分类

按盆景的规格大小来分类,即以盆景树木的最大高度(或长度)或以盆的长度来分类。树桩盆景通常以树高或树长为分类依据,山水盆景则一般以盆的长度为分类依据。

(1)特大型盆景

特大型盆景(树高/盆长在150 cm以上)适宜于大型展览等规模较大的场所,用于增强气势。

(2)大型盆景

大型盆景(树高/盆长80~150 cm)适宜于布置在空间较大的环境中,如庭院、会场、学校、公园等地。此类盆景的表现景面深广,放在厅堂可展现山林古木之趣,比图画更具有真实性。

(3)中型盆景

中型盆景(树高/盆长40~80 cm)适宜于在展览厅展出,以及用于较大场面的会议室和阅览室等布置。

(4)小型盆景

小型盆景(树高/盆长10~40 cm)适宜于家庭居室、窗台茶几等的摆设。小型盆景能小中见大,缩龙成寸,可表现江岸、树群或山石等景观。

(5)微型盆景

微型盆景(树高/盆长在10 cm以下)以花草为主,缀以山石等小件配置而成,着重于形态别致、小巧玲珑,更注重整体艺术美的内涵。

2) 按主要造型材料和主要造景特点的不同来分类

按这种分类方式,首先将盆景分为两大类:一类是以植物为主要制作素材,选取姿态优美、株矮、易于造型的植物为主要造型材料,称为树桩盆景;另一类是将山石经过雕琢、腐蚀、拼接等技术和艺术处理后置于浅盆之中,缀以亭榭、舟桥,配植小树、苔藓,构成美丽的自然山水景观,称为山水盆景。这两大类又可以进一步进行细分。

(1)树桩盆景

①自然型树桩盆景。无规定的造型规律,树形不规则,强调树桩形象的自然和不露人工痕迹。

②规则型树桩盆景。按规定格律造型,树形规则,比较突出地表现加工技巧。

③草类盆景(树桩盆景附属型)。主要造型材料是草本植物而非木本植物,如小菊盆景、水仙盆景、仙人山盆景。

(2)山水盆景

山水盆景依照所选用的盆以及陈设方式的不同、造型外貌处置的技巧不同等,可以分为水盆式盆景、旱盆式盆景、水旱式盆景和立面式盆景。

①水盆式盆景。水盆式盆景又称水石盆景,以山石为主来表现景观画面,盆中水面占去大

部分盆面(一般而言,水面占盆面的2/3或3/4为最好)。要凸显水面开阔,山体高度不宜太高;做成深远式则更能凸显水面开阔的意境。水盆式盆景的特点是表现力丰富,制作不太复杂,画面壮阔充满意境,养护方便。

②旱盆式盆景。旱盆式盆景又称旱石盆景,适宜表现无水面而有土有石的景观画面。其表现题材比较广泛,无论名山大川、园林一隅或是角落一景,通过巧妙的修剪都跃然于盆中。在植物的栽种上,株型可比水盆式盆景中的植物大一些,群植或孤植均可。旱盆式盆景的特点是表现力较为独特,制作较为简便,养护方法大都与树桩盆景相同。

③水旱式盆景。水旱式盆景是介于树木盆景与山水盆景之间的另一类盆景形式,以树木、山石、水、土为材料。水旱式盆景的自然气息较为浓厚。如果再适当安置一些人物模型、建筑模型等小配件,还可表现一些富有生活情趣的题材,如清溪垂钓、柳塘放牧等。山石多采用硬质石料。树木选用干矮叶小的,如五针松、真柏。布局时可以植物为主体,也可以山水为主景,但必须协调统一,塑造成一个有机联系的整体。山石、植物、摆件的布局和设置,要力求做到比例恰当、搭配合理,虽由人作、宛自天开。水旱式盆景的特点是表现力较为丰富,画面清新柔美,制作有一定难度,但具有很大的趣味性,养护方法集水盆式盆景和旱盆式盆景两者兼而有之。

④立面式盆景。立面式盆景是近年来陆续吸纳了壁画和木雕、竹雕屏风等工艺品的特征,将水盆式盆景的平面设计革新为立面设计的一种新的艺术形式。立面式盆景可分为挂壁式、立架式和立屏式三种。

把盆景划分为树桩盆景与山水盆景只是相对而言。在这两大类之间还有许多中间类型,如竹石盆景、兰石盆景等,其植物与山石的分量不相上下,将其归入任何一类都可,不能绝对地说它们属于哪一类;同时,在各类型中还有很多的亚型和形式存在(可参考彭春生盆景分类法)。总之,盆景的种类十分丰富,除以上分类方法之外,还有其他的分类系统。

1.4 继承和发扬中国的盆景艺术

1.4.1 为什么要继承和发扬中国的盆景艺术

盆景被誉为"无声的诗,立体的画"。说它是诗,却寓意于丘壑林泉之中;说它是画,却生机盎然、四时多变。它是一种源于自然,高于自然的创作,是树石、盆盎、几架三位一体的艺术品。中国盆景源远流长,艺术底蕴深厚,仿效大自然的风姿神采于方寸盆间,尽显大自然物气变换的四时景观。历代文人雅士喜爱以盆景点缀生活,陶冶情操。历史上众多流派争奇斗艳,呈现出百家争鸣的可喜现象。中国盆景因流派的不同而各具特色,经历代盆景艺术家的精心雕琢,成为中国艺术宝库中的一块瑰宝,以鲜明的民族特色、古雅的艺术风格而驰誉世界。

中国盆景有着悠久的发展历史和优秀的记忆传统,盆景艺术是古人留给我们的一份珍贵文化遗产,是中华民族智慧的结晶,是盆景艺术的精髓和魂魄。对于盆景的继承和发扬应该有一

个正确的态度：一方面我们要继承盆景文化中一切有益的东西，比如盆景的栽培技术、制作技术，各有千秋的艺术风骨等；同时要反对传统中的消极东西，比如对盆景石的"岁朝清供"。另一方面，继承不等于硬搬和模仿，继承不是学习借鉴历史的根本目的，而是发扬盆景传统的手段，继承是创新的继承，其最终目的是创新。只有继承和创新，才能使中华盆景艺术保持旺盛的生命力和历久不衰的艺术感染力。

1.4.2 如何继承和发扬中国盆景艺术

1) 努力学习盆景技艺

中国盆景技艺经过千百年传承，最终成为东方文化中重要的一环。努力学习盆景技艺，是继承和发扬中国盆景艺术的重要途径。

学好盆景技艺需要努力提高个人的艺术创造能力，而艺术创造能力由观察力、理解力、想象力、情感反应能力和艺术表达能力等组成。

观察力的提高是通过长期的训练而实现的，主要是通过多看、多感知自然山水和多鉴赏优秀盆景作品，培养对盆景的色彩、形状、质感、结构关系、具体状貌的高度的灵敏性。

理解力的提高主要依赖于理论修养水平的提高。盆景的意境美是盆景的灵魂。意境是盆景的最高境界之一，意境美的作品耐人寻味，百看不厌。在欣赏的时候产生丰富的联想从而感受景外之情，达到景尽而意无穷的境界。认真学习造型艺术理论特别是中国山水画理论和盆景造型理论是提高盆景理解力的唯一途径。

想象力是人在已有形象的基础上，在头脑中创造出新形象的能力，它以头脑中丰富的理论知识、感性情感为基础。增强想象力，最好的办法就是游览名山大川、风景胜地，或者多看自然风光的图像、多阅读欣赏自然山水地貌的书籍，增强理论知识，为想象力的发展打下基础。

情感反应是指情感所唤起的各种生理反应。在艺术的感觉、知觉、理解和想象中，始终都浸透着情感内容，发展情感反应能力有着重要意义。在盆景艺术中，景物的一定感性形式有可能会触发情感活动，情感能力强的人很容易从这种艺术形式中获得强烈的情感共鸣。培养情感反应能力的方法就是通过观察、思考、理解、想象，将观察对象的感性特点与自己的日常生活情感相联系，如从陡峭、倾斜的自然物体中体验出紧张、不安的情感等。

艺术表达能力是指在艺术作品中所表现出的感染力，是艺术创造能力的基础。在盆景艺术中，它的直接表现形式是盆景技术能力和盆景艺术技巧水平。这两种水平的提高需要具备一定的盆景理论基础，在学习时首先要观察、分析一定数量的优秀盆景作品，从构图布局到景物形象的表现手法都应该细心揣摩。在掌握了基本技巧后，选择艺术水平较高的盆景作品进行临摹，在多次的临摹中会对艺术手法的运用产生比较深刻的认识。在熟悉艺术手法及技巧后，就可以进行独立的盆景创作了。盆景艺术技巧是盆景艺术表达能力提高的主要途径，盆景技术能力则是表现艺术技巧的手段，二者是有机整体，是紧密相连的。

2) 突出民族特色

盆景起源于中国,在我国有着悠久的历史和优良的技艺传统。经过漫长的发展历程,尤其是文人的介入,使盆景从单纯的自然临摹逐渐发展成具有丰富内涵的艺术品,而其中的民族风格是中国盆景得以生存的灵魂。千百年来,历史赋予了中国盆景特有的精神内涵和艺术风格。

要努力学习中华盆景艺术的传统理论,掌握盆景艺术的传统功底。因为它最能阐明中华盆景的艺术本质,是最值得中华民族引以为豪的盆景艺术精华。这也就是中华盆景艺术的"民族性"、中华民族智慧的结晶,是盆景艺术的精髓和魂魄。

盆景虽属人作,却源于自然,可将黄山之雄、华岳之险、雁荡之奇、漓江之秀付诸盈尺之间。"缩龙成寸""枝无寸直,一波三折""小中见大"的创作手法;"高远之势突兀,深远之意重叠,平远之意冲融"的构图原则;"情寄于景,景中有意,意在生情,形神兼备,情景交融"等美学思想都是中国盆景创作的基础理论。岭南派创始人,开一代之风气的孔泰初大师,以大自然生长的优美树木为蓝本,对桩坯进行创作,似把一棵千百年的大树,用"缩龙成寸"的手法,移植于大不盈尺的盆钵之中,注重树木根、干、枝的线条美,树干嶙峋苍劲,树冠丰满,枝条疏密有致,富有画意,展现出旷野的风姿。所有这些都说明民族特色是中国盆景创作的灵魂所在,民族精神不仅创造了往日中国盆景的辉煌,也必将为现代盆景发展注入新的活力。

3) 突出地方风格

所谓风格,是指艺术家在艺术创作中所表现出的艺术特色和创作个性。盆景风格体现于盆景作品的内容与形式等要素之中。盆景的风格是经过长期积淀,并在一定历史时期内所形成的,同时受地域自身自然、文化、艺术综合因素的影响,具有该地域地方特色。而各地盆景惯用的树材取决于该地区的植物资源和气候条件;其审美观又取决于该地区的文化发展、历史传统和社会心理等。随着时间的推移和历史的不断向前发展,盆景的地方风格在内容和形式上日趋成熟并进一步升华,且不断扩大延伸,如扬派的"一寸三弯"、岭南派的"蓄枝截干"、苏派的"老干蟠枝"、川派的"虬曲多变"、海派的"屈伸自如"。但无论怎样发展,都必须尊重当地的自然资源及历史文化,扬长避短,这样我们的地方风格才会更多样、更耀眼、更有价值。

4) 突出精品意识

提倡盆景艺术大胆创新,目的在于提高盆景的感染力和震撼心灵的艺术魅力,这就要求盆景工作者具有精品意识。文化艺术发展的每一个时期,总是由一定数量的代表性作品(精品)来代表其发展水平的,盆景艺术也不例外。盆景艺术作为一门独特的艺术形式,尽管在审美角度、造型形式、制作技法等方面存在地域、流派、风格上的差异,但只要坚持盆景的鉴赏要素,并从精品的"精"字上去衡量,得出的结论是一致的。精品盆景是艺术家们通过完美的艺术形象达到内容与形式和谐统一的结果。我们现在的盆景艺术家要以时代的审美为基础,在继承前人的艺术风骨、地方风格上运用现代技术创作出高水平、高层次的盆景作品。

思考与练习

1.简述盆景与盆栽的区别与联系。

2.盆景艺术与园林艺术、绘画艺术、根雕艺术相比较有何特点？

3.中国盆景艺术是如何传向世界的？

4.简述我国树桩盆景的地方风格与主要流派。

5.盆景的艺术特征有哪些？

6.如何区分盆景的类型？有哪些划分方法？

7.如何继承和发展中国的盆景艺术？

2 盆景造型的基本理论

目的与要求：通过本章的学习，主要了解盆景造型的基本原则，掌握盆景造型的一般规律和造型的艺术手法。

　　对盆景造型理论的学习，是掌握盆景技艺首先要解决的问题。盆景造型理论有三个来源：一是盆景艺术本身创作实践经验的总结与升华；二是借鉴、移植造型艺术特别是国画、山水画艺术的一部分理论；三是马克思主义美学原理与盆景创作具体实践相结合。

2.1　盆景造型的基本原则

　　盆景是"无声的诗，立体的画，有生命的雕塑，凝固的音乐"。它源于自然而高于自然，是自然美和艺术美的高度融合。它是创作者灵活运用各种艺术表现手法，是对大自然的山、水、草、木进行提炼、抽象、剪裁、取舍、渲染、夸张所得。

2.1.1　源于自然，高于自然，尊重自然法则

　　盆景景象是自然景象的艺术再现。自然界的景象是丰富多彩的。自然界的溪流泉石、悬崖瀑布、崇山峻岭、峭壁偃松、苍松翠柏、森林草原、风霜雨雪……都是盆景景象的创作源泉。盆景将大自然中的优美景物浓缩于盆盎中。进行盆景创作，必先要走入自然，发现和捕捉大自然中各种景物之美，即古人所谓的"师法造化"，从而积累素材，激发创作灵感。我国山野、古寺之中古树、奇木甚多，有的悬根露爪，有的虬龙多姿，有的苍古奇特，有的飘逸潇洒，为创作树木盆景提供了宝贵的范例；我国地域辽阔，山川秀丽，"泰山之雄、黄山之奇、华山之险、丽江之秀……"，为创作山水盆景提供了丰富的素材。

自然界万事万物无不具有一定的规律性,盆景造型也应尊重自然法则。师法自然,就是要抓住各种事物的特征、特性、神态等,抓住事物的规律性。自然界中树的生长、发育如开花、结果、落叶、休眠等,山的态势、走向,春夏秋冬、朝夕晴雨等变化均有其自然规律。盆景造型时必须遵循这些自然规律,创作出的景物才能真实自然;反之,盆中景物则会给人矫揉造作、机械呆板之感。

"艺术源于生活,但非生活之重复"。盆景提倡师法自然,并不等于照搬自然景物,而是自然景色的升华。"千里之山,岂能尽奇;万里之水,焉能尽秀",大自然的景色,美得各有特色,同时也存在美中不足。要在有限的盆盎中表现无限的自然风光,创作者既要能充分把握和表现大自然中所蕴藏的美,把自然素材中最精华的部分充分表现出来,又要依照艺术美高于生活美的原则进行艺术的再创作,使盆中之景达到源于自然而又高于自然的艺术境界。

2.1.2   在反复造型中保存、发展艺术形象

在盆景制作前,先有立意构思,主题确定后,在实际创作过程中,还要反复审视材料,修改、添补。如同国画中称"笔到意生",是立意的继续,也要把立意贯彻于盆景创作的始终。

盆景(尤其是桩景)是有生命的艺术品,桩景的生命过程也就是桩景的连续创作过程。树木的幼年、青年、壮年、老年各个发育阶段,其外部形态表现完全不同,艺术效果也很不一样,因而要随其生命进程而不断进行创作。树木的枝叶每年都要生长,因而造型后每年都要进行修剪、维护,在保存原有造型的同时,进一步创作发展艺术形象。不懂盆景造型的人,即使买到一盆好的盆景,因为不会养护,随着枝叶生长得越来越茂密,盆景造型也会逐渐丧失。

2.1.3   造型简洁、生动、新颖、完整

盆景造型要求简洁、生动、新颖、完整。盆景艺术是在有限的盆盎中做文章,将"藏参天覆地之意于盈握间",无高度的概括性是不能达到的,创作时必须突出重点,繁中求简。要把大自然的景色进行提炼,力求简洁美观。简洁是为了更好地抓住重点、突出主体,做到以少胜多、以简胜繁,但绝不是越简单越好,更不是内容的单一,而要根据主体的需要来决定繁简程度,以表现丰富的内容。

生动即有生气,有变化,不呆板。盆景本是静态之物,但如果巧用盆景造型技艺,可使作品静中有动、稳中有险,使景物具有活力、充满生机,增添意境。盆景造型要有创新、有个性,新奇的构图形式和新鲜的艺术手法能给人留下深刻印象。初学盆景造型,大多从仿制开始,通过模仿名家作品,学习掌握盆景造型的基本形式和规律。但如果一味仿制,过分依赖已有模式,则不益于独创性风格的培养。使作品生动、新颖,首先要"外师造化",方能"中得心源""迁想妙得"。要认真观察大自然的山水树木,洞察自然规律,做到胸罗万象。其次,要熟练掌握盆景造型的一般规律和艺术表现手法,在长期的实践中提升制作技艺。

盆景是"景、盆、架"三者有机结合的整体艺术品,创作时要考虑三者的整体艺术效果。景、盆、架要相互协调、相得益彰、相辅相成,才能使盆景形象完整统一。

2.1.4　丰富的内容与完美的形式相统一

盆景作品的内容是指盆景作品所反映的并渗透着创作者思想情感的自然景象,而盆景作品的形式是指作品的内部组织结构和外部表现形态。盆景造型要求丰富的内容与完美的形式相统一,即形神兼备、意境深远。一般情况下是内容决定形式,即意境决定造型、技法,但有时也有形式决定内容的,即"以形赋意"。盆景作品是主观的意念与客观的物象相熔铸的产物。盆景创作要通过美的形象表达作品的丰富内容,与意境相一致的艺术形式才能使作品的意境具有深度。缺乏艺术性和形式美的盆景作品,无论有怎样美好的主题,也是没有感染力的。但如果只追求形式,忽略作品的神韵和意境,则是无聊、空洞的。作品的意境必须和完美的形象融为一体,才能被观众理解和接受,使其获得审美的愉悦。

以上四项原则是盆景造型的基本原则。要掌握这些原则并在实践中灵活运用需要一个长期的过程。同时,在盆景造型中还应该注意以下几点:

①造型忌庸俗。不搞低级趣味,不搞哗众取宠。

②形象忌浮艳。不做轻浮的形象,讲究内在力度。

③形体忌臃肿。造型布置不要太拥挤,要瘦劲或雄壮,有骨力,有气势。

④布置忌杂乱、排队、居中和对称。盆景景象布置不要贪多,但各景物之间不能孤立分散,也不宜按高矮顺序排列或排成直线形或主体景物居中、两边对称排列。总之,除规则型树桩盆景外,不管是山水盆景还是自然型树桩盆景,其形体大小、高矮、形状及布局都要有章可循,采用不对称的布局形式。

⑤重心忌不稳。盆景景象重心过高或斜度较大又未做均衡处理,即为重心不稳。

2.2　盆景造型的一般规律

盆景造型规律亦即盆景造型法则,是指盆景造型过程中各种造型形象的本质联系和必然趋势。

2.2.1　立意与构思规律

立意,即确立创作意图。立意先于创作,是盆景造型中的一种规律。立意为先,形随意定。该理论来自唐代画家、诗人王维的"凡画山水,意在笔先"。立意直接关系到盆景作品艺术性和思想性的高低。清代方薰在《山静居画论》中说得明白:"作画必先立意以定位置:意奇则奇、意高则高、意远则远、意深则深、意古则古,庸则庸、俗则俗矣。"

在盆景造型活动中,立意有两种方式。其一是因材立意,其二是因情立意。因材立意是盆景创作的主要立意方式,是创作者根据现有材料的具体特点,在反复选择、观察具体造型材料的姿韵、形状、颜色和质感的基础上经反复推敲后确定创作主题。因情立意是指在某种思想感情的激发下产生的一种创作意图,先拟定主题,然后再去选择素材。无论是何种立意方式,创作者都要善于掌握各种材料的形态特征和艺术表现,才能在构思中加以巧妙运用。例如,在树桩盆景中,发挥松的挺拔刚劲、柏的苍古奇拙、梅的疏影横斜、榆的古雅端庄等;在山水盆景中,用挺直修长的斧劈石表现陡峭挺拔的山峰,用质地疏松的砂积石、浮石表现线条柔和的山峦,芦管石、钟乳石易于表现奇峰异洞,海母石、卵石则适宜表现海滨风光等。

构思就是作者在孕育作品的过程中所进行的艺术思维活动。构思包括确定主题和题材,选择、提炼素材,考虑造型形式、景象布局,探索最恰当的表现形式等过程。这在实际创作中称为打腹稿。有绘图能力的盆景技师,常把腹稿绘在纸上,以便照图施工。

盆景构思有三个特点:一是盆景构思优先要解决盆景中主体景物的形象与布置状态,再根据主体形象考虑与其他景象及景象之间的关系;二是盆景构思与对造型材料的观察和试探性造型紧密结合,反复进行;第三,随着创作意图的实现,构思要不断地发展、补充,甚至会修改创作意图。

构思立意与构思是盆景创作的前奏,同时也贯穿于整个创作过程中。

2.2.2　宾主关系

宾主关系又称主次关系,是盆景构图最核心的结构规律。盆景内部有多少景物就有多少种景物关系,这些景物关系都由宾主关系统领,使盆景结构完整,形成一个有机的整体。盆中景物的基本组成因子为主体、客体和陪体,通常简称"主、客、陪"(图2-1)。主体就是盆景中的中心景物,或称主体景物,在盆景中起到统领全局的作用。围绕主体周围的其他景物为次,起着突出、烘托主体的作用。盆景造型时要主体突出,主次分明。要处理好主体和客体的位置、高低、大小和远近等关系,以保证"客不欺主""客随主行"。主次不分或主体不突出的盆景必然是平淡的、没有艺术感染力的。

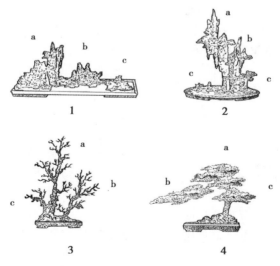

图2-1　组成宾主关系的因子
1,3—景物组合成景象;2,4—景物单体的景象
a—主;b—宾;c—陪

一般来说,主景在盆中是最高最大的,位置一般宜在距离盆左边或右边1/3处。不宜在盆的正中,也不宜在盆的边缘,前者显得呆板,后者又会给人重心不稳之感。陪体的大小、形状、位置等既要与主体相对比又要相呼应,变化统一,使观赏者的视线自然集中到主体上去。

在树木盆景中,单干式树桩盆景要注意各枝片的宾主关系,主景枝片一般应高于、密于、大于其他枝片;多干式树桩盆景要注意各干的宾主关系,主树的高度、体量一般应大于客树。主客树之间应有高低、立斜、俯仰、直曲、远近的变化。三株以上栽植的多干式盆景在平面布置上要呈不等边三角形。具体来说,两干式,要一高一矮、一直一曲;三干式,要一主一客靠近,另一客远离;五干式,要一主两客靠近,另两客远离,以此类推。

在山水盆景中,山峰亦要有宾主之分。主峰是山水盆景的主体,在高度、大小、气势上要力求夺目。客峰的形态、大小等要与主峰相陪衬、相协调。在垂直布局上应高低起伏、错落有致;在平面布置上也要呈不等边三角形,主景不宜居中,在盆中以偏左或偏右为宜。

2.2.3 视觉中心关系

盆景是由人的视觉感知而供人们观赏的。而视觉中心是指视觉艺术作品中最能引起人们视觉美感,获得审美愉悦的部位,或者叫作闪光点。盆景造型中,总有某个环节特别容易引起人们的视觉注意。因此,我们把盆景形象体系中能够引起人们视觉注意的这种形象环节称为视觉中心。在欣赏盆景时,它能够最先而又最强烈地吸引人们的视觉注意力。

视觉中心关系与宾主关系相似,本质上都是主次关系。但视觉中心关系并不等于宾主关系。视觉中心关系是视觉注意、景观内容方面的主次关系,而宾主关系是指盆景景象组织结构方面的主次关系。视觉中心不等于景物主体,也不等于主景,但它存在于主景之中。不同流派的盆景由于造型风格和手法不同,构成和展现的视觉中心也不尽相同。扬派盆景擅长以独有的云片造型构成视觉中心;岭南派盆景擅长通过截干、蓄枝,在枝干上塑造视觉中心;川派盆景则擅长以悬根露爪、虬曲多姿塑造视觉中心。

多数的原始素材都不能自然地形成视觉中心。在盆景造型时,作者应善于因材施艺,通过艺术加工塑造视觉中心,使作品具有个性鲜明的视觉美。例如,可以通过以下方法塑造视觉中心。

①景物越高大,越容易形成视觉中心。如图2-2(a)作品中,右边主峰在体量、高度上明显大于左边陪峰,为景物的主体。主峰最高处,以山崖的突出、"悬重"吸引人的目光,形成视觉中心。

②以古干、悬根等奇特的形状形成视觉中心。如图2-2(b)郑永泰作品《白鹿回头问苍穹》,以榕树独特的气生根塑造出鹿的形象,作品用象征的手法使景物活灵活现,生动有趣。

③景物由于偏斜、奔趋、面向等造成各自的倾向性中心。如图2-2(c)作品中,以树干的向左倾斜引导观赏者的视线,形成视觉中心。

④景物局部的细致、复杂处理。如图2-2(d)作品中,以对树干的雕刻、镂空的细致处理形成视觉中心。

⑤景物结构的虚实处理。实是实体,虚是空白,实与虚皆是景。实能突出主体,形成视觉中心;虚能使观者产生联想,丰富意境。只有疏密得当,虚实相宜,才能使作品具有韵律美。如图2-2(e)韩学年作品《弄舞》,树干与枝叶疏密得当,虚实相生,根系抓地牢实,枝干妙曼多姿,充满韵律和力度美。

图 2-2　视觉中心的塑造

2.2.4　态势规律

　　态,即景物形态、姿态、状态的总称,是一种视觉形式;势,指景物的趋势、气势、情势,是视觉形式引发出的人的精神活动特点。态和势是密不可分的,一定的态总要表现一定的势,一定的势必然要以一定的态为存在基础。所不同的是,态有"好""坏"之分,势有"死""活"之分。在活的、有生气的势中,有静势和动势之分。

　　势具有两种典型状态,即静势和动势。盆景是静态之物,但如果巧用盆景造型技艺,可使作品静中有动,稳中有险。盆景的势,包括景物形象的生势、长势、趋势、情势、动势、气势等。树桩盆景,势通过树干、枝条、树冠的形态、方向等来体现;山水盆景,势通过山峰的形态、纹理、布局以及水岸线来体现。

1)静势造型的特点

　　势的向内收敛,力量内聚,能给人安详恬静的感觉。静势并非死的势,而是一种能让人安详、宁静的势。有以下方法可以造静势:

　　①突出景物的横向造型特点。景物低矮、重心不高,作横向发展,显得造型平稳。如树桩盆

景中,突出枝条的横向伸展[图2-3(a)]。

②使景物的基本线条(轮廓线等)比较严格地相互平行。如单干式树桩盆景中,枝条间横向伸展,相互平行;丛林式树桩盆景中,各树干相互平行[图2-3(b)];群峰式山水盆景中,各山峰在竖向上相互平行[图2-3(c)]。

③景物竖向直立时不使用有悬垂的部分。如树干直立,树的重心落在树干基部;山峰直立,无悬重。

④下垂的树枝造型,也可强化静势[图2-3(d)]。

(a)

(b)

(c)

(d)

图2-3　静势的造型

2)动势造型的特点

充满活力,富有变化;势向外张扬,内力外射,给人兴奋、飞动之感,使艺术形象活泼多姿、生动传神。有以下方法可以造动势:

①突出景物的方向性与奔趋性。如树干倾斜,树的重心偏离树干基部,形成斜干、临水、曲干、悬崖等走势[图2-4(a)、(b)];树枝向同一方向扭摆,形成风吹式。

②采用奇险造型,动势也常常比较强烈,如高耸、悬垂、歪斜等[图2-4(b)、(c)]。

③景象中地位突出的主导线型,如轮廓线、皱纹线、河岸线等[图2-4(d)]采用波浪起伏的形式或略呈辐状排列。

④配以人、动物、船只、亭塔等。

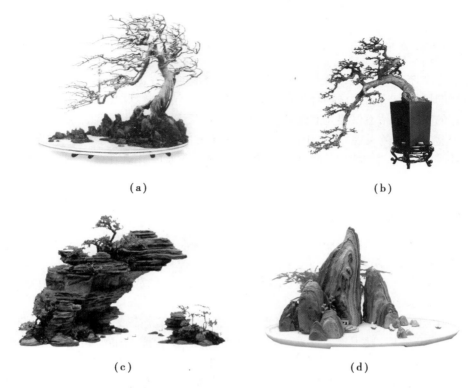

（a）　　　　　　　　　　　　　　　　（b）

（c）　　　　　　　　　　　　　　　　（d）

图 2-4　动势的造型

　　盆景景物周围必须有景物内势抒发的空间，即势的发展空间。一般地，景物的面向处都应有一定的空间作为景物的内势发展区，它是与景物内势抒发密切相关的盆景空间区域（图 2-5）。内势发展区内没有实体景物，但它是盆景动势所必须的部分，内势发展区的合理、科学布局是令盆景活化、形象生动的关键性空间因素。

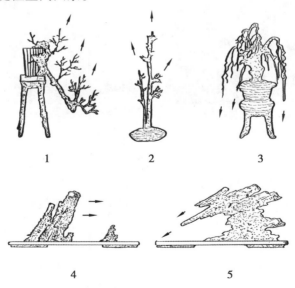

1　　　　　　　　　2　　　　　　　　　3

4　　　　　　　　　　　　5

图 2-5　景物的势及其发展

1,2—势的发展向上;3—势的发展向下;4—发展区在盆右;5—发展区在盆左

2.2.5 意境关系

意境是艺术作品中情、景交融所产生的一种新的艺术境界。盆景意境是通过作品形象塑造所展现出来的境界和情调。这种境界能使观赏者触景生情,通过联想在精神上与创作者产生共鸣。一件好的盆景作品不仅要具有形式美,还要富有意境,给人以丰富的联想,令人流连忘返。意境是中国盆景艺术的灵魂,也是中国盆景独具神韵的魅力所在。

意境具有客观性、主观性、朦胧性、含蓄性四个基本特征。作者在盆景创作过程中将自己的感情融化于景中,所以盆景的意境或深邃,或肤浅,都是客观存在于作品中的。盆景意境是创作者主观情感的融入,具有主观色彩。观赏者对盆景作品意境领会的层次、程度,取决于其自身的学识和修养,亦带有主观性。意境是朦胧的、含蓄的;观赏者由有形的景产生无形的联想和情感;意境是无形的,却能透过形体品见,从而有"不尽之意"和"无穷之味"。立意越高,则意境越深,给人的感觉越具含蓄美。

盆景意境的产生是多种手法、多种手段综合运用的结果。常用的意境处理方法有:

(1)使景象高度逼真,且要达到不似之似

意境是建立在形体的基础上的,只有形似,才能生意境,才能使人触景生情,产生身临其境的感觉,从而展开联想,发现景象蕴含的内在情感形象。要使景象酷似自然山、水、树、石,必先师法自然,胸罗万象。清代笪重光在《画筌》中说"神无可绘,真境逼而神境生"。只要盆景达到可望、可行、可游、可居的逼真程度,就可以"逼"出意境。如赵庆泉水旱盆景《八骏图》(图2-6),作品中小溪近宽远窄,树木近高远低,左右树形遥相呼应,配以形态各异的八匹骏马,各因素比例协调,整个画面疏密有致,层次清晰,构图清新自然,精美逼真,意境深远。

图2-6　赵庆泉《八骏图》

盆景是自然景物的艺术再现,而不是自然景物的模型。"作画妙在似与不似之间",盆景造型亦是如此。要做到小中见大、缩龙成寸,就一定要概括、凝练,因而必然要有所取舍和夸张。例如,盆景中的树木在体形上要比自然中的树木小得多,但往往较自然中的树木更显得苍古和优美。

(2)以盆景境象表现诗情画意

中国画论说"诗是无形的画,画是有形的诗",盆景则是"无声的诗,立体的画"。诗情画意是盆景艺术意境营造的最高境界。诗画塑造艺术形象的方法,在盆景中创造性地运用,可以使诗情画意与盆景境象很好地结合起来,产生深远的意境。盆景创作一方面逼真地造出如画的优美景象,一方面在景象中突出想象因素,造成诗意、画意的朦胧美,从而成功地造出意境。

"诗情"是指在盆景中营造诗歌般的深远意境。常用的创作手法是以古典诗词作题名,通过题名概括意境、神韵,表达主题,如《古道西风》《两岸猿声啼不住》《春江水暖鸭先知》等。这些古诗词中的名句,经时间的打磨、提炼,已成为某种具有特殊意义的意象固定下来。盆景作者也正是通过这些固有意象,引导观赏者进入自己创造的艺术境界,在特定的氛围中感受盆景的艺术美。如冯舜钦作品《寒江独钓》(图2-7),题名取自唐代诗人柳宗元的"千山鸟飞绝,万径人踪灭。孤舟蓑笠翁,独钓寒江雪"。盆中近山远山一片银装素裹,树木凋零。大面积的空白,使冬天的江面更显辽阔无边,平添几多寒气。近处一老翁,头戴橙黄色竹笠,身着红色上衣,盘腿挺腰而坐,提竿垂钓。整个作品主色调凄冷,透出清冷静谧的气氛,但老翁的明丽暖色,让人眼前一亮。老翁背向观赏者,其孤独、神秘的背影,引人无数遐想。作品营造了诗中寂静、苍茫、孤独、寥落的意境,但在凄冷寂静之中又暗藏着一种精神力量,让人备感振奋。从老翁身上,让人想到"行到水穷处,坐看云起时",想到"不管风吹雨打,胜似闲庭信步",想到……

图2-7　冯舜钦《寒江独钓》

(3)采取简洁、含蓄的表现形式

用较少的场景表现较多的景观内容,这是简洁、含蓄表现方法的优越之处。简洁含蓄的盆景构图,使观赏者有充分想象的空间。从这种意义来说,作品的容量也得到了扩展。如韩学年作品《雾海探影》(图2-8),借鉴中国画中的大写意手法,细长的树身蜿蜒曲折,自然随意,似传统书画中的遒劲笔墨。寥寥几笔,简洁精练,跌宕崎岖中风骨尽展,勾勒出松的顽强不屈、百折不回的品性与意趣,意蕴深邃,耐人寻味。

(4)虚实相生,以实景托出虚景

图2-8　韩学年《雾海探影》

虚实相生是意境独特的结构方式。实是实体,虚是空白,眼前之景为实,想象之景为虚,实与虚皆是景。实能突出主体,形成视觉中心;虚能使观者产生联想,丰富意境。虚实相生,虚实相应,实景与虚景融合,烘托出景中之情,营造出作品的意境。中国画论有"实中求虚,黑中留白""画留三分空,生气随之发"。盆景是立体的画,要使作品有韵味、有意境,在布局上应虚实相宜,疏密有致,虚中有实,实中有虚,密中有疏,疏中有密。

虚实与疏密是密切相连的,过密则实,过疏则虚。过密会产生压抑感,过疏会空荡无物。在树木盆景造型时,树枝、枝片间应有疏有密。树枝过密,整个树冠中无空隙,则给人压抑感,无韵律美[图2-9(a)]。枝片不宜左右对称、等距离布局,否则会显得呆板、不自然[图2-9(b)]。枝间空隙的大小、形状要有变化,才能产生韵律[图2-9(c)]。多株栽植时,主树应高且密,客树应矮且疏。在山水盆景中,山石、植物、配件为实;水、雾、山洞、天空,即所有无实体的空白处为虚。在造型布局时,山峰的位置、配件的安置、植物的点缀、水岸线的变化等都应有疏有密,使作品具有鲜明的节奏和韵律。

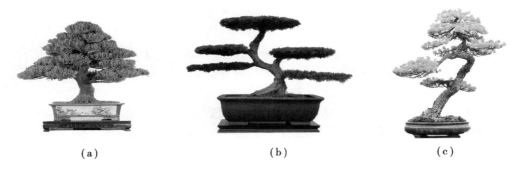

(a)　　　　　　　　　　(b)　　　　　　　　　　(c)

图2-9　疏密虚实的比较

虚景的造成要由实景的特殊处理来决定。要把虚处当作实体景物而与实景统一安排造出意境。作品《寒江独钓》中山石、树木、塔庙、人物为实,其余空白为虚;观者看到的寒江独钓的景观为实,由景物引发的想象、联想为虚。作品实处突出主体,虚笔发人深思。虚实相生,以实景托出虚景,不仅令形象生动、构图美观,且意境深远。

(5)运用藏景的艺术手段

各种景物有藏有露,露出部分是引导观者注意并探寻藏起部分的诱因,藏起部分则是促使观众进行想象,具体创造意境的动力。特别是在山水盆景布局造型中,景物要有露有藏,欲露先藏,方显含蓄。越是含蓄越能使人产生遐想。在山水盆景中,处理好露与藏的关系,可以展现出景外有景、景中生情的意境。如果只露不藏,一览无遗,观赏者就没有回味的余地了。前人曾有"景越藏则意境越深,越露则意境越浅"之说。因此,盆景中的洞要有曲折,水要有潆洄,山路要时隐时现、蜿蜒而无尽头,山脚线要曲折多变,才合乎有藏有露的原则。在点缀小配件时,有的将房舍楼台只露一部分,使人猜想山石后面还可能有其他的内容。有一盆名为《沙漠驼铃》的盆景,其中点缀三只骆驼由远而近走来,靠近次峰的第三只骆驼小些,以表示景物的深远,第三只骆驼只露头颈和驼峰,其余部分被沙丘遮挡住。这就是露与藏在盆景造型中的运用,它让人联想到沙丘后面还可能有驼群。山水盆景通常在峰峦后面种植树木,使树木枝干由悬崖峭壁间伸出来,这比在山峰正面栽种树木效果要好得多,这是"欲露先藏"在盆景树木种植上的具体应用。

2.2.6　小中见大规律

在小小盆盎中,高不足尺的树木,能显示苍古奇特的风姿;几块山石,能表现高耸的山峰和宽阔的水域,即所谓"一峰则太华千寻,一勺则江湖万里"。这种"藏参天覆地之意于盈握之间"的艺术效果,就是运用了小中见大的艺术手法。小中见大规律是指以小事物反映大境界的一种艺术特性。"小中见大""缩龙成寸"是盆景造型的重要规律,无论哪一种类型的盆景都离不开这一法则。

小中见大可由以下具体的方法造成：

①保持原有的自然景物关系,缩影式地再现自然景象,是造成小中见大盆景景象的基本方法。主要是通过恰当的比例关系来实现。其中既有景物本身各部分之间的比例关系,又有景物个体之间、个体与整体之间的比例关系。如"丈山尺树寸马分人",即是采用的中国画论中的大致比例关系。只有各景物间的比例恰当,盆中景物才能给人自然、真实的美感,才能表现出小中见大之势。比例贯穿于盆景创作的始终,体现在每一个构成元素上。图2-10(a)中的松树盆景,在盆钵中展现了高山古松沧桑遒劲、傲立挺拔的风貌和神韵。在这"缩龙成寸"的艺术手法中,树体各部分间的比例尤为重要。包括树高与枝长的比例、干高与干粗的比例、干粗与枝粗的比例,以及各枝片的大小比例、各出枝位置等,均应恰当和谐。

②对比的方法也可造成强烈的小中见大效果。主要是景物之间的尺度对比。例如在树木盆景中常采用一高一矮、一直一曲、一大一小的手法,达到以客衬主的目的。在山水盆景中,常用低矮的客山衬托主峰之峭拔,以极小的老态树木衬托山峰的雄伟,以小小的舟帆、人物、桥亭等来衬托水面的广阔,达到小中见大的艺术效果。赵庆泉作品《饮马图》[图2-10(b)],丛林外,溪水旁,一马无拘无束,悠然地饮着水。作品中,以客树的低矮衬托主树的高大,以马的体形衬托树木的高大茂密、水面的辽阔无际。作者采用和谐的色彩,恰当的比例,疏密有致、动静相衬的表现手法,将江南山野富饶明丽的自然景观再现于120 cm长的浅口盆中。

(a)   (b)

图2-10 小中见大规律

③正确地解决景象的层次关系,从而获得小中见大的效果。自然景物进入人的视线,总是近大远小、近高远低、近宽远窄、近浓远淡、近清晰远模糊。盆景是在有限的盆中造景,要使其景物层次丰富、真实自然,其造型、布局尤要注意透视关系。盆景是立体的画,随着观赏者的视角变化会出现俯视、平视、仰视等不同的画面效果。宋代画家郭熙在《林泉高致》中说:"山有三远,自山下而仰山巅,谓之高远。自山前而窥山后,谓之深远。自近山而望远山,谓之平远。"在盆景制作时,要获得山之高远、深远、平远的艺术效果,必须掌握下大上小、近大远小、近浓远淡、近清晰远模糊的透视原理。

张志刚作品《两岸青山迎客忙》(图2-11)为峡谷式布局,水面近宽远窄,山峰近高远低,景物近清晰远模糊。主体山脉位于盆的左后方,靠盆边纵斜摆放,山峰近高远低,突出纵向景观,形成群山连绵的左岸;客体山脉位于盆的右边,突出横向景观,形成众山峥嵘的右岸。两岸夹持,在盆中部营造出奇险幽深的峡谷和曲折无际的江流。左岸群山的纵向延伸,以及右岸远山对左岸远山的遮挡,营造出深远的艺术效果,使峡谷深长莫测、江河蜿蜒无尽。作者利用透视原理,巧妙布局,层次突出,使作品小中见大,盆中群山耸立、峡谷深长,景象如诗如画,令人流连忘返。

图2-11　张志刚《两岸青山迎客忙》

2.2.7　聚散规律

聚散规律又称不等边三角形法则,是以不等边三角形构图规律来解决景物的位置关系。按照聚散规律布置的景物,有聚有散,如同自然生成。聚散规律中的不等边三角形主要指:

①盆景景物的立面轮廓,即盆景的树冠或山石轮廓要尽可能避免构成等边三角形。

②盆中景物的平面布局,即景物各位点之间也要努力避免出现等边三角形(图2-12)。

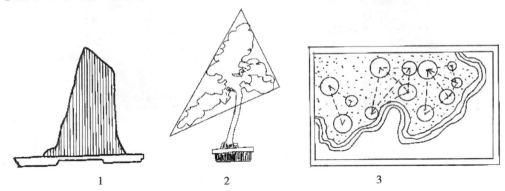

图2-12　不等边三角形的实际应用

1,2—不等边三角形在山、树立面上的应用;3—不等边三角形在树林的平面布局中的应用

应当指出的是聚散规律不适用于规则型树桩盆景,它的基本要求对规则型树桩盆景没有意义。

2.2.8　形式规律(形式美)

形式美是指自然、生活和艺术中形体、色彩、声音等各种形式因素的有规律的组合。形式美法则包括比例与尺度、韵律与节奏、动势与均衡等,它们之间既有区别,又有密切联系。

1）比例

比例是形式美最为普遍的重要规律之一。盆景造型要做到形式美,必须使其整体与局部、局部与局部具有恰当的比例关系。盆景中"缩龙成寸""小中见大"主要是通过比例关系来实现的。

盆景中的比例关系主要存在于三个方面:景与盆之间、景与景之间、景象自身各部分之间。树桩盆景中,树干的粗度、高度、枝条的粗度、长度、枝片的大小等都应比例恰当。山水盆景中,山石、树木、水面以及配件等各个元素间的比例,都应根据构图的需要而认真推敲。如"丈山尺树寸马分人",即是采用中国画论中的大致比例关系。景与盆之间的大小比例也要符合审美需要。如图 2-13(a)所示,树大盆小,显得头重脚轻,不稳定;(b)图中树瘦盆宽,盆中景物单薄,不充实。图 2-14 列举了山水盆景三远式中盆长与山高的比例关系。盆景中各部分间的比例关系并不一定用数字表示,而是要符合逻辑,符合人们视觉上、经验上的审美概念。比例失调必然导致形式美的丧失。

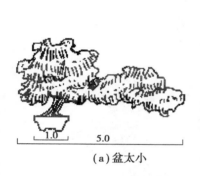
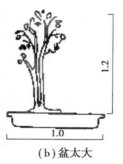

（a）盆太小　　（b）盆太大

图 2-13　树与盆比例欠妥的实例

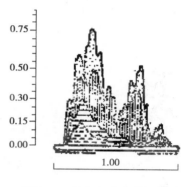

图 2-14　盆长与山高的比例关系
平远法：　　　深远法：　　　高远法：
1:(0.15~0.3)　1:(0.3~0.5)　1:(0.5~0.75)

在美学中,公认的最经典、最和谐的比例是古希腊哲学家毕达哥拉斯提出的"黄金分割",即将整体一分为二,较大部分与较小部分之比等于整体与较大部分之比,其比值约为 1:0.618。如图 2-15 所示,C 点把线段 AB 分割成两部分,AB:AC=AC:CB,C 点即是线段 AB 的黄金分割点。用黄金比的两条线段作为长和宽构成的矩形,即是黄金矩形。同样原理我们可以找出黄金矩形各边的黄金分割点,其连线即是黄金矩形的黄金分割线。盆景高与宽的比例、树冠与树干的比例、枝条间的比例、树干转折的比例、主景在盆中的位置等,都可运用黄金分割进行造型。在盆景造型中,并不要求严格的数字计算,可将 1:0.618 简化为 3:2、5:3 或 8:5 等。

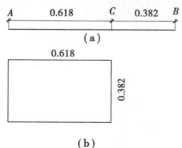
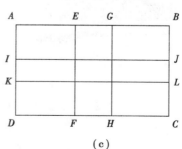

图 2-15　黄金分割

比例关系在一定程度上与其他造型手法相辅相成,影响着作品的形式风格。在创作中,应在一般比例规律的基础上,根据自己的总体构思、表现形式、审美情趣等,推敲寻觅、灵活把握最佳的比例。

2) 韵律与节奏

节奏是指各种可比成分有秩序的反复,动势有秩序的反复则形成韵律。有节奏的变化产生美感,就如有高低强弱、抑扬顿挫等规律变化的乐音才能形成优美的旋律。盆景中韵律与节奏所产生的美感会增强视觉刺激,提高欣赏趣味。

盆景造型时,使景体在点、线、面上形成一种空间流动的秩序性变化,如大小、轻重的渐变,粗细、强弱的渐变,明暗、疏密的渐变,高低起伏、间隔距离的渐变,方向、位置的渐变等,都是获得韵律与节奏感的有效手段。树木盆景中,可通过树干的转折反复[图2-16(a)]、树枝的反复[图2-16(b)]、枝片的反复[图2-16(c)]、树冠轮廓线的反复、丛林树干的反复[图2-16(d)]等形成节奏。山水盆景中,可通过山体轮廓线的反复、山峰的反复、水岸线的曲折反复等形成节奏[图2-16(e)]。

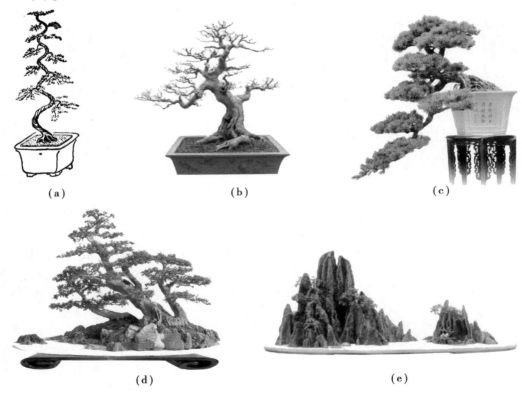

（a）　　　　　　　　　（b）　　　　　　　　　（c）

（d）　　　　　　　　　（e）

图2-16　盆景节奏表现举例

赵庆泉作品《听涛》(图2-17),盆中右侧主景部分六棵松拔地而起,以丛林树干的反复形成节奏:树干间距的变化、高低的错落形成韵律;主干中下部挺直,中上部均向左倾形成节奏和韵律;枝片形状相似,以大小、位置的变化在有序的反复中形成节奏和韵律。盆中之松有主有次、高低错落、虚实相宜、疏密得当,造型十分优美。周边空白可释之为水,亦可析之为云。古松林间一老人微仰静坐,聆听涛声。这里的"涛",即是"波涛",也是"松涛"。作品不仅在视觉上自然生动,而且在听觉上也给人以丰富的遐想。

图 2-17　赵庆泉《听涛》

3）均衡

均衡指两种力量处于相互抵消并且大小相等、作用相反的状态。盆景布局的均衡是指景物、容器、盆架在构图布局上给人以稳定感,包括重力、形态、色彩、质感等各方面给人的视觉平衡感。盆景造型中,可以通过调整山石、树木及配件的大小、位置等取得视觉心理上的均衡,使作品既和谐稳定,又富于变化。

均衡分对称式均衡和不对称式均衡(图 2-18)。对称式均衡具有明显的对称轴线,各组成部分对称布局于轴线两侧,具有整齐、稳定、平静、庄重的美感。如川派盆景中的方拐、对拐等,两边的枝片都是对称的,看上去具有端庄、整齐之美。但对称式均衡人工味过浓,构图常显严肃、呆板,而不对称式均衡更显自然、生动。不对称式均衡没有中轴线,左右两侧物象形态不相同,通过调整物象的数量、质量、大小、距离、方向、色彩等达到两侧视觉上的均衡。大多数盆景多采用不对称式均衡,如山水盆景中的偏重式、开合式,树桩盆景中的丛林式等。在构成不对称式均衡时,要善于把握不同景物视觉上的轻重关系。如树比山重,石比树重,配件比树、石重,人比动物重,动物比建筑重,粗线比细线重,斜线比水平线、竖线重,斜置比正置重,鲜艳色比灰暗色重,近物比远物重。

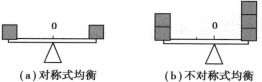

（a）对称式均衡　　　（b）不对称式均衡

图 2-18　均衡关系图

0—均衡中心

在盆景造型中构成均衡的常用手法有：

①通过设置相应的配件构成均衡。如图2-19(a)所示，主景树石置于盆左侧，在右侧山脚下置一老者与其构成均衡，另外树梢从石后向右扭转伸出，枝片层层跌宕而下，丰富了右上部空间，使整个作品构图均衡且富有动势。

②用盆钵、盆架与景物构成均衡。如图2-19(b)所示，树干S形蜿蜒而上后，从左侧一泻而下，动势强烈，而右侧粗壮的主干、厚重的盆钵、高挑的盆架与其构成均衡。另如图2-19(c)所示，作品中树势以盆的宽度均衡向左伸展。

③用树木姿态形成均衡。可通过枝条的长短、方向、位置变化，枝条和树冠的形状及方向变化，树木的栽植位置等实现[图2-19(a)、(c)]。

④综合均衡法。盆中各种景物恰当配置、合理布局，使构图和谐统一[图2-19(d)]。

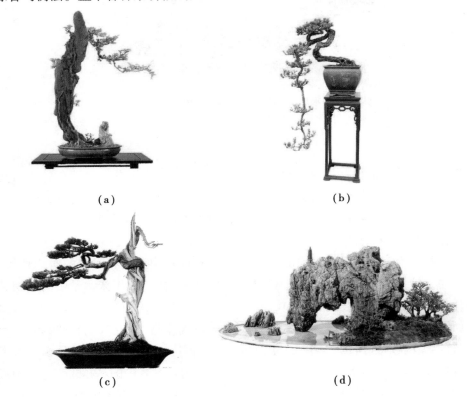

(a)

(b)

(c)

(d)

图2-19　均衡构成

2.3　盆景造型的艺术手法

所谓艺术手法是为获得某些艺术效果而采用的对艺术形象的具体处理方法。盆景造型的艺术手法有剪裁、夸张、对比、穿插、藏景、呼应和象征。

2.3.1　剪裁

在盆景制作过程中,剪裁就是指对风景素材和树、石进行取舍、提炼、加工与组合。对桩材进行剪裁是盆景造型的一项基本功。通过剪裁,裁去多余,留其所需;裁去一般,留取精华;裁去平淡,突出主题;裁去粗俗,留取高雅;亦可补其所缺,避其所短,从而塑造出理想的造型。剪裁亦是弃丑示美的艺术取舍过程。剪裁看似简单,实则需要创作者能慧眼识珠,且具有相当的艺术修养。盆景制作中的剪裁是不可修复的,特别是对树桩的修剪。若胸无成竹,贸然动手,极易酿成大错。艺术创作道路上,往往是失之毫厘,谬以千里。

对树桩进行修剪,首先,要了解各种树木的萌芽力和成枝力,以及枝芽类型及其生长特性;其次,要明确创作意图,先立意构图,"意在笔先";再者,要摄取树坯的精华,因材修剪,随枝造型,根据造型的需要"强则抑,弱则扶,密则疏,疏则截"。同一树坯,由于立意不同,取舍有所侧重,造型后的艺术表现形式就有可能出现天壤之别。

在山水盆景制作中,往往采用"集零成整"的手法,即在若干素材中,各取一点,然后结构成一座浑然一体的形象。例如,在制作反映自然风景题材的山水盆景素材收集中,可以取东山一座山峰的形象作盆景主峰的形象,取西山一个(或两个)峰形作客山的形象,再取南(北)山的一些山体余脉或树石溪泉作盆景的陪衬形象。这样,通过艺术加工处理,就可以按照结构规律构造出一件完整的、统一的盆景形象。对石材的裁截,应根据构图的要求,去粗取精,先用彩色笔标记好切割线,然后小心锯截。

剪裁手法的应用,不能简单理解为仅仅是对素材的精简处理。剪裁中既有减,也有加。特别是在对素材细部处理时,往往要加上一些素材本身所没有的东西,使取用的素材完整,从而构建独立的盆景形象体系。

2.3.2　夸张

夸张是对客观事物形象的强调和夸大,是再创造的表现和升华。自然中的树木,由于不确定的生长环境,以及一些生物或非生物的侵害,形成了一些夸张变形的基础,给盆景的创造带来了灵感和启示。盆景创作,即以自然中的夸张变形为依据,又以作者的创造理念为主导,将自然美应用夸张的艺术手法展现在盆中,获得浓郁的趣味。"艺术要求抓住对象的本质特征,狠狠地表现,重重地表现,强调地表现"。只有夸张才是艺术上最真实的,只有真实的夸张才能有感人的魅力。

夸张手法主要在景物的形体、比例及态势等三个方面应用。其中形体夸张最为普遍。自然界中的山体大多是宽度与厚度远大于高度的,在盆景制作中则可对山的高度进行夸张,使山的高度远大于山的宽度和厚度;自然界中的缓坡在盆景制作中常常夸张成陡壁,陡壁夸张成悬崖,层岩夸张成片层状等。盆景中各种景象的比例虽然大致反映了自然界同一景物之间的相对比例关系,但不可能一一对应。如盆景中树与山、山与路、人与山、人与桥、人与河等,都必须进行夸张处理。对于态势的夸张处理,主要反映在盆景制作中,对盆景景物的倾斜状态、奔趋性等动势造型方面,如山石的悬垂横斜等。

盆景是对大自然景观的浓缩,在制作中不免要将景物夸张一些。正因如此,盆景中的树木往往较自然中的树木更显得苍古、优美,山峰往往较自然中的更显得奇险、高耸(图 2-20)。夸张能产生强烈的视觉效果,突出表现创作主体的意蕴。

(a)　　　　　　　　　　　(b)

图 2-20　夸张的艺术表现

2.3.3　对比

对比是盆景艺术的重要艺术表现手法,是对立统一辩证规律在艺术创作中的具体运用。鲜明的对比,可以增强对视觉的刺激程度,突出主题和意境,增强作品的艺术感染力。对比来自差异,差异小则形成变化,差异大则形成对比。对比的手法十分丰富。在盆景造型中,可以从尺度(大小、高低、粗细、重轻、厚薄、宽窄)、状态(曲直、正斜、疏密、虚实、枯荣、藏露)、位置(前后、左右、上下)、性质(刚柔、巧拙、动静)以及色彩等多方面形成对比。

对比运用得当可使盆景生动、活泼,但对比不宜一味过强,要注意对比中的协调、变化中的统一,即要做到刚柔相济、直曲和谐、疏密得当、虚实相生、有露有藏的对比和谐统一。不和谐的对比会使景物远离主题,失去和谐,从而使景物杂乱无章,失去美感。

如郑永泰作品《剑之恋》(图 2-21),舍利干笔直、高耸,尽显顶天立地、直插云霄的气势;红檵木枝条横向蜿蜒,花色火红,柔美无限。干基部,舍利干在前中,红檵木干将其包裹;中部以上,两树干扭转成一左一右并列,红檵木向右的两枝条,一上一下、一前一后将舍利干环绕。作品中直曲、刚柔、疏密、虚实、明暗对比强烈,颇具感染力。题名"剑之恋",进一步深化意境,引发联想:一直一曲的两干,似一对笑傲江湖的神仙眷侣。作者通过精细的布局,把众多美的因素和谐构建在一整体中,互相对比、相映成趣,十分精彩。

图 2-21　郑永泰《剑之恋》

2.3.4　穿插

穿插是景象各部分相互交错伸入而使景象体系内的结合更为紧密、更为自然的一种艺术手法。其作用是加强景物之间的和谐联系,增强景象的层次感和深度感。其在方法上可使用河流、道路、山的余脉、树木的枝条,以及石块凸出部分等素材实现。例如,河流在山间穿插,能使空间显得开阔;道路在山间穿插,能丰富山脚、山腰的起伏变化。但是景物的穿插并不是景物的联结,各自应是相对独立的。通过山石的穿插布置,形成"山外有山"的深远感。如图 2-22 所示,左边主景由主峰和多个小陪峰前后交错重叠布置,使主景山浑厚险峻;右陪峰和后陪峰穿插交错,三部分山景间有河流穿插而过,水面上有帆船点缀,景物层次丰富,自然和谐。

图 2-22　穿插的艺术表现

2.3.5　藏景

含蓄美是盆景的重要艺术特色。盆景布景时,有露有藏,方显含蓄。藏景是以景物的显露部分为诱因,把观者的视觉注意与想象活动导引到景物的有意隐藏部分。景物露出部分是引导观者注意并探寻隐藏部分的诱因,而隐藏部分促使观者进行想象,是造成意境的动力。"景越藏则境界越大,景越露则境界越小",解决好藏露结合的问题,可以创造出意境。

露中有藏的表现手法在山水盆景中常用到,给人群山起伏、水岸延绵之感。犹如水岸线迂回曲折,道路、小溪时隐时现,盆景配件也要露中有藏,如此才能展现景外有景、景中生情的意境。如宋代画家郭熙所言:"山欲高,尽出之则不高,烟霞锁其腰则高之;山欲远,尽出之则不远,掩映断其脉则远矣。"山水盆景虽无法表现烟霞,但可以通过种植树木、放置配件、大小山石的遮掩等,来"锁其腰""断其脉"。如图 2-22 所示,主峰前有稍矮的山峰"锁其腰",山脚有矮小的石块遮掩,群山上有树木"断其脉"。这些藏景的手法,不仅是艺术表现的需要,更是对自然法则的遵从。

树桩盆景中,孤植式须注意枝干的"露"与"藏",枝叶穿插变化、相互掩映,树干有隐有现,才能显得繁茂;丛植式宜前后错落穿插、树木枝干相互遮挡,方能显出丛林之幽深;又如树木配石,可石藏树中,可树藏石后,相互掩映(图2-23),如此才能给人深邃的意境和无穷的回味。藏与露的处理要视需要而定,必须在艺术实践中掌握好分寸。

(a)　　　　　　　　　　　(b)

图2-23　藏景的艺术表现

2.3.6　呼应

呼应是通过景物之间的相似处理、相互顾盼趋向等方法加强景物之间的联系。它能使彼此间得到相互和谐、相互联系,产生完整统一的效果。盆景中的相似性处理,即以各景物具有共同的特征为联系桥梁;而相互顾盼主要从盆景景物的姿态、倾向、奔趋等特点中产生。如树桩盆景中,枝条之间、树与树之间在方向上、形态上都要有呼应[图2-24(a)]。山水盆景中,不同的山峰在形态、纹理、方向上也要有呼应[图2-24(b)]。一个成功的盆景作品,在于能够将许多不同的构成部分取得统一。巧用呼应,是使盆景中繁杂的变化转化为高度统一的有效手法。

(a)　　　　　　　　　　　(b)

图2-24　呼应的艺术表现

另外,调整盆景景物之间的位置关系,使它们处于若即若离的状态也能建立呼应关系。若主、客山距离太远,感觉呈分离状态,其呼应关系就很弱;但如果距离太近就会因拥挤而出现主、

客山相互排斥,其呼应关系依然很弱。当然,盆景景物中,主、客、陪等各种景物采用相互穿插的布局形式,同样能达到一定的呼应效果。

2.3.7　象征

象征是由景物的某些特点而引人产生特定联想,从而扩大景物的艺术内容的一种手法。象征手法依靠引起联想而塑造盆景景物的意境情感形象。联想的诱发是象征的直接使用目的。由象征引起的联想分为类比联想和接近联想。类比联想是由对一种景物的感受而引起对与该景物相类似的事物的联想。不论类比明显或隐晦、直接或间接,盆景中傲岸的松、虚心的竹、热情的枫、坦荡的水、坚定的石,都可被看作人的品格或精神象征。接近联想是由一种景象引起对它在空间和时间上接近的另一种景物的联想。如由石潭可以联想到瀑布,由盆中的帆船小配件可产生对海的联想。

盆景艺术运用象形的手法,使树木形象在似与不似之间,有别于现实生活中的真实形象,通过寓意于象,表现独特的意味。如郑永泰以榕树独特的树干和根蔓塑造出"白鹿回头"的形象,结合题名《白鹿回头问苍穹》[图2-2(b)],使作品意味无穷。他的另一作品《老榆探海化蓬莱》(图2-25),横卧的老桩犹如蜿蜒起伏、连绵无尽的山峦,丘壑突兀,险象环生,洞幻深幽,若隐若现。桩体上部培养出的多株小树,犹如郁郁葱葱、翠绿欲滴的丛林,远近分明,高矮错落,疏密有致。干顶向左伸向水面,犹如坚磐砺岩经海浪冲击雕琢成的镂空涧洞。山洞中,两樵夫一左一右,一坐一斜躺,悠闲休憩。题名中"探"字用得巧妙,增加了作品的动势。"蓬莱"即古代神话中海上三神山(蓬莱、方丈、瀛洲)之一,使人联想到蓬莱仙岛,更进一步深化意境。

图2-25　郑永泰《老榆探海化蓬莱》

思考与练习

1.盆景造型的基本原则有哪些?

2.简述盆景造型的一般规律。

3.如何使盆景作品具有诗情画意?

4.举例说明盆景的形式美法则。

5.盆景造型的艺术手法有哪些?

3 盆景的材料与工具

目的与要求：通过本章的学习，主要了解盆景造型常用的植物材料和山石材料，掌握植物材料的生态习性和山石材料的性质，掌握野外植物材料的采集及养护方法与措施。

进行盆景造型，必须先有物质材料，然后才能应用各种造型艺术及技术手段进行加工创作。组成盆景的物质材料主要有植物材料、山石材料、盆盎、几架、配件以及其他辅助用料，如蟠扎材料（金属丝、棕丝等）、粘接材料（水泥、河沙、粘结剂、颜料等）和栽培养护材料（培养土、肥料等）。本章主要介绍前面四种材料。

3.1 盆景植物材料

盆景植物材料必须是活的植物，并且在形态上、生态习性等方面具有一定的特点。由于制作盆景的类型不同，选择植物材料的标准也不同，同时材料来源及养护等方式也有差异。

3.1.1 盆景植物材料选择标准

盆景植物之所以能成为盆景材料，是因为其一般具有植株矮、易生根、适应性强、生长慢、叶片小、根干奇、耐修剪、易造型的特点。此外还可依不同情况和要求加以处理。

1）枝细叶小、节短枝密

选取枝细叶小、节短枝密的树种，能使桩景更富于真实感，具有"以小见大"的艺术效果和意境。很多树种都有大小叶之分，例如罗汉松、榆树、福建茶等，其中罗汉松有大、中、小、雀舌、珍珠叶之分。枝干苍老、根系发达容易形成板根的树种，更具力度感。

2）耐剪易扎，生长缓慢，寿命较长

盆景树木萌芽力要强，在养坯、制作过程中不可避免每年对新生枝条进行连续反复的重剪和蟠扎。以罗汉松为例，其枝条十分柔韧，耐绑扎，易发芽，造型可塑性强，对其施艺容易。对不符合造型要求的较粗枝干，可采取破"V"字口拿弯的办法。在缺少枝托的部位上，可利用近邻的轮生枝，采取一抑一扬的做法，改变出枝的位置。或是通过牵引转换方向直接靠接在需要的部位，成活后再剪除原枝连接处，成为独立的新枝托。如实在无枝可利用，还可用小苗靠接。其树桩生长缓慢，给造型管理带来了极大的方便。基本成型后，树型会比较稳定，即使全年不蟠扎修剪、不施肥换盆，仍能保持原来的基本造型并正常生长。那些生长快的树种，如三角梅等，养分消耗大，需年年换盆和经常修剪、施肥才能生长良好。又如紫薇，虽花繁色艳，花期长、易发芽、桩头奇，但由于花着生于当年生的枝条末梢上，孕花期不可修剪，造型难以控制；花后强剪，冬天枝叶全无，无景可赏，来春萌叶时，还需抹芽修枝，费工费时仍难控制造型。而罗汉松等树种一经定型之后，只需摘心促发侧芽，使树冠逐年密集，抹去败叶（极少）和长叶，也更易达到控制造型目的。

3）形状、色彩、质地、神韵皆佳，花果繁硕，味香耐久

盆景的美，在于它有生命，能随季节的变化而产生色彩、形状及神韵的变化，体现了生命在季节变化中所呈现的节奏感。如那榆树初春枝头点点的嫩芽，充满生气，色彩从嫩绿渐转为翠绿；夏天满树翠绿如盖，使人凉意顿生，从成熟旺盛的姿态可感夏日草木的华丽；秋天黄叶飘落，秋风送爽，预示寒冬来临；冬天满树寒枝，显露出枝杈的刚毅和力度美，令人顿感寒意。

（1）叶的"形、色、质、神"

不同的树种有不同的叶形：如披针形的五针松，扇形的银杏，羽形的铁树，条形的柳丝，掌状的槭类，针刺密集如刷的黑松，还有的叶形似蛋形、心形的树种等。叶的边缘齿形也各不相同。

不同树种叶色也不尽相同：叶色多变的枫叶，油亮深绿的福建茶，鲜明嫩绿的黄心梅，粉白的芙蓉菊，苍翠的松针，黄白相间的花叶榕，还有叶的正反面色泽各异的树种。

松针质地坚挺，以示雄健神韵；柳丝柔软，楚楚动人；文竹轻盈平整的叶片，文静清幽；竹叶随风飘动时显出潇洒飘逸的气质和神韵；叶质油亮的福建茶，神采奕奕。植物各自不同的特性，加上外界风雨的配合下产生的韵味，如雨打芭蕉，嘀嘀嗒嗒，点点有声；风吹竹叶，飒飒有声，竹影婆娑；风吹松树，谓之"松涛"；春风杨柳等，都能够产生情景交融的意境神韵。

（2）枝、干、根的"形、色、质、神"

枝、干、根的形状指的是某种树种先天的形状加上后天通过塑造所能达到的某种形状。例如五针松任凭怎样塑造，其枝条总不可能像桎柳一样柔软飘逸，而桎柳倒可以塑造成松树的形状，但没有了松树的气质和神韵；竹子难以塑造成曲干虬枝，即使勉强从小绑扎弯曲也缺少美感；金银花没法形成鹿角鸡爪的枝形；榕树能塑造成气根高悬之形，其他树种就很难做成这样。

曲干虬枝蕴含着节奏动势，鹿角鸡爪，具有自然神韵。例如雀梅皮色斑驳，松干皮色沉稳，以显苍老之感；柏干皮层弯曲旋扭，壮如力士肌腱；福建茶干体自然形成马眼，松干鳞峋；紫薇老桩枯洞朽穴，千奇百怪，质细腻光亮，虽老尤坚；九里香干体纹理清晰可见，显得材质坚实；铁树干体布满鳞片，古朴庄严。风吹竹子，竹体互相摩擦，发出咿咿嗳嗳之声，此时此景，因人们当时

心情的不同而产生不同的意境神韵。

（3）花果的"形、色、质、神"

花果大小不等，形状多样，多寡不同，壮弱各异，味有浓淡，且随季节及成熟程度的不同，其色彩神韵不断变化。花团锦簇的紫薇象征富贵，洁白素雅的梅花象征纯洁，杜鹃万紫千红，石榴花似烈火，叶小花多的六月雪如繁星满天。三角梅有单瓣重瓣之分，色彩有大红、深红、紫红、粉红、胭脂红、橙黄、白、红白相间之分。硕果累累的火棘，核果殷红夺目的南天竹，熟透开口的石榴果，都给人以丰盛之感。

花朵朝开夕萎，如嫌短促，花繁便可弥补这一不足，因为这边的花谢了，那边的花又开了，仍可达到延长观赏期的目的。

4）适应性强，病虫害少

由于盆景栽培土壤较少，营养、水分等环境因素受限，因此要求盆景植物能适应不同的生长环境，且抗病虫害。抗逆性强的树种，在养护管理上容易，掌握这一标准显得尤为重要。

3.1.2 盆景植物材料的来源

我国地域辽阔，植物资源丰富，仅以树木而言，在世界3万多种高等植物中，我国产乔、灌木就有7 500余种，其中有被称为"活化石"的银杏、银杉、水杉、金钱松等，均可上盆作景。即使是同一种树木，由于生长年限的长短、环境条件的差异，会形成不同的外形，也为盆景创作提供了丰富依据。一枝一叶处处存在着美，都是创作、研究盆景造型所捕捉、模仿、追求的对象，所以说自然界为盆景创作提供了大量的植物材料。

盆景植物来源有两种，即苗圃繁育和野外采集。

苗圃培育苗生长缓慢，往往需要数年至数十年的时间方能成型，费工费时，且早期不易形成苍老的态势。但苗圃繁育可为盆景创作提供一些观赏价值高、野外不能自繁的树种，且自幼苗期即开始造型，其可塑性远远大于野外采集的生坯。

野外采集的生坯则具有形态多变、成型较快等特点，然其主体部位的可塑性较小，故多只能因势造型。

但是应该指出，过去人们对盆景植物的生产缺乏系统的规划、管理，往往讲究"短平快"，更多地注重经济效益而忽略了生态效益。盆景爱好者或不法分子到处乱采乱挖，不同程度导致环境恶化、植物资源枯竭、水土流失等损失。因此从长远来看，为了保护资源和生态环境，要有计划、有步骤地安排采掘，绝不打破生态平衡。但风景名胜区、保护区等处严禁挖取野桩。因此，发展盆景苗圃才是发展盆景事业的必然趋势，也只有发展盆景苗圃，才能使中国盆景生产走上规格化、专业化、规模化和可持续的道路，也是世界盆景事业的文明之路。

1）野外采集盆景植物材料

正如前述，野外挖掘的桩头除了具有形态好、苍古、矮实等优点外，还在于它们能在较差的环境下生存下来，因此更易栽培。另外，野桩在复杂环境下生长所形成的精神气质也是爱好者所追求的，同时也是短期培育无法模仿的，因而备受推崇。

（1）采挖地点的选择

一般地说，凡树身矮小、根部较浅、形态奇美的树桩，大多生长在土层浅薄、土质贫瘠的荒山坡地、河岸溪边、山石隙缝以及薪炭林地等处。当然一些因树体衰老而被淘汰的果树，经改造后同样可作盆景材料。常见野生桩有雀梅、银杏、天竹、榆、虎刺、六月雪、枸骨、栀子、黄杨、枫树、米叶冬青、火棘、紫藤、金雀木、山楂、六道木等。

（2）采挖的时间

植物材料的采挖必须掌握好合适的时机进行，否则将劳而无功，浪费了自然资源。一般可以根据植物生理特性、区域生态环境条件，将时段安排在产地秋季落叶至来年开春发叶前为宜，并结合本地区气候条件、采挖设备等制订具体时间。对于耐寒树种中松柏类及落叶树种，大多可在秋季落叶期至封冻前或春季开冻后采集；不耐寒的常绿阔叶树种则宜在晚春进行采集，如有保温设施，也可在秋季或早春进行。夏季气温高，植物蒸腾作用旺盛，此时采挖极易失水死亡。

（3）采挖的方法

出发前应准备好铁镐、小山锄、锹、手锯、修枝剪等工具及塑料绳、塑料袋等。采挖前，首先要了解资源，了解生境条件。先对地上部分进行疏剪，在保持形态主要特征下，将超长枝截短，修除病枯枝和不需要的冗枝、乱枝、死枝等。过密处抽稀，这是一种强修剪手段，当然还要视品种而定。必要时将伸展的枝条加以束缚捆紧，以便挖掘操作。然后对地下部分进行挖掘，先铲除根表泥土，了解根部伸展走向。挖掘中尽可能保护好须根，必要时带土挖掘；出土后把受伤的根的伤口剪平，减少伤口感染，减少蒸发，以利于日后伤口的愈合。在保留须根的前提下清除有碍硬根、枯烂之根。

对于挖掘十分有价值的古老树桩，可以分两年或三年挖掘。同树木出圃一样，今年挖 1/3 或 1/2，主要切断主根及粗大侧根，然后用土重新覆上，登记好地点、方位、树种、规格、标记等内容，翌年或第三年后再挖去余下的部位即可移回并继续地栽；如能在采挖当地种上一两年，待成活后运回，对适应新环境、确保成活、恢复长势更是十分有利。在整个挖、运过程中要从速完成，不然树木脱水后成活率极低。

为了减少运输期间水分的损耗，将挖掘起的树桩装筐，筐内空隙处塞进松软的保湿材料，如松针、苔草之类，并喷足水分；也可在根部蘸上泥浆，几棵一扎，用湿苔包盖好。对大树桩则主干、粗枝上全用湿草、苔藓等包好，既要保湿又要透气，决不可过热，以免霉变致死。还要防止树桩之间相互松动碰撞、摩擦受伤而加快蒸发。包装好后应尽快运回，并注意避开寒流，如有冰冻立即停止挖掘，路途中也要做好保暖工作。总之，一切工作都是为了确保树桩成活及今后的质量。

（4）树坯的服盆培育

刚从山野间采挖回来的树桩称"树坯"或"生桩"。挖回的树坯必须经过一年以上的精心培育，才有可能适应盆栽条件。树坯的服盆培育，在生产上称为"养坯"。养坯要有良好的栽培条件和正确的抚育措施。

①苗床。抚育野生盆景植物的苗床通常采用低床、高床或高垄等形式。低床适宜在北方干旱地区或南方草本植物、低矮的喜水湿的小灌木（如蕨类植物、虎耳草、朱砂根、虎刺等）的抚育；高床和高垄具有排水良好、地温较高、土壤松厚等优点，适宜抚育大、中型树桩。

②植前修剪。采挖回的植物材料应及时逐个取出进行再度修剪，剪掉全树 2/3 以上的枝

叶,特别是运输过程中有损伤的枝叶。其次,对根部也要做适当的修剪,去除枯根、烂根等。

③护干。护干主要是保护树干以减少树干皮孔的水分散失。用湿草、草绳缠裹树桩或用苔藓包裹树桩,保持湿润,有利于树桩的成活。

④遮阴。遮阴可以使树桩避免阳光直射,减少植物的蒸腾作用。同时遮阴还可降低地面的温度,增加空气湿度。一般地,为树桩遮阴 40%～70%,有利于提高树桩的成活率。

⑤地面覆盖。可以在苗床床面撒上一层谷壳、锯木屑、枯草、落叶或覆盖薄膜等,这些材料能很好地为苗床保温、保湿,促进根部提前进入生长阶段。

⑥洒水喷雾。植物春季发芽后,或在比较干旱的天气,就必须增加空气湿度保证植物对水分的需求。可以采用淋湿枝叶的办法加以解决。

⑦抹芽摘蕾。树桩在养坯阶段,要摘除花蕾,抹掉部分叶芽,使养分集中供应根部,以促进根的生长。根系长势良好,也就有利于树桩的成活。

⑧追肥。养坯半年后,可以根据树桩的生长状况进行追肥。要采用薄肥勤施的方式,既要保证树桩的营养供应,又要做到不能因施肥过多而烧根。

2)人工培育盆景植物材料

大多数珍贵的盆景树种,在野外是无法寻觅到的,如五针松、罗汉松、凤尾竹、红枫、伽罗木、黄杨、真柏等树种,往往得用嫁接、扦插、分株等人工培育的方法来培育成盆景用苗。若通过花市采购盆景植物材料,采购时一定要选取枝叶新鲜饱满的植株,切不可购取枯萎失水者。

(1)嫁接繁殖

繁殖植物的枝条或芽称接穗,植物嫁接繁殖时与接穗或接芽相接的植株叫砧木。把接穗接在砧木的适当枝、干部位,愈合成活后去除砧木上的供养枝叶,将营养转换到接穗形成的新植株上的一种无性繁殖方法,称嫁接。嫁接是获得盆景理想材料的重要手段,用于材料来源困难、生长缓慢或名贵的品种及播种、扦插不易成活或成活率很低的品种上。嫁接尤其适宜小型盆景。对生长慢、抗性差、母体优势不足、易退化的品种,通过嫁接可以取长补短,获得更壮实、长势快等优势更足的新个体。

砧木宜选抗性强、生长快、无病虫害的 1～2 年生、粗细适中、壮实饱满的苗木。接穗用当年生嫩芽或 1～2 年生枝条,也要选健壮、无病虫害者。

嫁接方法有多头接(砧木为有形态的老树桩,接在形态欠缺处)、嫩枝接、芽接、撕皮接,具体手法有复接、靠接、劈接、切接等。嫁接是改变劣性、获得理想材料的好方法,特别是多头接是速成树桩的绝佳办法,甚至中型、大型盆景也可用此法来改造。

就嫁接时间而言,靠接一般在 5—8 月生长期进行,其余枝接多在 2 月下旬—3 月上中旬树液开始流动时进行;芽接较迟,一般在砧木树皮易剥离时进行,即在 7 月下旬—9 月下旬,北方宜早,南方宜迟。少量的嫁接只要管养得法,四季都可以进行。

批量嫁接,季节的选择和操作技术的合理性对成活率影响较大。如嫁接部位好、接口平滑清洁、切面斜度合理、形成层相互吻合、接口绑扎松紧适度、接后伤口保护得当等都可提高后期成活率并对后期的生长速度、开花结果的效果、根固与否、质量水平等都有正面影响。此外,嫁

接所用的工具、嫁接的手法以及嫁接后的管理都会影响嫁接的效果。

嫁接后要将树桩移放在有保护设施的地方,如塑料棚内,防止雨水冲淋、太阳灼射、风吹抖动等,以免影响接口的愈合;也可以用小塑料袋套封嫁接处,以减少蒸发,保持湿度,又可防止浇水时水滴流入伤口造成感染,或防止伤口中形成水膜而使接口接触面不易愈合。

(2)扦插繁殖

选取健壮、有形枝条插入苗床、沙床中,在适宜条件下愈合生根成为新的独立体,称扦插。扦插是获得小型、微型盆景材料的重要手段。扦插尤以老枝扦插及根插法为好,这是盆景工作者长年实践所得到的育材捷径:只要成活,就可得到一棵骨骼形态老而矮化的树桩,稍作造型便可成景,还能显示出相当年份。

不论老枝或嫩枝,扦插都要挑选健壮、无病虫害的枝条,剪口要平滑光洁,扦插深度(角度)要适中;千万不能用僵老、孱弱、病虫害寄生的枝条,因为这些枝条虽具备外形但不易成活,即使成活长势也很弱,难以达到作景的条件。造型上,既可选用具有一定基本形态的枝条,也可选择外伤造成的虬曲枝条,例如修剪下来的树桩枝条、路边碰伤后变形的枝条。

灌木插穗选树身中部的枝条。因为灌木有向上生长争夺阳光的习性,下部枝条会自然老化萎缩淘汰,将长势转让给中部枝条。虽然上部枝条向上生长长势旺盛,但是枝节大,缺少姿态,唯有中枝条符合作盆景扦插枝。

扦插时间选在梅雨季节,此季空气湿度高、气温适宜、强光照少,植物处于生长活泼、呼吸吸收活跃、愈伤快的阶段。但此时易发生霉烂病变,操作时务求严格,管理要精细,不然扦插后的植株极易得病死亡。

平时修剪盆景时所弃下的枝条,经适当修剪随手插在砂床空隙处,其中不少成活后成为理想的微型或小型树桩材料,甚至会出现意想不到的优秀素材。开花、结果时期一般不宜剪枝扦插,因为此时枝条养分消耗大,拿来扦插成活率很低。扦插后要防止扦头松动,保持土壤(苗床)适量湿度,遮阴防暴晒,也要防止热风吹拂及雨水冲刷,保护好插穗伤口面,这样才能使枝条易于愈合生根。

除上述繁殖方式之外,还可采用分根法得到大小、形态多变的材料及可贵的年岁标记;压条繁殖也能获得某些理想的品种材料。

有性繁殖播种是获得大量幼苗的好方法,可从中筛选出有培育前途的好苗木。但其缺点是成型时间长,缺少岁月的刻痕,要长期培育才出上品。

3.1.3　主要的盆景植物材料

1)常绿观叶植物

(1)五针松

学名:*Pinus parviflora*

科属:松科,松属。

常绿乔木,小枝有毛,针叶细而短,五针一束,因有白色的气孔带而呈蓝绿色;树枝苍劲古

朴,枝叶平展,有如层云簇拥之状。原产日本,中国各地有栽培。栽培品种有:

①短叶五针松(*P.parviflora* 'Brevifolia')。

②矮丛五针松(*P.parviflora* 'Nana')。

这些品种植株矮小,枝短叶细,密集而生,姿态秀美,均适宜作盆景材料。经艺术加工,易形成潇洒苍劲的造型。

（2）黄山松

学名:*Pinus taiwanensis*

科属:松科,松属。

常绿乔木,二针一束,粗硬鲜绿,冬芽深褐色。在长江中下游海拔700 m以下酸性土山地生长最好,在平原生长不良。在皖南黄山上构成了优美的风景林,尤其生于岩石间者,枝干弯曲,树冠偃盖如画。生长于峰顶裸岩上或石峰中的植株,高不过盈尺,移来盆栽,十分雅致。

（3）华山松

学名:*Pinus armandi*

科属:松科,松属。

常绿乔木,小枝绿色或灰绿色,无毛,针叶细软,五针一束。产于中国中部及西南部高山地区。为优良观赏树种,枝叶翠绿,树形优美,选用幼树做桩景,可加工造型成良好的盆景。

（4）白皮松

学名:*Pinus bungeana*

科属:松科,松属。

树皮乳白色,针粗硬,三针一束。为我国特产。树姿优美,树皮白色雅净,是珍贵盆景材料。

（5）日本黑松

学名:*Pinus thunbergii*

科属:松科,松属。

常绿乔木,干皮黑灰色,针叶二针一束,粗硬,深绿,冬芽灰白。原产日本,在华东沿海城市普遍栽培,在山东沿海一带生长旺盛。选用苍劲矮小植株,上盆加工,可制成很好的松树盆景,国内外皆有应用。日本黑松幼苗是嫁接五针松的优良砧木。

（6）赤松

学名:*Pinus densiflora*

科属:松科,松属。

常绿乔木,树皮橘红色,裂成不规则的鳞片状块片脱落,树干上部树皮红褐色;枝平展形成伞状树冠;冬芽矩圆状卵圆形,暗红褐色,微具树脂,芽鳞条状披针形。原产日本,中国引种。其古朴多姿,为树桩盆景之佳木。

（7）罗汉松

学名:*Podocarpus macrophyllus*

科属:罗汉松科,罗汉松属。

常绿小乔木,树皮暗灰色,鳞片状开裂;枝条平展而密生;叶条状披针形,互生,表面暗绿色,背面灰绿色,排列紧密;雌雄异株,偶有同株,4—5月开花。产于江苏、浙江、福建等省区,现分布于全国多省区。其枝叶苍劲幽雅,四季常青,寿命较长,是制作盆景的优良树种。

（8）小叶罗汉松

学名：*Podocarpus brevifolius*

科属：罗汉松科，小叶罗汉松属。

常绿乔木或灌木，叶互生，呈轮生状丛集于小枝顶，全缘，叶柄短，树皮薄，灰黄色或褐色，平滑，纤维状细条剥落。其产于广西等地，枝叶密集，树形美观，是制作盆景的珍贵材料。

（9）榕树类

科属：桑科，榕属。

常绿乔木，有气生根；叶互生，长椭圆形，革质，有光泽。产于广东、广西、福建、云南、江西等地，为热带树种。其特点为悬根露爪，气根高悬，"块根"膨大，枝叶稠密，色翠如盖，在福建、广东、广西习用此树种为盆景材料。常见种类有：

①苹果榕（*Ficus oligodon*）。其树冠宽阔，分布于贵州、海南、云南、广西、西藏等地。适合作特大型、大型盆景，可培植成斜干式、连根式、附石式、提根式盆景。

②黄葛树（*Ficus virens* Ait. var. *sublanceolata*）。其叶近披针形，先端渐尖。适合作特大型、大型、中型盆景，可培植成斜干式、连根式、附石式、提根式盆景。

③聚果榕（*Ficus racemosa*）。榕果聚生于老茎瘤状短枝上，稀成对生于落叶枝叶腋，梨形，成熟榕果橙红色。其适合作特大型、大型盆景，可培植成斜干式、连根式、附石式、提根式盆景；可观叶、观红色果。

④斜叶榕（*Ficus tinctoria* Forst. f. subsp.*gibbosa*）。幼时多附生，小枝褐色；叶革质，变异很大，卵状椭圆形或近菱形，两侧极不相等。适合作大型、中型盆景，可培植成斜干式、连根式、附石式、提根式盆景；可观叶、观黄色果。在黔西南常见该树种制作的盆景。

（10）真柏

学名：*Juniperus chinensis* var. *sargentii*

科属：柏科，圆柏属。

匍匐灌木，高达 75 cm，枝条沿地面扩展，褐色，密生小枝，枝梢及小枝向上斜展；加刺形叶较细，通常交互对生或三叶轮生，紧密排列；球果圆形，带蓝绿色。原产日本，中国大量繁殖真柏始于 20 世纪 50—60 年代，主要产地在浙江的奉化和温州。其树冠枝繁叶茂、苍翠欲滴，树干枯骨嶙峋，具有较高的观赏价值，是制作盆景的好材料。

（11）匍地柏

学名：*Sabina procumbens*

科属：柏科，圆柏属。

匍匐灌木，全为刺叶，3 枚轮生，蓝绿色，叶背基部常有 2 点白。原产日本，中国各地园林常见栽培。其富有天然势态，易于造型，是布置岩石园、地被和制作盆景的好材料。

（12）小叶女贞

学名：*Ligustrum quihoui*

科属：木樨科，女贞属。

常绿或半常绿小乔木或灌木；叶薄革质，单叶对生，呈卵形至椭圆形，全缘；顶生圆锥状花序，白色小花，有香味；6—7 月花后结果实，核果呈宽椭圆形，秋季成熟，熟时为紫黑色。分布于安徽、浙江、江西、陕西、山东、湖北、四川、江苏、河南、贵州、云南、西藏等地。其观赏价值高，在北方，由于落叶期短，其常被用于盆栽或盆景制作，是中州盆景常见的树材之一。

（13）枸杞

学名：*Lycium chinense*

科属：茄科,枸杞属。

落叶灌木,丛生,枝条拱形;叶互生,卵形或卵状披针形;花单生或簇生于叶腋,紫花;浆果橘红。产于中国南北各地。其为观花、观果的盆景材料。

（14）胡颓子

学名：*Elaeagnus pungens*

科属：胡颓子科,胡颓子属。

常绿灌木,叶厚,呈革质,椭圆形或长椭圆形;花银白色,有春季开花结果与秋季开花结果之分,秋季开花者花期在晚秋 10 月;果实椭圆形,第二年 5 月成熟,成熟果为红色。产于长江以北。胡颓子及其变种,其叶青色秀,花香果红,观赏价值较高。

（15）鸟不宿

学名：*Ilex cornuta*

科属：冬青科,冬青属。

常绿灌木或小乔木,单叶互生,硬革质,具硬刺齿 5 枚,叶端向后弯,表面深绿而有光泽;单性异株,核果球形鲜红。产于长江中下游各地。其为观花、观果盆景材料。

（16）十大功劳

学名：*Mahonia fortunei*

科属：小檗科,十大功劳属。

常绿灌木,奇数羽状复叶,小叶革质,矩圆状披针形或椭圆状披针形;总状花序,花小,黄色,芳香;浆果圆形或矩圆形,蓝黑色,有白粉。分布于湖北、四川、浙江。其叶美、花黄、果蓝、皮糙,制作成盆景有较高的观赏价值。

（17）黄杨类

科属：黄杨科,黄杨属。

常绿灌木或小乔木,单叶对生,全缘;花单性同株,无花瓣。其枝层明显,优美秀丽,是扬派盆景代表树种之一。常见种类有:

①小叶黄杨（*Buxus microphylla*）,其变种有朝鲜黄杨（var.*koreana*）,植株较小,叶也小,长 0.6~1.5 cm;产朝鲜;抗寒。

②黄杨（*B.sinica*）,枝叶较疏散;产中国中部;不耐寒。为扬派常用树种,其变种珍珠黄杨的叶更小。

③锦熟黄杨（*B.sempervirens*）,小枝密集,叶中下部最宽;原产南欧、北非及西亚一带;有一定抗寒力,耐剪。有金边、斑叶、金尖、垂枝等变种,也常用来做盆景。

④雀舌黄杨（*B.bodinieri*）,叶较狭长;产我国南部;不耐寒。多用作微型盆景或山水盆景点缀。

（18）福建茶

学名：*Carmona micarophylla*

科属：紫草科,基及树属。

常绿小灌木,枝条密集;叶小,长 3~9 cm,长椭圆形,浓绿有光泽;花腋生,初夏开白花,花期长;果实红色。为福建特产。枝叶翠茂,风韵奇特,在岭南地区常被采用,是制作盆景的上等材料。

2)落叶观叶植物

（1）银杏

学名:*Ginkgo biloba*

科属:银杏科,银杏属。

落叶乔木,有长短枝之分,叶折扇形,先端常2裂,有长柄,在长枝上互生,短枝上簇生,雌雄异株,具肉质外种皮。为中国特产,南北均有栽培。其树干端直,秋叶金黄,颇为美观,且病虫害少,是制作盆景的好材料,在四川、北京多被采用。可取老桩或"银杏笋"作盆景,将其粗壮矮化,枝条蟠扎造型,养成直干式或悬崖式,古雅奇特,别具一格。

（2）金钱松

学名:*Pseudolarix amabilis*

科属:松科,金钱松属。

落叶乔木,树皮鳞片状开裂,有长短枝;叶扁线形,长3~7 cm,柔软鲜绿,在长枝上螺旋状排列;短枝上轮状簇生,枝条优美,入秋变得黄如金钱,甚为美观。为中国特产,也是世界名贵庭园观赏树之一,分布于长江中下游一带。其在浙江多用作合栽式,也可制作丛林式盆景。

（3）水杉

学名:*Metasequoia glyptostroboides*

科属:杉科,水杉属。

落叶乔木,枝对生,平展,叶扁线形,柔软,对生,呈羽状排列,冬季与小枝俱落。为世界著名古生树种,仅川东鄂西有遗留。用其来制作丛林式盆景,别具风韵。

（4）红叶李

学名:*Prunus cerasifera* f. *atropurpurea*

科属:蔷薇科,李属。

落叶小乔木,树冠多直立性,长枝,质较脆,小枝光滑;叶卵圆形至倒卵圆形;花多单生于叶腋,水红色;果球形,暗红色。原产亚洲西南部,为樱李的观赏变型,现各地均有栽培。其以叶色闻名,是当今集观叶、观花、赏果于一身的花果盆景好材料。

（5）鸡爪槭

学名:*Acer palmatum*

科属:槭树科,槭属。

落叶小乔木,枝细长光滑;叶掌状5~9深裂,裂片卵状披针形,先端尾状尖,缘有重锯齿,两面无毛;花紫色,顶生伞房花序。广泛分布于中国长江流域及朝鲜、日本。其姿态优美、叶形秀丽,秋叶红艳,是理想的盆景材料。

（6）柽柳

学名:*Tamarix chinensis*

科属:柽柳科,柽柳属。

落叶灌木或小乔木,树皮红色,小枝细长下垂,叶鳞片状,长1~3 mm,互生,花小。在中国南北均有分布,抗涝、抗旱、抗盐碱。常被用来做垂枝式盆景。

（7）榆叶梅

学名:*Prunus triloba*

科属:蔷薇科,李属。

落叶灌木,小枝细长,叶形似榆,花粉红,叶前开放,果红色。主产于中国北方,为北方地区春季重要观花灌木。变种变型及园艺变种有:

①弯枝(var.*atropurpurea*),花小密集,紫红色。

②重瓣榆叶梅(f.*plena*),枝皮多爆裂,花大深粉红色,花瓣多,花朵密集艳丽。

③截叶榆叶梅(var.*truncata*),叶端截形,3裂,花粉红色。

榆叶梅花繁艳丽,可用来制作观花盆景。

（8）红枫

学名:*Acer palmatum*

科属:槭树科,槭属。

落叶小乔木,枝条多细长光滑,偏紫红色;叶掌状,5~7深裂,裂片卵状披针形,先端尾渐尖,缘有重锯齿;花顶生伞房花序,紫色。早春发芽时,嫩叶艳红,密生白色软毛,叶片舒展后渐脱落,叶色亦由艳丽转淡紫色甚至泛暗绿色。主要分布在中国亚热带,特别是长江流域,以及日本、韩国,中国大部分地区均有栽培。其叶形优美,红色鲜艳持久,枝序整齐,层次分明,错落有致,是珍贵的盆景材料。

（9）郁李

学名:*Prunus japonica*

科属:蔷薇科,李属。

落叶灌木,枝细密;叶卵形或卵状椭圆形,长3~5 cm,基部圆形,先端长尾尖,缘有尖锐重锯齿;花粉红或近白色,春天与叶同放。主产于华北、华中至华南地区,喜光,耐旱,耐寒。其变种有北郁李(var.*engleri*),产于东北,重瓣郁李,产于广东。其可用于观花盆景。

（10）鼠李类

科属:鼠李科,鼠李属。

落叶灌木或小乔木,小枝端常成刺状;叶近对生或互生,羽状脉,缘有齿,具托叶;花小,绿白色;核果浆果状,球形。其种类有:

①鼠李(*Rhamnus davurica*),乔木,小枝粗,无毛;叶倒卵状椭圆形至卵状椭圆形,长4~10 cm,表面有光泽,背面灰绿色;果紫黑。产于东北、华北地区,适应性强。

②圆叶鼠李(*R.globosa*),灌木,小枝有短柔毛;叶倒卵形或近圆形,长2~4 cm,两面有柔毛;果黑色。产于华北、华东。

③小叶鼠李(*R.parvifolia*),小灌木,小枝无毛;叶长1.5~3.5 cm,两面无毛侧脉3对,叶柄长5~10 cm;果黑色。产于中国北方。小枝自然成片,宜作小型桩景,但移栽上盆不易成活。

（11）地锦类

科属:葡萄科,地锦属。

落叶藤木,卷须顶端膨大为吸盘,叶互生,果为浆果。其种类有:

①地锦(爬山虎)(*Parthenocissus tricuspidata*),叶广卵形,通常3裂。在中国南北均有分布。入秋叶红,颇为美观。

②西南地锦(西南爬山虎)(*P.himalayana*),叶背苍白,卷须短而分枝。产于中国西南部。

③异叶地锦(异叶爬山虎)(*P.heterophylla*),营养枝上单叶,叶心卵形,缘有粗齿,果枝上三出复叶。产于印度及中国西南地区。

④青龙藤(亮叶爬山虎)(*P.laetevirens*),卷须长,小叶 3~5 枚。产于长江中下游地区。

地锦类适应性强,秋叶红艳,是观叶盆景树种之一,常用作山水盆景点缀。

(12)小檗类

科属:小檗科,小檗属。

灌木,枝节有刺;单叶互生或簇生;黄花,萼瓣相似,各为 6 枚,雄蕊 6 枚,花药瓣裂;浆果红色或蓝黑色。南方种类有:

①小檗(日本小檗)(*Berberis thunbergii*),多分枝,枝红褐色,刺通常不分叉,叶常簇生,花小单生或簇生,果亮红色。产于日本,国内有栽培,耐寒,耐半阴。变型有紫叶小檗(f.*atropurpurea*),叶常年紫红色。

②庐山小檗(*B.virgetorum*),枝灰黄,有棱角,刺不分叉,花序伞形总状,果红色。产于江西、浙江。

③长柱小檗(*B.lempergiana*),枝有三叉刺,花 5~8 朵簇生,果被白粉,具 1 mm 的花柱。产于浙江。

小檗类,可用来制作微型盆景或山水盆景山石上的点缀材料。

3)观花植物

(1)梅花

学名:*Prunus mume*

科属:蔷薇科,李亚科,李属。

落叶小乔木,小枝绿色光滑,缺顶芽;叶卵形或卵圆形,先端尾尖,叶柄有腺体;花粉红,芳香,早春叶前开放;果熟黄色。原产中国西南地区,在长江流域及其以南地区多栽培。为中国著名观花树种,色、香、姿、韵,样样俱全。常见变种、品种有:

①杏梅(var.*bungo* Makino.),枝、叶、花似杏,杏梅的天然杂交种,花期晚,几无香味,稍耐寒。

②照水梅('Pendula'),枝下垂,花朵向下。

③绿萼梅('Viridialyx'),花萼绿色,白花。

④白梅('Alba'),白花,重瓣。

⑤冰梅('Alba Plena'),白花,重瓣。

⑥红梅('Alphandii'),粉花,重瓣。

⑦骨里红('Purpurea'),花紫红。

选取老桩制作盆景,花色美丽,暗香宜人,树姿苍古,骨干清秀,再配以紫砂盆,别具风采。徽派中以游龙或老桩为代表作,干形蟠曲,十分古雅。梅桩盆景通过换盆换土,逐步提根,敷以青苔,缀以山石,则更显得自然秀美;如配以松、竹,布置成"岁寒三友"盆景,又更富有诗情画意。

(2)海棠

学名:*Malus spectabilis*

科属:蔷薇科,苹果属。

落叶乔木,小枝粗壮,圆柱形;叶片椭圆形至长椭圆形;花序近伞形,有花 4~6 朵,花瓣卵形,基部有短爪,白色,在芽中呈粉红色;果实近球形,黄色;花期 4—5 月,果期 8—9 月。原产河北、山西、山东、辽东、陕西等地,现全国各地均有栽培。其花姿潇洒,花繁似锦,自古以来都是雅俗共赏的名花,也是制作观花盆景的好材料。

(3)垂丝海棠

学名:*Malus halliana*

科属:蔷薇科,苹果属。

落叶小乔木,枝开展,幼时紫色;花期 4 月,花梗细长下垂,花色鲜玫瑰红色,花繁色艳。原产中国西南部,为著名的观花树种。其变种及品种有:

①白花垂丝海棠(var.*spontanea*)。

②重瓣垂丝海棠(*M.halliana*'Parkmanii')。

垂丝海棠树冠开展,花繁色艳,光彩夺目,垂丝婆娑,为观花盆景传统材料。

(4)贴梗海棠

学名:*Chaenomeles speciosa*

科属:蔷薇科,木瓜属。

落叶灌木,枝条开展,叶卵圆形至椭圆形,先端尖,边缘具锐锯齿;花 3~5 朵簇生,花梗短粗或无梗,花粉红、朱红或白色;果卵形至球形,熟时黄色或黄绿色。原产于中国华北南部、西北东部和华中地区,现全国各地均有栽培。其花色艳丽,烂漫如锦,变种多,花色多,果期长,生长慢,是制作小型观花赏果盆景的好材料。

(5)六月雪

学名:*Serissa foetida*

科属:茜草科,六月雪属。

半常绿矮小灌木,枝密生;单叶对生或簇生状,狭椭圆形,长 0.7~2 cm,全缘;花小,白色,漏斗状。是沪、宁、川等地常用的盆景材料。

常见变种有金边六月雪(var.*aureo-maginata*),叶边缘金黄;重瓣六月雪(var.*pleniflia*),花重瓣;荫木(var.*crassiramea*),小枝上伸,叶细小而密生,花单瓣淡紫色,又叫满天星;重瓣荫木(var.*crassiramea* f.*pleana*),枝叶如荫木,花重瓣;山地六月雪(白马骨)(*S.srissoides*),与六月雪的主要差别在于白马骨花冠为萼片长的 2 倍,而六月雪花冠与萼片近等长。

六月雪产长江流域及其以南各地,喜温暖湿润气候及酸性排水良好的土壤,稍耐旱耐寒,萌蘖性强耐修剪。人工育苗上盆,经蟠扎修剪造型,可制成直干式、横斜式或虬曲式盆景,形态苍劲古雅,叶秀花繁。

(6)垂枝桃

学名:*Amygdalus persica* var.*pendula*

科属:蔷薇科,桃属。

落叶小乔木,为桃的一个栽培品种;单叶,叶阔披针形或椭圆状披针形;复芽的副芽为花芽,花芽生当年生枝上,花多,半重瓣,花小,花色有浓红、白、粉色等。广泛分布于亚、欧、北非、北美各洲寒温带至亚热带地区,中国东北南部至广东、西北、西南等地均有栽培。垂枝桃是桃花中枝姿最具韵味的一个类型,小枝拱形下垂,树冠如同伞盖,是制作盆景的好材料。

（7）迎春类

科属:木樨科,茉莉属。

南方常见种类有:

①迎春(*Jasminum nudiflorum*),落叶灌木,小枝绿色4棱,细长拱形,丛出复叶对生,叶面不光滑有腺点;黄花,早春叶前开放。产于中国西北及西南地区。

②南迎春(云南黄馨)(*J.mesnyi*),常绿灌木,丛出复叶对生,叶面光滑,4月开放。产于云南,在国内广为栽培,不耐寒。

③迎夏(探春)(*J.floridum*),半常绿灌木,羽状复叶互生,小叶通常3枚,偶有5枚,光滑无毛黄花,5—6月开花。产于中国西北、西南地区,耐寒性不如迎春。

④毛叶探春(*J.giraldii*),落叶灌木,高达2 m,小枝有毛;羽状复叶互生,叶表面有疏刺毛,背面毛密;花鲜黄,花期5月。产于华中地区。

⑤素方花(*J.officinale*),常绿藤木,羽状复叶对生,小叶5~7枚。夏日顶生聚伞花序,白花,芳香。产于中国西南地区。变型有素馨花。

迎春类为优美的观花盆景材料。可选取老桩,枝条拱垂,花缀枝头,翠蔓临风,别具风趣。

（8）樱花

学名:*Prunus serrulata*

科属:蔷薇科,樱属。

落叶乔木,树皮紫褐色,平滑,小枝无叶;叶互生,椭圆形或倒卵状椭圆形,先端渐尖有腺体,边缘有芒齿,叶面深绿色;伞房状或总状花序,花淡粉红或白色;核果球形,成熟时黑色或红色。原产中国,在日本、朝鲜也有分布。樱树树皮粗糙,苍干虬枝往往发生青苔,樱花姿容娟娟素净,风韵万千,是制作观花盆景的上好材料。

（9）蜡梅类

科属:蜡梅科,蜡梅属。

落叶灌木,小枝近方形,单叶对生,全缘,半革质而较粗糙,花被片蜡质黄色,具浓香,1—3月开花,为冬季最好的香花树种。其变型有:

①素心蜡梅('Luteus'),花被纯黄。

②磬口蜡梅('Grandiflorus'),花较大,径3~3.5 cm,花被片近圆形,叶也大。

原产中国中部,耐旱,忌涝,耐剪。其树姿清雅,枝条纤细,花黄似蜡,清香四溢,冒寒怒放,气傲冰雪,为传统的观花盆景材料。选取老桩上盆,抽枝横斜,发叶展花,制成怡情遣兴之佳品。

（10）杜鹃花类

科属:杜鹃花科,杜鹃花属等。

多数为灌木,罕为小乔木;单叶互生,全缘,叶端有一尖点;合瓣花,雄蕊5~10枚,子房上位,蒴果室间开裂。为中国十大名花之一,是优良的观花盆景材料。其种类及变种如下:

①杜鹃(映山红)(*Rhododendron simsii*),是江南山野常见的一种,花玫瑰红色。

②云锦杜鹃(*R.fortunei*),即天目杜鹃,常绿,花粉红色,集生枝顶,花大而芳香,5月开放。

③满山红(*R.mariesii*),枝叶毛少,花紫色,常3~4枝集生枝端。产于中国长江流域及福建、台湾地区。

④白花杜鹃(*R.mucronatum*),多分枝,芽鳞外有黏胶,白花芳香,1~3朵簇生枝端。产于日本及中国湖北、浙江。变种有玫瑰紫杜鹃(var.*ripens*),花玫瑰紫色;重瓣紫杜鹃(var.*plenum*),花

紫色,半重瓣。

⑤黄杜鹃(*R.molle*),又名羊踯躅、闹羊花,叶较大,叶面成皱,花金黄色,4—5 月开放;植株有毒。产于中国中部及东部。

⑥黄山杜鹃(*R.anhweiense*),常绿灌木,花白色至淡紫色。产安徽、江西等地。

⑦锦绣杜鹃(*R.pulchrum*),半常绿灌木,枝有的扁平,叶长椭圆形,花大,鲜玫瑰红色。在欧洲庭园多有栽培,品种很多,在中国各大城市常用于盆栽观赏。

⑧石岩杜鹃(石岩春鹃、朱砂杜鹃)[*R.*'Obtusum'(*R.obtusum*)],植株矮小,有时呈平卧状,花橙红至亮红,花期 4—5 月。产于日本,品种多,在中国沪、杭等地多用于盆栽观赏。

(11)山茶花类

科属:山茶科、山茶属。

常绿乔木或灌木,冬芽有数鳞片;单叶互生,有锯齿;花单生,美丽,大型。其种类有:

①山茶花(*Camellia japonica*),嫩枝无毛,叶长 5~10 cm,花径 5~10 cm,有红、粉、白、杂及重瓣等品种。原产于中国华东地区,日本。

②南山茶(云南山茶花)(*C.reticulata*),叶较大,长 7~12 cm。花也大,径 10~15 cm,色艳丽。产于云南。

③茶梅(*C.sasanqua*),嫩枝有粗毛,芽鳞表面有倒生柔毛;叶较小,长 4~8 cm,表面有光泽;花较小、白色,径 3.5~7 cm,稍有香气,花期 11 月—翌年 1 月。其变种及品种较多,多为白花,也有粉红、红及杂色的。产于中国江南地区。

山茶为重要的观花树种,多做盆栽和制作盆景,是观花盆景的珍贵材料。

(12)紫藤类

科属:蝶形花科,紫藤属。

落叶缠绕大藤木,茎左旋;奇数羽状复叶互生,小叶 7~13 枚;花茎紫色,总状花序,下垂,有香味;4—5 月开花。在我国南北各地均有分布,被广为栽培,喜光、耐旱、忌涝,适应性强。其枝叶茂密,春天先叶开花,穗大而美,芳香袭人,为传统的盆景材料。种类及变种有:

①藤萝(*Wisteria villosa*),与紫藤的主要区别是叶表面无毛,叶背面有白柔毛,花淡紫色,花序长达 30 cm,荚果有白绒毛。产于华北地区,在南方庭园常见栽培。

②白花紫藤(*W.venusta*),小叶 9~13 枚,椭圆状披针形,两面有绢毛,白花,花序短。原产于中国,在各地均有栽培。

③多花紫藤(日本紫藤)(*W.floribunda*),茎右旋性,枝密细柔,小叶 13~19 枚,花紫色,花期较晚,花序长 30~50 cm,花繁。原产于日本,在中国长江流域普遍栽培。

(13)桂花

学名:*Osmanthus fragrans*

科属:木樨科,木樨属。

常绿小乔木,树皮灰色,单叶对生,腋有叠芽;花小浓香,成腋生或顶生聚伞花序,9 月开放。产于中国西南部,喜光,喜温暖气候及酸性土壤,不耐寒。主要品种和变种有:

①丹桂(var.*aurantiacus*),花橘红,香味稍淡。

②金桂(var.*thunbergii*),花黄色。

③银桂(var.*latifolius*),花近白色。

④四季桂(var.*semperflorens*),花期 5—9 月,陆续开放。

桂花开放时节正值仲秋,花香数里,枝叶浓绿,为人喜爱,是良好的香花树种,也是盆景的常用材料。

(14)锦鸡儿

学名:*Caragana sinica*

科属:蝶形花科,锦鸡儿属。

落叶小灌木,小枝有棱,小叶 4 枚,花橙黄,4—5 月开放,产华北、华中等地。其抗性强,花繁艳丽,是北方观花盆景重要材料之一。

(15)栀子

学名:*Gardenia jasminoides*

科属:茜草科,栀子属。

常绿灌木,枝丛生,圆柱形;叶对生或 3 叶轮生,倒卵状长圆形、倒卵形或椭圆形,革质;花大,常单生于枝顶,白色,具芳香,花梗短;果成熟时橙红色。主要分布于中国长江流域以南大部分省区。其树姿端雅,叶色亮绿,四季常青,夏季花色洁白,芳香馥郁,是观花赏叶、闻香怡情的好树种。

(16)小菊花

学名:*Dendranthema morifolium*

科属:菊科,菊属。

其分枝多,开花繁密,花色有黄、红、粉、白色,品种有 50 余个。北京小菊盆景最为著名,代表了北京盆景的地方风格。

4)观果植物

(1)石榴

学名:*Punica granatum*

科属:石榴科,石榴属。

落叶灌木或小乔木,枝常有刺;单叶对生或簇生,新叶红色;花通常朱红色,单生于枝端,开花时枝叶翁郁。其花红似火,浓艳夺目,秋季果实累累,是观花、观果盆景的优良材料。其主要变种有:

①月季石榴(var.*nana*),丛生矮灌木,枝、叶、花均小,花期长,常用来做微型盆景或山水盆景点缀。

②黑石榴(var.*nigra*),枝细叶长,果紫色。

③黄石榴(var.*flavescens*),花黄色。

④重瓣石榴(var.*pleniflora*),花重瓣,大红花。

⑤白石榴(var.*ablescens*),白花。

⑥玛瑙石榴('Cegrelliae')。

石榴原产伊朗、阿富汗,汉时张骞出使西域将其引入中原,在黄河流域及其以南地区广为栽种。石榴桩景要及时修剪整形(自然型)以保证花繁果多;一年中可摘叶 1~2 次,可促发新鲜红叶,增强观赏效果;也可挖取老桩,做成枯峰式,古桩、红花、硕果,别具一格。

(2)金橘

学名:*Fortunella margarita*

科属:芸香科,金橘属。

常绿灌木或小乔木,分枝多,通常无刺。叶披针形至矩圆形,全缘或具不明显的细锯齿,叶面深绿色,光亮;花白色,极芳香;核果矩圆形,熟时金黄色。原产中国秦岭、长江以南地区。其果实金黄、具清香,挂果时间长,是极好的观果盆景材料。

（3）枸杞

学名:*Lycium chinense*

科属:茄科,枸杞属。

落叶灌木,丛生,枝条拱形;叶互生,卵形或卵状披针形;花单生或簇生于叶腋,紫花;浆果橘红。产于中国南北各地。为观花、观果的盆景材料。

（4）南天竹

学名:*Nandina domestica*

科属:南天竹科,南天竹属。

常绿灌木,丛生而少分枝;2~3回羽状复叶,互生,小叶椭圆状披针形,长3~10 cm,全缘,两面无毛;小白花,成顶生圆锥花序;浆果球形,鲜红色。产于中国及日本,耐阴,不耐寒。其变种有:

①玉果南天竹(var.*leucocarpa*),果白色。

②五彩南天竹(var.*porphyrocarpa*),果紫色。

南天竹为观叶、观果盆景之佳品。

（5）代代

学名:*Citrus aurantium*

科属:芸香科,柑橘属。

常绿灌木,叶互生,革质,椭圆形至卵圆椭圆形,边缘有波状缺刻;花1朵或几朵簇生枝顶或叶腋,总状花序,花白色,具浓香;果实扁圆,橙红色。原产浙江,现中国东南部诸省均有栽培,在华北及长江流域中下游各地多有盆栽。其绿叶婆娑,花香浓郁,金果垂悬,是制作盆景的珍贵材料。

（6）葡萄

学名:*Vitis vinifera*

科属:葡萄科,葡萄属。

落叶藤本,枝无皮孔,光滑,卷须间歇性与叶对生;叶互生,近圆形,长7~20 cm,3~5裂,基部心形,缘有粗齿,背面少有绒毛;圆锥花序大而长;果紫红或白,外被白粉。原产于亚洲西部,在中国长江以北多栽培,为北方重要果树之一,可盆栽成景。

（7）山楂

学名:*Crataegus pinnatifida*

科属:蔷薇科,山楂属。

落叶小乔木,单叶互生,具托叶,叶宽卵形、长椭圆状卵形,顶端裂片不裂或3浅裂,先端渐尖或急尖,叶基部心形或近心形,边缘具齿;伞房花序,多花,花瓣白色,边缘淡红色;梨果椭圆形或长圆形。分布于华东、华北、江苏等地。其树干苍劲,树姿开张,叶花并茂,果实鲜艳夺目,观果期长,是制作盆景的上好材料。

（8）瓶兰花

学名：*Diospyros armata*

科属：柿树科，柿树属。

半常绿灌木或小乔木，枝有刺，幼时有毛；叶长椭圆形至倒披针形，先端钝，基部楔形，表面暗绿有光泽；花形如瓶，香如兰，果球形，熟时黄色。产于长江流域各地。其悬根露爪，枝极交错，病虫害少，朱实挂枝，为川派常用，是观果的优良盆景材料。

（9）苹果

学名：*Malus pumila*

科属：蔷薇科，苹果属。

北方重要果树，原产欧洲及西亚，在新疆有分布，喜冷凉干燥气候。主要品种有"富士国光""元帅""青香蕉""金帅""红玉""祝光"等。近年来，徐州、北京等地很注重苹果盆景的发展，而且取得了可喜的成果。

（10）佛手

学名：*Citrus medica var.sarcodactylis* Swingle

科属：芸香科，柑橘属。

常绿小乔木或灌木，枝梢有棱角，老枝灰绿色，有短而硬的刺；单叶互生，长椭圆形或倒卵状长圆形，革质，边缘有微锯齿；花单生、簇生或为总状花序，花内面白色，外面紫色；果实橙黄色，极芳香，顶端分裂如拳或张开如指，以此得名。原产亚洲，中国主要分布于广东、广西、福建、台湾、浙江等地。其树干苍劲古朴，枝叶繁茂，花朵芳香，果实硕大，形态奇特，具有较高的观赏价值，是制作观果盆景的好材料。

（11）火棘类

科属：蔷薇科，火棘属。

常绿灌木，枝有刺，单叶互生，花小而白，果实红或橙红。长江流域及其以南各地均有分布。常见种类有：

①火棘（*Pyracantha fortuneana*），叶常为倒卵状长椭圆形，先端圆或微凹，锯齿疏钝，果红。

②狭叶火棘（*P.angustifolia*），叶狭长，并生有小短叶。

③细圆齿火棘（*P.crenulata*），叶缘锯齿细圆，两面无毛。橘红果。

火棘夏日白花满枝，入秋红果累累，经久不凋，灿烂夺目，是观果盆景之良材。

5）竹类植物

（1）佛肚竹

学名：*Bambusa ventricosa*

科属：禾本科，孝顺竹属。

秆有2种：正常秆高，节间长；畸形秆粗矮，节间短，下部节间膨大，状如花瓶。产于福建、广东。常用于盆栽盆景。

（2）凤凰竹

学名：*Bambusa multiplex var.Fernleaf*

科属：禾本科，簕竹属。

常绿或半常绿灌木，丛生。叶细小，宛若羽毛，婆娑秀丽；初生时一节一分枝，细小纤柔，弯

曲下垂。原产中国,华东、华南、西南、台湾、香港等地也均有栽培。适合作家庭盆景,若植于浅盆数枝,旁配山石,陈设于书房几案,潇洒高雅,别具风采。

(3)紫竹

学名:*Phyllostachys nigra*

科属:禾本科,刚竹属。

散生竹,秆呈紫黑色,叶绿色,姿态潇洒。产于长江中下游及其以南各地。可用于丛林式或竹石盆景。

(4)黄金间碧竹

学名:*Bambusa vulgaris var.striata*

科属:禾本科,箣竹属。

秆高 15 cm,鲜黄,有绿色条纹。产于华南地区。挖其矮株可做竹石盆景。

(5)倭竹

学名:*Shibataea chinensis*

科属:禾本科,倭竹属。

矮生灌木竹类,秆散生或丛生,高约 60 cm,径 2~3 mm,秆环肿胀,无秆箨残留物;叶广披针形,长 6~8 cm,夏出笋。产于华东地区。适于作山水盆景点缀。

(6)阔叶箬竹

学名:*Indocalamus latifolius*

科属:禾本科,箬竹属。

秆高约 1 m,叶宽秆矮;小枝顶端有叶 1~3 片。产于苏、浙、皖、豫等地。可做竹石盆景。

6)其他植物材料

盆景造型的其他植物材料如表 3-1 所示。

表 3-1　盆景造型的其他植物材料

植物名 (拉丁名)	科、属	形态特征	观赏特点及用途
万年青 (*Rohdea japonica*)	百合科,万年青属	多年生常绿草本,根状茎短粗;叶丛生,肥厚,光亮,矩圆形或倒披针形,全缘波状,端急尖,基部渐渐狭成柄;穗状花序顶生,浆果球形,橘红	绿叶红果,经冬不凋,既可观叶,又可观果,民间一向视为吉祥之物,列为清供珍品
米仔兰 (*Aglaia odorata*)	楝科,米仔兰属	常绿灌木或小乔木,分枝多;奇数羽状复叶,小叶 3~5 枚,对生,倒卵形或矩圆形,革质,亮绿色;花黄色,腋生圆锥花序,香气扑鼻	树姿优美,芳香浓郁,是香花盆景材料
络石 (*Trachelospermum jasminoides*)	夹竹桃科,络石属	常绿藤木,茎赤褐色,幼枝有黄柔毛,借气根攀缘。单叶对生,椭圆形,长 3~8 cm,全缘,革质。白花芳香,花冠高脚碟状,形如风车	叶色浓绿,经冬不凋,白花繁密,且具芳香,用于山水盆景绿化点缀,优美自然

续表

植物名（拉丁名）	科、属	形态特征	观赏特点及用途
丝棉木（*Euonymus bungeanus*）	卫矛科，卫矛属	落叶小乔木，小枝细长，绿色光滑。叶对生，椭圆状卵形，长4~7 cm，先端长锐尖，缘有细齿，叶柄长细。腋生聚伞花序。蒴果4深裂，假种皮橘红色	枝叶秀丽，红果密密，适于作桩景材料
月季（*Rosa chinensis*）	蔷薇科，蔷薇属	常绿或半常绿直立灌木，枝有粗刺。小叶3~5枚，卵状椭圆形。花大，有红、紫、粉色	大花者适于做插花盆景，微型月季类适合做微型观花盆景
黄栌（*Cotinus coggygria*）	漆树科，黄栌属	落叶灌木或小乔木，枝红褐色。单叶互生，卵圆形至倒卵形，长4~8 cm，全缘，先端圆或微凹，侧脉二叉状。顶生圆锥花序，花杂性，小而黄。果序上有许多伸长呈紫色羽毛状的不孕性花梗	入秋霜叶红艳可爱，有名的北京香山红叶即为此种。为北京常见观叶盆景材料
连翘（*Forsythia suspensa*）	木犀科，连翘属	落叶灌木，枝长而中空，拱形开展，小枝四棱状，皮孔多而显。单叶（有时为3小叶）对生。黄花，叶前开放	春日开花，满枝金黄，颇为美观，可作观花盆景
文竹（*Asparagus plumosus*）	百合科，天门冬属	多年生草质藤本。叶状枝纤细而簇生，圆柱状，绿色。叶小形鳞片状，主茎上的鳞片叶多呈刺状。小白花，紫黑浆果	可与赏石配置成文雅秀丽、玲珑剔透的盆景，更多的情况是作为山水盆景的点缀材料
芭蕉（*Musa basjoo*）	芭蕉科，芭蕉属	多年生高大草本，茎直立。叶螺旋状排列，叶鞘复叠成树干状，叶片长圆形。侧脉羽状，多而平行，穗状花序顶生	幼株可制成盆景，配以人物小件，别具一格
紫薇（*Lagerstroemia indica*）	千屈菜科，紫薇属	落叶灌木或小乔木；树皮光滑，灰色或灰褐色；枝干多扭曲，小枝纤细，具4棱，略呈翅状；叶互生或有时对生，纸质，椭圆形、阔矩圆形或倒卵形。花淡红色或紫色、白色；蒴果椭圆状球形或阔椭圆形，幼时绿色至黄色，成熟时或干燥时呈紫黑色	姿态优美，花期长久，花色艳丽，是观花盆景之上品，干部枯峰，枝若蟠龙，更显古趣盎然
金雀（*Parochetus communis*）	蝶形花科，锦鸡儿属	落叶灌木。枝直立，细长，有棱。小叶2对簇生，楔状倒卵形，先端圆或微凹，具短刺尖。花总梗单生，中部有关节。花冠黄色，龙骨瓣白色或全为粉红色，凋萎时变红。荚果筒状	叶子细小，枝条柔软，便于扭曲蟠扎。它铁干繁英，黄花叠金，具有很高的观赏价值，是制作盆景的好材料
扶芳藤（*Euonymus fortunei*）	卫矛科，卫矛属	常绿藤木。叶对生卵形或椭圆形，入秋红艳可爱。聚伞花序，绿白色。蒴果近球形，淡红色	可修剪成悬崖式或垂枝式，十分雅致。配以山石，愈显优美

植物名（拉丁名）	科、属	形态特征	观赏特点及用途
虎刺（Damnacanthus indicus）	茜草科，刺虎属	常绿小灌木，小枝平展密生，托叶刺对生。叶卵形，表面有光泽。初夏开白花，核果殷红，果实累累，姿态美观	通常采用丛林式盆景，也用于山水盆景点缀，甚为古雅
小紫珠（Callicarpa dichotoma）	马鞭草科，紫珠属	落叶灌木，小枝带紫色并有星状毛。单叶对生，倒卵状长椭圆形，中部以上有粗钝齿，背面有黄棕腺点。花小，淡紫色，花药纵裂，呈聚伞花序。核果球形，亮紫色	美丽的观果花木，可用来制作观果盆景
木本夜来香（Cestrum nocturnum）	茄科，夜香树属	灌木，枝条下垂。单叶互生，卵状长椭圆形至披针形，全缘，纸质。花绿白至黄绿色，夜来极香，花筒细长。花序伞房状	花香浓、花朵多，花期长，制景易成型，是制作香花盆景的好材料
君迁子（Diospyros lotus）	柿树科，柿树属	落叶乔木，树皮方块状裂。花单性异株。浆果球形，由黄变蓝黑，外被蜡层，挂果时间较长	挂果时间长，可用来制作观果盆景
半枝莲（Portulaca grandiflora）	马齿苋科，马齿苋属	一年生肉质草本。叶圆柱状，互生或散生。花簇生于枝顶，花色有白、黄、红、紫，朝开暮谢，花期长	适应性强，作山水盆景点缀材料或微型盆景材料
朴树（Celtis sinensis）	榆科，朴树属	落叶乔木。小枝幼时有毛，果橙红色，果柄与叶柄等长	管理粗放，枝干疏朗挺拔，苍劲古雅，比较适合作盆景材料
鹅耳枥（Carpinus turczaninowii）	桦木科，小叶朴属	落叶乔木。树皮暗灰褐色，粗糙，浅纵裂。叶卵形、宽卵形、卵状椭圆形或卵菱形，有时卵状披针形，边缘具规则或不规则的重锯齿。果序下垂	枝干自然弯曲，树根外露而结节，新生枝条柔软，可蟠扎成多种形状，是制作盆景的良好树种
棕竹（Rhapis excelsa）	棕榈科，棕竹属	常绿灌木，叶生于枝的顶端呈掌状，有4~10道深裂，叶柄扁长略平，雌雄异株，春、夏之交开花，花序短于叶，为淡黄色，果呈球形	四季常青，姿态潇洒，有节如竹，外包棕衣，株形短小，枝叶繁密，叶状如伞，是常见的观叶花木
苏铁（Cycas revoluta）	苏铁科，苏铁属	树干高约2 cm，羽状叶从茎的顶部生出，条形、厚革质、坚硬，向上斜展微呈V字形，边缘显著地向下反卷。雄球花圆柱形，种子红褐色或橘红色，倒卵圆形或卵圆形，密生灰黄色短绒毛。花期6—7月，种子10月成熟	叶苍劲翠绿，四季常青，别具一格，是名贵的盆景材料
荆条（Vitex negundo var. heterophylla Rehd.）	马鞭草科，牡荆属	落叶灌木。叶对生，幼枝、新叶为绿色。花淡紫色，着生于当年生枝端，花期6—7月	枝条柔软，易于造型，枝叶飘逸豪放，层次分明，适应性强，是制作盆景的常用树种之一

3.2　盆景山石材料

3.2.1　盆景石材的特点及选用标准

盆景山石材料不同于假山、叠石艺术所用山石材料,盆景石材有自己特殊的特点和选用标准,主要表现在:

(1)盆景石材应有形状上的变化性和奇特性

石材形状上的变化性是指石材形状不规则,轮廓起伏多,皱纹明显而无规律;石材奇特性则是指石材的形状与常见石头的形状有相当大的差异,为日常生活所少见。古人把这种奇特性归纳为瘦、漏、透、皱四字。

(2)盆景石材应有天然生成的石表面

天然生成的石表面俗称"石皮",石皮形态自然,无人工雕琢痕迹,制作成的山形酷似自然界山形。即使要用无石皮的山石来造型,也要用雕琢等方法加工出与自然石皮形似的石表面来。

(3)盆景石材的颜色应素淡或深沉

盆景石材的颜色切忌艳丽、轻浮,应素淡或深沉,才能表达出内在力度。

(4)盆景石材最好有一定的吸水性

石材本身具有一定的吸水性,可以保持山石的润泽感,同时为附着于山石的苔藓或其他草本植物提供水分。当然吸水性的要求不是绝对的。

制作盆景的石料很多,一般可分为硬质石与松质石两大类。硬质石质地坚硬,不适宜雕琢,经过敲击后的新剖面光滑不具纹理。松质石又称软质石,质地较疏松,可以雕琢,新剖面具有一定的纹理。在同一类石料中,又包括许多质地、形态、纹理、色泽各不相同的石种。在同一种石种中,不同的石材也有形态、纹理等方面的差异。不同的石材,其用途也不一定相同,有的可用来作山水盆景的主峰,有的宜用作坡脚,有的则更适宜用作树木盆景的点石。有的石材宜用来作高峻挺拔的山峰,有的则宜作平缓的岗峦,有的石材宜作峤岩奇石、巨峰绝壁,有的石材则可表现翠峦碧涧。

中国地域辽阔,地质构造的类型复杂,岩石的种类很多,可以用来制作盆景的石料也非常丰富。下面介绍用来制作山水盆景和树木盆景的常用石料。

3.2.2　硬质石类

(1)英石

石英又称英石,主产于广东英德一带。它是石灰岩经过自然风化和长期的风雨、日光等侵蚀而形成的,多呈灰色、深灰色或浅灰色,有时还间以白色或浅绿色,质地坚硬,不吸水,一般都有自然的峰体形状。其表面凹凸的纹理自然逼真,表现的皱纹丰富而有变化,有巢状、大皱、小皱等。英石有观赏面、正面与后面之分,观赏面与正面皱纹应明显自然,平坦无皱纹或皱纹不明

显、不自然者选作后面。纹理好的一面作观赏面,观赏面对着欣赏者。英石坚固耐久,不易损坏,因此也不可雕琢,因新剖面无或极少有自然的纹理,造型手法主要是采用锯截或拼接方法。英石可用来制作山水盆景、水旱盆景,也可用作树木盆景的点石,是中国盆景的主要用石之一。《云林石谱》记载,苏东坡在扬州获得的双石,一绿一白,就是指的英石。

（2）斧劈石

斧劈石在江浙一带又称剑石,实属页岩的一种,色彩有灰色、浅灰、深灰、灰黑及土黄等。斧劈石一般石质坚硬,但也有部分松软的,吸水性能较差,纹理多为直的线状,其虽然坚硬但可以雕琢,属硬质石中一个特殊的例子。斧劈石敲击时,多呈纵向劈开,成为修长的较薄的条片状,绝大多数情况下新剖面具有自然、逼真的纹理,如同山水画中的斧劈皴,其也因此而得名。斧劈石的造型手法有敲击、锯截、拼接和少量的雕琢方法;偶因纹理欠佳,可用刀刻方法加以修饰,以改善纹理,但此法很难掌握,稍有不当,人工痕迹就会过于明显。斧劈石多表现的是雄伟挺拔的山峰、险峻的峭壁,因此多用于水盆式山水盆景,也可用于旱盆式山水盆景,水旱盆景一般不采用。斧劈石也是盆景主要的石料之一,许多山区都有生产,江苏多用武进一带出产的斧劈石。

（3）灵璧石

灵璧石又称磬石,产于安徽灵璧一带。其石料的质地较为坚硬,形态等与英石相似,但表面的纹理少而不明显,色泽有灰黑、浅灰、赭绿等色。此石坚硬不适宜加工,敲击时会发出金属声响,通常配一红木几架将其清供于案头,也可作为树木盆景的点石。灵璧石是我国传统的"观赏石"之一。

（4）石笋石

石笋石又称虎皮石、白果峰、松皮石、白果石等,主产于浙江等地,色泽有青灰、淡绿、浅灰、赭绿、淡紫等。此石中夹有数量较多的白果大小的白色或浅色小石砾,砾石未风化者称之为龙岩,已风化者,石砾脱落,形成一个个孔洞,称之为风岩。石笋石的质地坚硬,不吸水,且多为较厚的扁圆形的长条状,因为形态修长,主要表现高耸挺拔的山峰、石林或悬崖峭壁,可作水盆式山水盆景、旱盆或山水盆景或树木盆景的点石,造型手法主要用敲击、锯截、拼接等。石笋石特别适宜制作竹林(丛林式)盆景中的点石,选择体积大小适宜的石笋石,立于林内,以示春笋出土之时节。

（5）钟乳石

钟乳石是石灰溶洞中的石灰岩,由于水的长期溶解而形成的一种岩石,其产地很广,广西、广东、湖南、湖北、浙江、江西、江苏、云南等地均有分布。其石质较为坚硬,吸水性能较差;色彩为乳白色,也有淡黄、黄褐色;形态多为山峰状,有的为独峰,有的结合成群峰,山体圆浑,洞穴不多。有些石料具有闪烁晶莹夺目的光彩,其人工剖面无纹理或不够自然,因此造型时,不宜采用雕琢加工方法,通常采用锯截或拼接的方法。钟乳石可用于水盆式或旱盆式山水盆景,也可配以几座,作为"赏石"清供,选材时要特别注意自然形态适合何种造型需要。

（6）砂片石

砂片石又称砂积石,主要产于深山中的河道或古河床中,在四川、云南、贵州等省有分布。其属于表生砂岩,一般有两个种类:一种是钙质砂岩,呈青色、灰青色或灰绿色等,又称青砂片;另一种为铁质砂岩,呈铁锈黄色,又称黄砂片。砂片石又可分为质地坚硬的硬质石和质地疏松的松软质石两种。砂片石是河床下面的砂岩经过长期流水冲刷而成,由于河床砂岩沉积的年代早晚不同,因而砂片石的黏结程度也有不同,有的黏结程度高,质地则坚硬,有的黏结程度低,质

地则较松。砂片石形态修长,呈厚片状,锋芒挺秀,表面皱纹以直线条的纹理为主,稍有曲线纹理;其表面不太平滑,这是因为其表面砂粒形成了一种微细的、均匀的、粗糙的点状皱纹。砂片石可作山水盆景,也可作树木盆景中的点石,主要表现高耸、挺拔奇丽的悬崖峭壁,奇峰异石,也可表现石林风景,其加工手法主要是锯截、拼接和适当的雕琢。

(7)千层石

千层石是一种水层岩岩石,主产于江苏太湖。其石料的质地坚硬,不能吸水,形态为层片状,直线条形纹理,犹如中国山水画中的折带皴;其色泽为深灰、浅灰、黄褐等色,层片之间夹杂其他颜色,有时还杂砾石。千层石可用来作山水盆景、水旱盆景的驳岸石块,树木盆景中的点石,加工手法可用锯截、敲击、拼接方法,不适宜采用雕琢法。如将层片水平(横向)拼接,则可表现风景秀丽的山水,或沙漠景象;将层片纵向(竖直)拼接,则可表现挺拔秀丽、高耸的山体;作水旱盆景时,层片水平交错拼接做成护岸线,则更显自然,树木盆景中点一组或数组水平层叠片石,则更显幽静雅致。

(8)宣石

宣石产于安徽宣城一带,故又称宣城石,也是中国传统的"观赏石"之一。宣石多含棱角状的结晶体,所形成之皱纹细致多变,质地坚硬,不能吸水,色白如玉,晶莹光亮。其加工手法多采用锯截、敲击、拼接等方法,一般不进行雕琢,多将大块岩石击成数块碎石,从中挑选形态、纹理均适合者,将底部截平以便站立。宣石可用于山水盆景,也可作树木盆景中的点石,或水旱盆景中的护岸石,常用来表示雪景一类的画面。

(9)龟纹石

龟纹石是一种具有龟裂纹理的岩石,主产于四川、重庆等地。其质地比较坚硬,能少量吸收水分,表面能产生苔藓,色泽有浅灰、褐黄等色。从形态与纹理来看,此种石材具有很好的岩壑意境,但此石仅有一两个面有纹理,又因无峰状石料,所以一般不宜选作山水盆景,最适宜作树木盆景的点石和水旱盆景的护岸石,用此石做的盆景自然逼真,极富诗情画意。

(10)树化石

树化石是一种树木化石,中国许多地方出产此石,目前国内所用之石多来自辽宁、浙江等地。它是古代树木由于地壳运动,经过高温高压形成的化石,既有岩石的性质,又具有树木年轮形成的纹理,色泽有黄褐、灰黑等色,石质坚硬而脆,不能吸水。其形态刚直有力,纹理有横纹和竖纹两种,其中松化石为黄褐色,纹理较柔和,常含树脂道痕迹。加工手法有敲击、锯截、拼接等方法,一般不采用雕琢法。树化石适宜制作山水盆景、树木盆景的点石,也可作水旱盆景的水岸线石,常表现高山峻岭,峭壁巨岩,奇松怪石等画面,是石中之珍品。

(11)昆石

昆石产于江苏昆山附近,故又称昆山石。此石洁白晶莹,质地坚硬,不能吸水,形态较为玲珑剔透,白如圭玉,具有皱、透、瘦、漏的美姿,是一种传统的观赏石,可配几座,以供欣赏,也可用作盆景。陆游在他的《菖蒲诗》中曾经写道"雁山菖蒲昆山石",这里所写的昆山石,就是指的今天的昆山所出产的昆石。此石一般藏于较深的地层下面,开采较不方便。

(12)太湖石

太湖石是石灰岩由于在水的长期淋溶与冲刷之下形成的一种观赏石,主产江苏太湖、安徽巢湖及其他石灰岩地质地区。太湖石质地坚硬,形态玲珑剔透,线条柔美,表面纹理自然,石材上还具有许多形态各异的洞穴,有的洞穴相互连通,色泽有灰色、深灰色、浅灰色等,大者直径达

数米之多,小者仅有拳头大小。太湖石原为园林假山重要石材,因其不易加工,一般不宜用来制作山水盆景,多作树木盆景的点石。

(13)祁连山石

祁连山石出产于甘肃省祁连山等地,色泽有灰白、灰黄、微红等色,色彩绚丽,晶莹光亮,颇具特色,石材质地坚硬,不能吸水,纹理多变化,且细腻。祁连山石不易加工,多利用其自然形态作山水盆景,最宜作赏石,配以几座,作为供石。

(14)锰石

锰石出产于皖西北地区,类似砂质石,但在质地与色泽上有一些区别。锰石质地坚硬,吸水能力差,纹理为直线条,形状修长。此石有高耸、挺拔之气概,加工手法为锯截、敲击、拼接等方法,也可作小范围的雕琢修饰,宜表现峰峦秀拔、群山耸翠之类景色。

(15)黄石

黄石质地坚硬,不吸水,色泽有深黄、褐色、红棕等色,纹理自然、粗犷、古朴。其加工手法仍以敲击、锯截、拼接为主,一般不采用雕琢方法。多用于园林假山叠石,也可制作山水盆景或作树木盆景的点石,可以表现巨障绝壁、回溪断崖之类景色。

(16)卵石

卵石又名鹅卵石,分布于全国各地,多在河流、谷地及砂矿之中。其形状多呈卵状,圆或扁平状,少有不规则形状,表面光滑,体积较小,色泽有白色、灰色、黑色、橙色、褐色、紫色等色。质地坚硬,表面光滑,不适宜雕琢,但可选择形态适宜者锯截、拼接。卵石可用于制作山水盆景,表现海滩或热带大海景色;也有卵石的表面具有天然山水纹理,或有着奇光异彩;配上几架极似一幅天然山水画,别有趣味。

(17)蜡石

蜡石主产于华南以及其他地区,石质坚硬,细腻润滑,形态丰满,不吸水,色泽有深黄色、浅黄色等,外形有多种式样。由于石质硬,不适合加工,多作供石,配以几座,以供欣赏。蜡石为中国传统观赏石之一,以表现滑润、具光泽、无灰砂、无破损者为上品。亦可作树木盆景的点石,更添雅趣。

(18)孔雀石

孔雀石产于各地铜矿的矿石之中,为铜矿的一种。其色泽为翠绿或暗绿色,具有金属光泽,似孔雀的羽毛色彩,故称孔雀石;其形态有片状、蜂巢状及钟乳状等,质地松脆,易加工。孔雀石适宜表现盆景中山脉景色,如群山耸翠、逶迤连绵之景。

(19)菊花石

菊花石产于湖南浏阳、广东花县(今花都区)等地。石色为白色,断面有黄色、白色、紫色、红色、黑色的菊花状花纹;质地松脆,多作供石。

3.2.3　松质石类

(1)砂积石

砂积石在两广称州石,主产于浙江、安徽、山东、湖北、四川、广西等各省区。砂积石是泥沙与碳酸钙凝聚而成的,质地较软且一般不够均匀,含泥沙多的部分比较疏松,含碳酸钙多的部分则坚硬,坚硬的程度有时因产地而有所差异。其色泽有灰褐色、土黄色、灰色、棕红色等,产地不

同色泽也有差异。砂积石是常用的盆景材料之一,吸水能力较强,有利于苔藓和植物生长;其次是石质较软,容易加工,加工手法有锯截、敲击、雕琢,可以雕琢出各种形态的皴纹,但容易破损,冬季要防止冻裂,且加工时要防止人工痕迹过重而失去自然形态。可用其制作山水盆景、水旱盆景的水岸线护石,也可用作为树木盆景的点石。因其优良的吸水能力,山体可遍布绿色植物,这就大大地增加了生气和活力。

(2)海母石

海母石又称海浮石、珊瑚石、白石,产于东南沿海各地。它是由海洋内的珊瑚贝壳类的生物遗体凝聚而成的,质地疏松,有粗质和细质两种类型,粗质较坚硬,不宜加工,细质较软,易加工,品质以细质为好,某些较轻者还可浮于水面。海母石具有一定的吸水能力,但因其会有较多的盐分,因此要注意用清水洗盐,用热水浸泡后清洗更快。海母石纹理自然,主要采取敲击、拼接、锯截的加工手法,可作山水盆景,表现海洋景色,白色者可为雪景。

(3)芦管石

芦管石产地与砂积石相同,其石质成分和颜色与砂积石也大体相同。两者主要区别是芦管石的纹理呈管状,有时交错排列,形成奇峰异洞。管状纹理又分粗细两种,粗的如毛竹,细的如麦秆(此种又称麦秆石)。其形态奇特,是一种价值很高的盆景材料,可作山水盆景,表现高耸挺拔之奇峦异峰等景色。其加工手法采用锯接、拼接的方法,制作时要因势利导,尽量取其自然,有时只要稍加修饰即可做成上品盆景。

(4)鸡骨石

鸡骨石主产于四川等地。此类石材表面裂纹很深,纹理错综复杂,常常透空,有鸡骨形状,故得名。其色泽有灰黄色、乳黄色等,稍有吸水能力。鸡骨石可作山水盆景,也可用于树木盆景的点石;也可配以几座,作观赏石之用。制作盆景时要尽量取其形态、纹理自然者,配以植物,以增加画面生气与活力。此石过于奇特,较难处理,稍有不当,即会失去自然风采。

(5)浮石

浮石又称水浮石,产于长白山天池,以及黑龙江、嫩江等地。它是火山喷发出来的熔岩冷却后凝结而成的,色泽有灰黄色、浅灰色、灰色、深灰色等,石质较为疏松,多孔隙,比重较轻,能浮于水面之上。其吸水性能好,能配植苔藓等植物。对其加工手法有敲击、雕琢、锯截等方法,既易加工,可雕琢出多种皴纹,也易风化。因石料较小,宜作中小型山水盆景,也可作树木盆景中的点石,表现险峰幽岫、高峡飞漾、烟云变幻之景色。

3.2.4 山石代用物

(1)朽木

树木腐朽后的剩余部分,经过锯截、雕琢、拼接也可配置成景。做好后刷以清漆,以防朽蚀;也可放在火上烤一下,使表层炭化,防止腐蚀的同时又可吸水。亦可在表面设色,模仿真山,栽种植物或攀附藤本植物,制成山水盆景或朽木盆景。朽木式盆景如果处理得当,可以同以石为材料的山水盆景比美。以木代石制作山水盆景的方法早在古代就有了,如宋代苏洵在《木假山记》中就记载了用枯朽的大树根制假山的过程。朽木的纹理细腻,形态逼真,色泽纯和,制成盆景高雅幽静,别具一格。

（2）木炭

木材火化后的碳化物,稍经加工,亦可成景,并能吸水和栽种植物,经久不烂,另有一番风味。

（3）纸浆

将废旧纸置水中浸烂,然后捏成峰、峦、丘、壑,再涂以色彩,可仿真山真水。制作时要防止人工痕迹过重或变成雕塑模型。

（4）树皮

树皮在部分地方的盆景中有被使用,如在湖北,有选用粗裂树皮代替石材者,可造出粗狂奔放的山水盆景来。

3.3　盆　盎

盆盎是盆景所用盆器的总称。盆是指口大底小或口与底同大的器皿,而盎则是指腹比口大的器皿。盆与盎都是盆景造型的依托。

3.3.1　盆盎的类型

树桩盆景和山水盆景所用盆不一样。因此有桩景盆（又叫盆栽盆）和山水盆（又叫水底盘）之分,桩景盆底部有排水孔,山水盆无排水孔。

盆景盆根据其质地可分为陶盆、瓷盆、自然石盆、釉盆、素烧盆、铜盆、木盆、塑料盆等。从观赏和实用的价值来看,紫砂陶盆是上乘之选,紫砂又分朱紫砂、朱泥、紫泥、白泥、黄泥、青泥、老泥等泥种,紫砂盆雅致古朴,透气排水性能均较强,适于古树老桩的栽种;瓷盆光洁亮丽,但透气性差,宜做花果盆景的套盆;石盆适于制作丛林式、水旱式、微型的山水盆景等;塑料盆等色彩鲜艳,价格便宜,但通透性差,易老化,只适宜培养过程阶段性使用,或作套盆,不宜作为展览或栽培用盆。

以盆的形态分类,盆景盆可分为长方盆、方盆、圆盆、椭圆盆、八角盆、六角盆、浅口盆、扁盆、盾形盆、海棠盆、自然型石盆、天然竹木盆等。盆的色泽一般以较淡雅、古朴的为好,花果盆景可用盆色稍鲜艳的,但必须与花果颜色协调,山水盆景用盆不宜选与山石同色的。

3.3.2　主要盆器简介

（1）紫砂盆

紫砂盆主产于江苏宜兴、浙江嵊州、四川荣昌等地,采用紫砂泥,经过精选、提炼,制成陶胎（不着釉彩）,再经过高温烧制而成。其质地细密、坚韧、不上釉,既不渗水,又有一定透气性。其色彩以紫砂泥土本色为主,无光泽,颜色暗红,偏深。口面形状有圆、方、六角、八角、菱形、椭圆、扇形和各种象形如海棠形、鼓形、鼎形以及异形,如竹段形、树根形等。其多用于桩景制作。

（2）釉陶盆

釉陶盆主产于广东石湾、江苏宜兴等地，采用可塑性陶土制作，盆外面涂上釉彩。釉盆色彩丰富，色泽光亮，鲜明古雅，装饰性强，也常作盆栽的套盆，由于盆外面上了釉彩，其透气性能稍差，故底部不上釉，或排水孔较多、较大，作盆栽、水石均可。

（3）瓷盆

瓷盆主产于江西景德镇、河北唐山、山东博山等地，采用精选瓷土（高岭土）烧制而成。其质地细密坚硬，色彩鲜艳华丽，且盆面大都有彩绘图案，因此往往与景物不调和，吸水透气性差，不宜作景盆，常用作陈设套盆。

（4）凿石盆

凿石盆主产于云南大理、山东青岛、河北易县等地，采用天然大理石凿制而成。其质地坚实，色彩素淡，多为白色、灰白色，有正方形、长方形、圆形等，因体量较厚重，一般宜作大型景盆，固定于庭院之中。其石质以细致润泽的房山汉白玉为上品，此类材质的景盆常作山水景盆。

（5）云盆

云盆主产于广西桂林等地，指石灰岩溶洞中，由岩滴凝于地面而形成的盆钵状物体。其盆钵边缘曲折层叠，犹如云彩，故名云盆，极富自然雅趣。

（6）水泥盆

水泥盆在全国各地均可制作，以白水泥为宜，价廉、坚实、耐用，多用作大型山水盆景。

（7）竹木盆

竹木盆主产于江西等地，以竹木为原材料稍加工制作而成，朴素、自然，常见有竹盆、树筒盆、根蔸盆，常用于桩景或挂壁盆景。

（8）泥瓦盆

泥瓦盆全国各地均产，其质地粗糙，但透气性好，适于养树坯之用。

3.4　盆景几架

几架又称为几座，是用来陈设盆景的架子，它与景、盆一起构成统一的艺术整体，有"一景、二盆、三几架"之说。

3.4.1　按材料质地分类

几架按材料质地可分为木质、石质、陶质、金属等。

①木质。常见的有红木、楠木、香红木、紫檀木、枣木、榉木、柏木、黄杨木、花梨木及竹制品等，较适合于室内厅堂陈设。

②石质。常见的有各种石料凿制成的石礅、石案、石几、石座等，适合于室外庭院陈设。

③陶质。常见的有陶土烧制的石台、石礅、石座等，也适合于室外庭院陈设。

④金属。用各种金属、合金制成的装饰性较强的几架，根据需求适合于各种环境。

3.4.2　按造型分类

几架按造型可分为规则型和自然型两种。

（1）规则型几架

规则型几架可分为桌、几、礅、架等。

桌：大型几座，如方桌、圆桌、供桌、餐桌、双拼圆桌、梅花形桌等。

几：中小型几座，小型的桌类，如方几、圆几、鼓几、书卷几、高脚几、两搁几、四搁几。

礅：以陶、瓷、石质制作的几座，如石礅、陶礅、瓷礅等。

架：以布置小型、微型组合的几座称架，如博古架、什景架、多宝架等，通常有方形、长方形、圆形、半圆、椭圆、扇形、多边形等形式。

（2）自然型几架

自然型几架采用天然树根、树莼、山石，经截锯、整形、雕刻、修饰而成。这种几架保持着原自然生动、曲折迷离、线条流畅、形体空透的形态，有着较高的陈设价值。

思考与练习

1.盆景植物材料如何获得？具有哪些基本要求的植物才适宜制作盆景？

2.你家乡所在地有哪些植物适宜制作树桩盆景？

3.简述野生桩服盆培育的常用措施。

4.简述制作山水盆景常用石材的主要特点。

5.目前我国制作山水盆景常用的石材有哪些？

6.你认为我国树桩盆景植物材料的选择上有哪些可取之处和不足的地方？

4 树桩盆景

目的与要求:通过本章的学习,主要掌握树桩盆景常见的自然型、规则型造型形式及其艺术创作过程,了解树桩的加工技法和传统树桩盆景流派的艺术特点,了解树桩盆景的养护管理措施。

树桩盆景简称桩景,是以树木为主要材料,山石、人物、鸟兽等作陪衬,通过蟠扎、修剪、整形等方法进行长期的艺术加工和园艺栽培,在盆钵中表现葱茂的大树景象的树木造型艺术。树桩盆景的造型千变万化,各具异趣:有的树形挺拔雄伟,苍劲健茂;有的古朴自然,清幽淡雅;有的悬根露爪,枝干虬曲;有的枝叶扶疏,风韵潇洒;有的硕果累累,绮丽多彩。树桩盆景因造型形式和地域风格的不同,加工技艺也各有不同。本章首先阐述各种树桩造型的基本特点,在此基础上介绍它们的加工技艺,同时比较分析各桩景流派的艺术风格、造型特点和主要加工技艺,最后综述树桩盆景的创作过程及其养护管理要点。

4.1 树桩的造型形式

虽然树桩盆景的姿态各异,神韵万千,但均可按其造型风格进行分类。树桩盆景的总体造型主要取决于树干的造型,即树干的造型决定了树体的造型。树干是桩景的骨骼,是桩景分类的主要依据,可按造型方式将树桩盆景干的造型分为自然型和规则型两大类。前者以大自然树木自然生长的千姿百态为蓝本,后者则在树干的加工整形过程中强调人工几何形态之美,树桩的枝叶和根部造型则随主干造型的变化而相应变化。

4.1.1 自然型树桩的造型形式

自然型树桩是根据大自然树木自然生长的千姿百态为蓝本,并结合了作者审美情思进行剪裁提炼而制作成型的盆景艺术的一种表现形式,这种类型的盆景最适宜体现树桩盆景的诗情画意和造型技巧。

1)干的造型

(1)立干式

立干式的桩头树干直立或基本直立(倾斜≤15°),按主干弯曲与否可分为直立干与曲立干,按主干数目可分为单干式、双干式、多干式(丛林式)等多种形式。

①直立干式。主干笔直,侧枝分生横出,疏密有致,层次分明[图4-1(a)]。树姿雄伟挺拔,能表现出雄伟挺拔、巍然屹立、古木参天的神韵。制作直立干式盆景常见的树种有五针松、金钱松、罗汉松、水杉、柏、榆树、榉树、银杏、红枫、九里香、六月雪等。岭南盆景的大树型和浙派盆景的风格形式多属此种类型。树干的培育方法为待其长到一定高度后进行摘心,促进侧枝生长,以达到层次分明的效果。

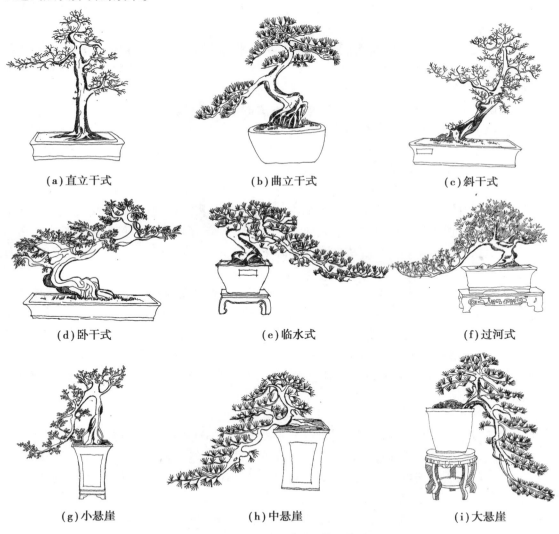

(a)直立干式   (b)曲立干式   (c)斜干式

(d)卧干式   (e)临水式   (f)过河式

(g)小悬崖   (h)中悬崖   (i)大悬崖

图4-1 自然型树桩干的造型

②曲立干式。树干弯曲向上,犹如游龙,枝叶层次分明,树势分布有序[图4-1(b)]。树桩蟠曲向上的主干常通过蟠扎造型得来,侧枝也相应地旋曲而生。此类树桩具有刚柔相济,饶有

生趣的韵味,属于较为夸张的造型形式。制作曲立干式盆景常用梅花、黄杨、真柏、紫薇、紫藤、罗汉松、五针松、六月雪、金银花、圆柏等干体有韧性的树种。自然型树桩中的曲立干式,常见取"三曲式",形如"之"字,川派、徽派、扬派、苏派盆景常用此种形式。

(2)斜干式

斜干式主干倾向一侧(水平夹角>30°),常略有弯曲,枝条分布疏密相间,平展于盆外[图4-1(c)]。树姿舒展,疏影横斜,飘逸潇洒,颇具画意,常见如梅桩的疏影横斜。此式整个造型显得险而稳固,能体现树势动静变化、平衡统一的艺术效果。多用一株单栽,也有一二株合栽。大多数盆景树种都适用于此种形式,常见五针松、榔榆、雀梅、罗汉松、黄杨等。

(3)卧干式

卧干式树干横卧或斜卧于盆面(与盆面夹角<30°),不伸出盆外作悬空状的造型状态,如卧龙之势[图4-1(d)]。树冠枝条昂然向上,生机勃勃,树桩造型疏密有致,似风倒之木,野趣十足。此式姿态独特,具有古朴优雅的风度。

卧干式桩头又分为平卧式、仰卧式、半卧式三种。平卧式桩头为全株平卧,梢端蟠扎不能超过干身枝盘的高度,全株呈平睡之态;仰卧式桩头上部1/5斜立或直立,下部4/5平卧或稍向上倾卧;半卧式桩头茎干下半部平卧或上斜卧,茎干上部直立。

配盆多用长方形盆,并以山石作为陪衬,使整体造型更为均衡美观。常用树种有雀梅、榆树、朴树、金弹子、铺地柏、九里香等。

(4)悬干式

悬干式主要特征为树桩主干伸出盆外做悬空状。

若主干横出盆外,但不倒挂下垂,高于盆口所在平面,则称临水式[图4-1(e)]或过河式[图4-1(f)]。前者小枝向前、左、右、上4个方向横生直展,疏密相间排列,后者小枝几进平行向上排列。此二式一般选用软性枝条和耐湿树种,如六月雪、柳暗花明杉、榆、杜鹃,体现临水之树木向水面贴近生长之自然姿态。临水式也可看作卧干式的一种,差异在于其主干伸出盆外悬空,显得飘逸潇洒,轻盈活泼。

若主干弯曲下垂于盆外,低于盆口所在平面,冠部下垂如瀑布,则称悬崖式。该式体现树木于悬崖峭壁悬垂倒挂的姿态,有苍松探海顽强刚劲之势。因树干悬垂程度不同,又有小悬崖、中悬崖和大悬崖之分。主干冠顶悬垂不超过盆钵高度1/2者为小悬崖[图4-1(g)],不超过盆钵底部者为中悬崖[图4-1(h)],超过盆钵底部以下者为大悬崖[图4-1(i)]。悬崖式用盆多为高筒式,适于几案陈设。常用树种有铺地柏、五针松、黑松、罗汉松、圆柏、金弹子、六月雪、贴梗海棠、榆等。

(5)古干式

古干式通过枯干、劈干、疙瘩、靠贴、附石等方式使树桩呈现出苍老古朴之态,如枯木逢春。

①枯干式。树桩的主干在经过几十年乃至数百年的大自然外力作用下,已呈枯木状,树皮斑剥,多有孔洞,木质部裸露在外,尚有部分韧皮部上下相连。所有的枝条着生于貌似枯朽的树桩上,冠部青枝绿叶,似返老还童,又不失苍古之意趣[图4-2(a)]。此类盆景以古柏、银杏、黄荆、梅花、石榴、檵木、雀梅、榆树等居多,除了挖掘收集山野古桩,还可用人工雕、劈、灼、凿、磨、撕等技法来塑造。日本盆景制作常用人工造成枯干式。

②劈干式。树桩的主干被劈成两半,或大部分被劈除,使树干呈枯皮状,然后让这一劈干长出新枝叶,再进行艺术加工,使其古拙、奇特,如雷劈后萌发新枝[图4-2(b)]。常用树种有

梅、石榴、荆条、罗汉松、圆柏等。

③疙瘩式。疙瘩式又称打结式,将盆树幼苗在主干幼嫩时于靠近基部处打结一至多个,或刻伤后弯曲绑扎使之生长愈合,可使幼树提前呈现出苍老之态[图4-2(c)]。此种形式在扬州、徽州、成都多见,常用于梅、罗汉树、圆柏、金弹子等。

④靠贴式。利用死桩树干的奇特古态,于其后栽种另一株植物,或在死木洞隙之中植以小树,日后蟠扎使之浑然一体,收到以假乱真的艺术效果[图4-2(d)]。如图4-3的菊艺盆景,实际上是利用枯桩做的伪装。

⑤附石式。树桩之根部附在怪石之上,再沿石缝深入土层,或整个根部生长在石洞中,好像山石上生长的老树,有"龙爪抓石"之势,古雅如画[图4-2(e)]。树桩主干或直或曲或斜,大部分呈枯干之态,体现出岩生植物顽强不屈之精神。此式以突出树桩为主,山石多为配景(有时也以山石为主)。常用树种有三角枫、五针松、黑松、圆柏、榔榆等。

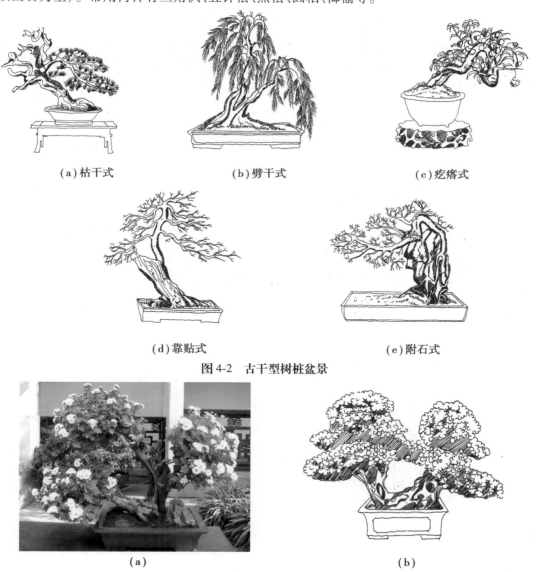

（a）枯干式　　　　　（b）劈干式　　　　　（c）疙瘩式

（d）靠贴式　　　　　　　　（e）附石式

图4-2　古干型树桩盆景

（a）　　　　　　　　　　　　　（b）

图4-3　菊艺盆景

2)干的数目

(1)单干式

单干式每盆只有树1株,仅1个主干,这是树桩盆景中最常见的数目形式。主侧枝分布均匀,构图简洁,挺秀庄重[图4-4(a)]。单干式盆景常选择老桩进行造型修剪,按其树桩自有的形态造型为直干、曲干、斜干、卧干、悬干等各种形式,并对各个侧枝进行布局,前后侧枝都要围绕主干的姿态合理分布。

(2)双干式

双干式每盆种树2株或1株,干有2个,通常为一大一小,造型可多样化,有主次、高低、正斜之分,整体姿态活泼,富于变化[图4-4(b)]。若两干的根系相连则称"一本双干"。

(3)三干式

三干式每盆有树1~3株,3个树干,中间的树干直立,两侧的树干适当倾斜,整体构成不等边三角形[图4-4(c)]。三干要有主次之分,实为主宾陪之关系,宾体、陪体有高低、直斜之变化,忌雷同,才能体现出活泼古雅之趣。一般三干宜同种植物,若三干共享根系则称"一本三干",若有两根系则称"二本三干"。

(4)丛林式

丛林式盆中多株丛植,树干有3株以上,模仿山林风光[图4-4(d)]。可配亭台楼阁、小桥流水、草地湖泊、山石小品,做成"微型园林"的形式。树木不分老幼皆可应用,常用树种有金钱松、六月雪、满天星、五针松、榆树、朴树、圆柏、榉、红枫等。

如一盆中采用两个以上的树种做丛林式,可称寄植式或合栽式,如岁寒三友[图4-4(e)]、松竹梅、立仙竹寿(灵芝、菖蒲、竹、罗汉松)等。

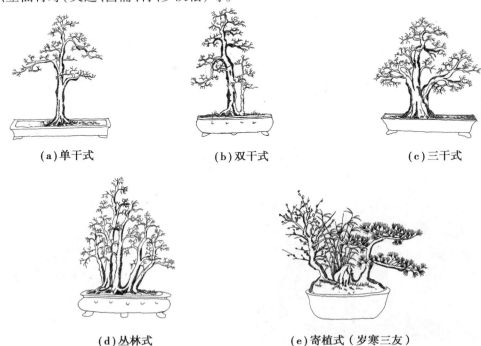

(a)单干式　　　　(b)双干式　　　　(c)三干式

(d)丛林式　　　　(e)寄植式(岁寒三友)

图4-4　自然型树桩干的数目

3）枝的造型

（1）帚枝式

帚枝式枝片分枝级数少，叉少枝长，枝条矗立或斜生，呈辐射状从树的中心向上伸出，枝尖全部朝上，形如扫把［图4-5（a）］。

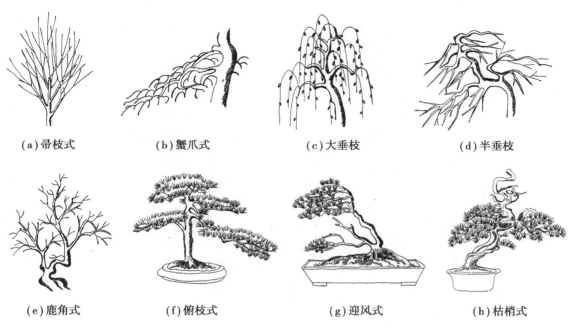

（a）帚枝式　　　　（b）蟹爪式　　　　（c）大垂枝　　　　（d）半垂枝

（e）鹿角式　　　　（f）俯枝式　　　　（g）迎风式　　　　（h）枯梢式

图4-5　自然型树桩枝的造型

（2）蟹爪式

蟹爪式枝片分枝级数稍多，大枝横生或微垂，小枝向下做爪形弯曲，形如"蟹爪"。因小枝向下微垂，枝片分层不是很明显［图4-5（b）］。

（3）垂枝式

垂枝式利用某些树种或品种枝条下垂的生长习性稍微加工而成，枝条弧形弯曲下垂。若为180°弯曲下垂者为大垂枝，形如柳树［图4-5（c）］；若为120°折线弯曲，枝尖朝下者为半垂枝［图4-5（d）］。常用树种有迎春、柽柳、垂枝梅、垂树碧桃、龙爪槐、枸杞、金雀等。

（4）鹿角式

鹿角式枝片分枝级数多，叉多枝短，枝疏密相间，主要为立生，少数斜生或横生，枝尖指向树冠外围，形如鹿角［图4-5（e）］。

（5）俯枝式

俯枝式的树桩以直干和斜干为多，有一个粗大的主枝俯视下垂，构图有斜向下的飘逸线条之美，与迎风式不同，呈现静态之稳定感［图4-5（f）］。常用树种有罗汉松、黑松、五针松、三角枫等。

（6）迎风式

迎风式也称风吹式，树桩主干以曲干和斜干为多，树枝向一方斜伸出或折出，表现大自然树木在风中的动态和潇洒飘逸的景象［图4-5（g）］。此式所有枝条均在主干一侧，形如逆风之态，主干向枝的相反方向倾斜，枝条受重力作用略微下垂。常用树种有对节白蜡、贴梗海棠、柳树、柳杉、榆等。

（7）枯梢式

枯梢式模拟自然界老树枯枝或受雷击的现象，主干下部枝叶茂密，上部枝条枯秃无叶，树木老态龙钟，奇特古雅［图4-5（h）］。常用树种有松柏类。

4）根的造型

（1）提根式

提根式又称露根式，以欣赏根部为主。树木根部向上提起，侧根裸露在土外，盘根错节，悬根露爪［图4-6（a）］。盆景界有"川派盆景无不提根"之说，观传统川派之树桩盆景，其根部或如蛟龙蟠曲，或如鹰爪高悬，给人古雅奇特之感。常见树种有榕树、黄杨、六月雪、金弹子、银杏、椿树、榔榆、雀梅等。

（2）连根式

连根式又称根连式，地上部分为多干式或丛林式，多株树木并栽于同一盆中，根部裸露于土外，相互交错搭连，形如龙爪，树干则高低参差，错落有致［图4-6（b）］。此种形式多选用植株根部易萌发不定芽的树种，如福建茶、火棘等。另有一种假连根式，日本盆景称之为"筏吹"，卧干上形成很多不定根，提根出土。

（3）过桥式

过桥式共有两个分居盆钵两侧的根系，两个根系由悬于盆土之上的横走根系相连，横走根系如同拱桥。地上部分为多干式，主干可位于"桥"之两端，也可立于"桥"上，形似过桥［图4-6（c）］。此式实为特殊形态的连根式，与连根式同样需用扁平长形的盆钵。常见树种有榕树、六月雪、黄杨、贴梗海棠等萌发力强、不定芽多的种类。

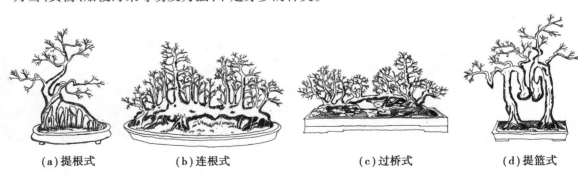

(a) 提根式   (b) 连根式   (c) 过桥式   (d) 提篮式

图4-6　根的造型

（4）提篮式

提篮式造型时先将小树掘起，去掉土壤，用利刀自主根中央向上将主根连同主干下部的一段劈成两半,主干顶端一段保留不劈,即将主干下部及主根分割成两半,每半都应具有一半根系;再将各半向两侧弯曲向上,形成一个根部向上的长圆形的半圆圈,并将主干上部包围在半圆圈之内,然后将根部向下栽入土中,这样主干顶部就朝下了。由于植物所具有的"极性"特性,向下的枝条上萌生之芽会自然弯曲向上生长,此时就势将枝条引向四方,犹如水面溅起的向四方均匀散射的水花[图 4-6(d)]。此种形式酷似花篮,给人以新奇之感,多用于梅花造型,也称花篮式或花篮梅,是扬派盆景的一大特点。

4.1.2　规则型树桩的造型形式

规则型树桩是桩景各流派在发展过程中逐渐形成并完善的树桩造型,重在体现树桩加工技艺之精巧。其在长期的发展过程中因地域的不同出现了各流派的差异和较为固定的枝干形态组合,具有浓郁的地方特色。首先介绍规则型树桩常见枝片的造型,然后按照不同桩景流派的划分介绍各派代表性的规则型树桩造型。

1)枝的造型

(1)滚枝式

滚枝式枝片分枝级数多,叉多枝长,枝干连续 S 形弯曲,疏密相间地分布,枝尖指向树干的外围,形如试管刷,且"刷毛"也是 S 形的[图 4-7(a)]。

(2)平枝式

平枝式每一枝盘将主枝和分枝蟠成扁平状,平面形状为卵圆形、扁圆形或阔卵圆形,可普遍应用于一切扎片的树形上。枝势平稳或微向下倾,无拱翘偏斜;枝盘基部着力表现筋骨,即苍劲又健茂。

平枝式为川派盆景常见的枝条造型形式。川派盆景中枝片分枝级数不多,枝条伸出后长短相济,做 S 形弯曲(比云片的弯大,称"汉文弯"),有规则型与花枝型之分。规则型:小枝着生方式与羽状叶脉着生方式一样,一个枝点只有一个枝条,枝片上的小枝全布呈平面状分布,枝尖指向枝片所形成的平面外围[图 4-7(b)];花枝型:每一着枝点上有 2 个(常见)或以上的枝条[图 4-7(c)]。

(3)剪片式

剪片式枝片叉多枝短,大枝向左右、前后向横生,小枝密集着生在大枝上,枝尖向上立生,如五针松。枝片排成平面的称平片状[图 4-7(d)],排成半球形的称伞状[图 4-7(e)]。其特点是枝尖全部向上,枝片比云片厚,也没有云片平整。

(4)云片式

云片式枝片很薄,大枝小枝均横生,也有微垂,大枝水平面 S 形弯曲,小枝在大枝上伸出也是 S 形弯曲。枝的弯特别细小,在枝所形成的平面上(非水平面)做连续的 S 形弯曲,因弯小有"一寸三弯"之说。枝尖指向整个枝片的外围,这一点与剪片不同,后者的枝尖都是向上的[图 4-7(f)]。云片式为杨派桩景典型的枝条造型形式。

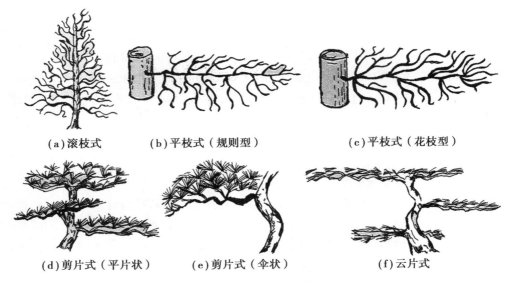

(a) 滚枝式 (b) 平枝式（规则型） (c) 平枝式（花枝型）

(d) 剪片式（平片状） (e) 剪片式（伞状） (f) 云片式

图 4-7　规则型树桩枝的造型

2) 川派规则型树桩

(1) 对拐式

对拐式又称正身拐，主干在同一平面上来回弯曲（在正立面上左右摆动），呈连续的 S 形弯曲，多见做成 5 个弯，基部弯大，顶部弯渐小[图 4-8(a)]。从正面可以看到全部的弯，而侧面观犹若直干。主枝两两相对，枝片采用平枝式。常用树种有罗汉松、银杏。对拐式造型的桩景适合于陈设门、厅两侧，左右各一。

(2) 方拐式

方拐式主干在同一立面上呈弓字形弯曲（即方形弯曲），枝粗弯大，枝细弯小[图 4-8(b)]。着枝部位一般在拐弯处，达到枝片略微下垂的效果，枝片不会出现在"弓"形的内部，一定要在主干"弯"的外侧，枝片为平枝式。方拐式与对拐式相似，只是前者的弯子是方的"弓"字形，后者的弯呈弧形。

此式流传于川西地区郫县（今郫都）、温江、灌县（今都江堰）、彭县（今彭州）、新繁等地，多用垂丝海棠、紫薇这两种树种。蟠扎时，先在主干两侧各立小竹竿一根，再扎以横的小竹竿，扎成方格形。待嫩梢长到适当的时候，将嫩梢捆缚到方格上，并使嫩梢的转角成直角，形成方格状的弯子。此法从幼苗扎起，至少需要二三十年方能成型，其时间长，难度大，但形态别具一格，现已极为少见。

(3) 三弯九倒拐式

三弯九倒拐式主干从正立面看有 3 个大弯，从侧立面看有 9 个小弯，故称三弯九倒拐，从不同角度看有不同的观赏效果，身形变化多端[图 4-8(c)、图 4-8(d)]。做法是先自茎基部（足）起向上，如对拐式一样，蟠扎 9 个小弯至顶端，再在与 9 拐垂直的立面上蟠曲 3 个大弯，3 个大弯形成正面，9 个小弯则是侧面。常用树种有罗汉松、垂丝海棠、紫薇、石榴、水杉等。此式盛行于川西地区温江、灌县（今都江堰）、大邑等地。由于树桩自身枝节的限制，干的造型技术要求高，难度大。

（4）掉拐式

掉拐式树成30°~40°斜栽,而后做弯。造型完毕后,从正面看,可以看见第一个弯和第二个弯的一部分,三弯以上则看不见了,只能看到一段直干,因此四川方言有"一弯大,二弯小,三弯、四弯看不到"的说法[图4-8(e)]。从侧面看,第一个弯看不到,是一段直线条,第二个弯可见一部分,第三个以上的弯可全部看见。此种形式在主干蟠曲方面下了很大功夫,巧妙地运用了露藏关系,从正面转侧面,各个弯渐隐渐现,隐现交替,不论站在哪一面,都不可能见到所有的弯,给人一种变化莫测的感觉。常用树种有罗汉松、银杏、紫薇、石榴等。

具体做法如下:先选择从未蟠扎过的小树,带土掘起,斜栽于盆中,倾斜角度30°~40°。斜栽的目的是便于蟠缚第一弯。若树向右斜栽,则第一弯蟠向左边;若树向左斜栽,则第一弯蟠向右边。第二弯是全株最主要的弯,需将第一弯(正面弯)横拐成第二弯(掉拐),有两种蟠扎的方法(掉拐通常是一对),一株弯内向着作者,一株弯背向着作者。第三弯是再将第二个弯子拐回来。四弯、五弯是来回弯曲,五弯做成顶片。可将此做法归纳为"一弯、二拐、三出、四回、五镇顶",或称"一弯、二拐、三怀、四抱、五照足"。这里镇顶和照足都是做成顶片的意思,并且要求顶片和干基部(足)在垂直于地面的一条直线上。此外,掉拐式还有月弓掉拐式和接弯掉拐式两种特殊的形式。

①月弓掉拐式 第二弯是月弓形的[图4-8(f)]。

②接弯掉拐式 树桩短截后将一个侧枝复壮继续造型,顶部与掉拐的上部相同,因此称接弯掉拐[图4-8(g)]。具体做法如下:先将树干自基部40~50 cm高处截去,大树可高些,小树要低些;掘起斜栽,倾斜角度30°~40°;待新枝萌发后,选一粗壮枝条蟠作主干的延伸。因此式上部弯曲的枝条是"逗"(对接)上去的,并非同一主干连续做弯,故又称"逗身掉拐"。此式适用于树桩主干不能蟠扎弯曲,或虽能蟠扎弯曲,但缺少枝条的桩头,造型别具一格。

（5）滚龙抱柱式

滚龙抱柱式主干第一弯与第二弯的蟠曲方法与掉拐式相同,第三弯以上是盘旋而上,由下到上逐渐缩小,显得自然稳健[图4-8(h)]。主干如古代宫殿中龙柱形状,故称"滚龙抱柱";因主干如旋卷的螺体,又称"螺旋弯"。该式常用于梅桩的造型。

（6）老妇梳妆式

老妇梳妆式姿态奇古又无主干的老桩树蔸上萌发新枝后,选留1~3枝生长位置合适的粗壮枝条蟠为主干,形如老妇梳妆打扮[图4-8(i)]。枝片为平枝式,若留二干称为"双出头",树干一主一辅[图4-8(j)];若留三干称为"三出头",树干一主二辅。主干蟠3~4个弯,副干蟠2~3个弯。树蔸似山,主副干则如山上之小树。此式又称"立身照蔸"或"逗身照蔸",意指树身直立,顶片和干基部(足)在垂直于地面的一条直线上,且上部的树干是"逗"在下部老桩上的,常用树种有金弹子。

（7）直身加冕式

直身加冕式又称"直干逗顶"或"直身逗顶"。自然型老桩树蔸坏顶萌发新树后,在新枝主干做2~3层枝盘,远观如一个细长的枝顶着生在一个粗壮的树干上,形如戴冠[图4-8(k)]。此式适用于主干不宜弯曲的大中型树桩,干的基部应具有能蟠缚成3层以上枝盘的枝条,将其截去顶端后,选留主干延伸出的一个新枝,此新枝枝头要具有2~3个可蟠扎成枝盘的枝条。常用树种有金弹子、银杏等。

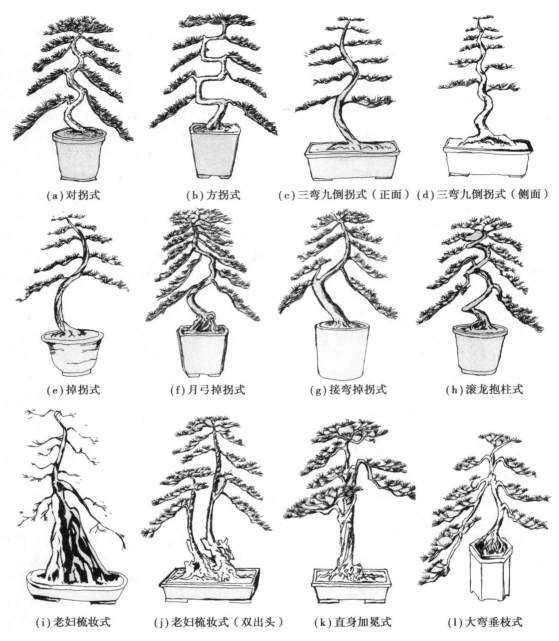

(a)对拐式　　　　　(b)方拐式　　　(c)三弯九倒拐式(正面) (d)三弯九倒拐式(侧面)

(e)掉拐式　　　　(f)月弓掉拐式　　　(g)接弯掉拐式　　　(h)滚龙抱柱式

(i)老妇梳妆式　　(j)老妇梳妆式(双出头)　(k)直身加冕式　　(l)大弯垂枝式

图 4-8　川派规则型树桩造型

(8)大弯垂枝式

大弯垂枝式主干扎成一大弯,于内弯顶用嫁接法,倒接一下垂大枝,枝梢垂过盆面以下,垂枝上有 3~5 个枝盘,外弯及顶或做枝盘,或做弯拐适当点缀,犹如悬崖绝壁,垂枝倒挂,给人以临危立险之感[图 4-8(1)]。具体做法:先将主干蟠成一个大弯,将大弯顶部以上的主干剪去,留下的弯子背上的枝条也要全部剪去,但靠近弯顶处有可以蟠成后足盘的枝条要留下不剪。此后足盘的要求是下垂,且能蟠 3 个以上的枝盘,否则这个枝条也不要留下,嫁接一枝条作后足盘。在大弯的弯内顶部(与后足盘着生位点相对应)嫁接一枝条,蟠成前足盘,促其下垂,其上需蟠3~5个枝盘。大弯顶部也需嫁接一枝条做成顶及4~5个枝盘。此式技术性强、难度大、时间长、用工多。蟠缚一株大弯垂枝式,需用4株,即主干大弯1株,前足盘、后足盘、顶部嫁接各1株。该式可用于贴梗海棠、银杏、石榴等桩景造型。

3) 扬派规则型树桩

（1）台式

台式的主干自由形或螺旋形弯曲,只有1~2个枝片,顶部枝片为圆盘形,下部枝片为掌形或近似椭圆形[图4-9(a)],枝片为云片式,极薄。

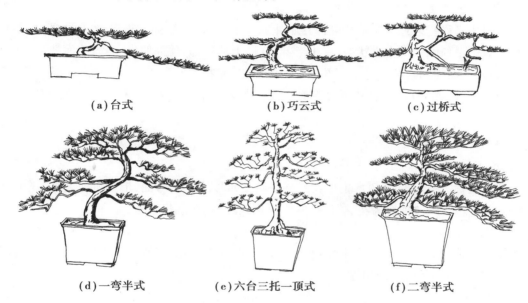

（a）台式　　　　　　（b）巧云式　　　　　　（c）过桥式

（d）一弯半式　　　（e）六台三托一顶式　　　（f）二弯半式

图4-9　扬派、苏派、通派规则型树桩造型

（2）巧云式

巧云式主干自由形式或螺旋形弯曲,有3~9个枝片[图4-9(b)]。常见为6个枝片,主干比台式高,枝片为云片式,极薄。

（3）过桥式

过桥式是同种植物的2株栽植在一个盆中,干部呈自然的螺旋形,其上有主枝相互连接着生,形似过桥[图4-9(c)]。图4-10是尚未完成的过桥式,将逐渐生长靠近的枝条刻伤贴接愈合后即成。

（4）一弯半式

一弯半式是主干从基部弯成一个弯,再扎半个弯做顶,整棵树向前微倾。其枝片为云片式,左右对称[图4-9(d)]。

图4-10　发展中的过桥式

4) 苏派规则型树桩——六台三托一顶式

此式树木主干基本直立,向左右微曲成 6 个浅弯,6 个侧枝相应地左右分开,每边扎成 3 个枝片,即成"六台",后面有 3 个枝片即为"三托",顶部一大片即为"一顶",整株树木共计 10 个枝片,意指"十全十美",树形端庄平稳,层次分明[图 4-9(e)]。陈设时常采取对称形式,富有浓厚的地方色彩,常熟一带多见。以此式造型需 10 年以上的功夫,加工难度大。

5) 通派规则型树桩——二弯半式

二弯半式又称鞠躬式。主干从基部开始扎成 2 个弯,即在立面上做 S 形弯曲,两弯之上另有半个弯使树干顶端保持直立状态;主干上部前倾,下部后仰,顶部伸出一片,前面枝空,整个树形稍微前倾,形如鞠躬者的头部。下部枝片两侧对称,左右各形 2 片,一长一短,一高一低,像伸向后背的两臂[图 4-9(f)]。枝片主要为剪片式。常用树种有罗汉松、垂丝海棠、五针松等。

6) 徽派规则型树桩

(1) 游龙式

游龙式又称"之字弯"。树木主干在同一平面上如"之"字形弯曲,形如游龙,宜于正面观赏[图 4-11(a)]。常用树种有梅花、碧桃。常作对称式陈设,在徽州多见。

(2) 扭旋式

扭旋式又称"磨盘弯"。主干下部扭旋上升,上部直立,树形不倾斜[图 4-11(b)]。常用树种有金银花、紫薇、罗汉松、圆柏等。

(3) 屏风式

屏风式枝干编成一个平面,有似屏风或"拍子"状。常用枝干韧性强或小枝多的树种,如紫薇、迎春、海棠、梅等[图 4-11(c)]。

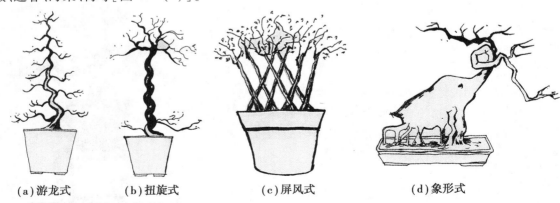

(a) 游龙式　　　(b) 扭旋式　　　(c) 屏风式　　　(d) 象形式

图 4-11　徽派及其他规则型树桩造型

7）其他规则型树桩——象形式

象形式是利用树干和整个树体形态进行动物形象造型［图4-11（d）］。常用树种有榕树、金弹子、黄杨等，多见于福建。

4.2 树桩的加工技法

本节主要讲述树桩盆景创作的基本技艺，包括"一扎、二剪、三雕、四提、五上盆"，即蟠扎技艺、修剪技艺、雕干（根）技艺、提根技艺和上盆技艺。

4.2.1 枝干的剪截增补

1）修剪

修剪是树体造型的手段之一，通过修剪，去其多余，留其所需，补其所缺，扬其所长，避其所短，达到美化树形的目的。

（1）修剪的基本知识

修剪从总体上来说对树体有削弱、矮化、改变树形的作用；从局部来说，却有促进作用，如疏去一个枝条则营养可集中供给另一个枝条，又如剪口用高位优势壮芽当头时，则能促生壮枝等，这就叫修剪的双重作用。

掌握修剪技艺首先应了解枝芽类型及其生长特性。芽是缩短的枝，不同的芽形成不同的枝条，修剪时要区别对待，因此要了解不同芽的特点，如顶芽、腋芽、单芽、复芽、花芽、叶芽、休眠芽等。同一枝条上，不同部位的芽质量不一样，各种树木的萌芽力和成枝力也不一样。枝也有营养枝、结果枝、高位枝之分。一般而言，高位枝、高位芽的长势最强；着生在优势部位（顶上或背上）或直立的枝条长势旺，斜生的次之；背下枝（下垂）长势最弱。通过留芽的方向、改变枝向、调整角度方法可调节枝势。

（2）修剪的时间

修剪要适时适树，一般落叶树，四季均可修剪，但以落叶后萌芽前修剪为宜，此时树冠无叶，可以清楚地看到树体骨架，便于操作，宜于造型。生长快的、萌芽力强的树种，四季均可进行，如三春柳、榆等，一年可以多次修剪。观花类盆景，当年生新梢上开花的树种，如海棠、紫薇等，适宜在发芽前修剪；一年生枝条上开花的树种，如桃、郁李、梅等，适宜在花后修剪。已定型的花果类盆景一般是在花谢以后或落果以后修剪。松柏类树种容易流松脂，故宜在冬季修剪。

（3）定向修剪

定向修剪指根据造型样式预计新枝长出的位置与状态进行修剪，采用外蹬修剪法，目的是留出新枝与干的角度。

①里芽外蹬。保留里芽,将枝条外侧上面部分的芽除去,注意要"慎留剪口芽",如图 4-12 中需保留的是手指处和外侧下方的芽而不是剪口下的芽。

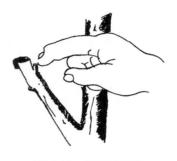

②双芽外蹬法。将里芽去掉,只要枝条外侧的两个芽,还要在下部预留出一个芽。

(4)定型修剪

定型修剪指对已长出的枝干进行修剪,修剪顺序为"先主干、后枝条"。

图 4-12　外蹬修剪法

①摘心与摘叶。生长期将新顶端幼嫩部分去掉称"摘心"。摘心可促进腋芽萌动,多长分枝,利于扩大树冠。新枝生长时摘心利于养分积累和花芽分化。摘叶可使枝叶疏朗,提高观赏效果。榆树、元宝枫、桦树等在生长期全部摘叶,会使叶子变小,树形更为秀丽,利于观赏。此法多用于花果类盆景和节间短、枝密的树桩类型。

②短截。对一年生枝条剪去一段叫"短截"。根据剪去部分的多少可分短截、中短截和重短截。它们的修剪反应是有差异的,截的程度越重,抽枝越旺。短截后形成中短枝较多,单枝生长较弱,但总体生长量大,母枝加粗生长,可缓和枝势;中短截后形成中长枝较多,成枝力高,生长势旺,可促进枝条生长;重短截后成枝力不如中短截,一般剪口下抽生 1~2 个旺枝,总生长量小,但可促发强枝,自然式的圆片和苏派的圆片主要靠反复短截造型。

③回缩。对多年生枝剪去一段叫"回缩"。回缩对全枝有削弱作用,但对剪口下附近枝芽有一定的促进作用,有利于更新复壮。如剪口偏大会削弱剪口下第一枝的生长量,这种影响与伤口愈合时间长短和剪口枝大小有关,剪口枝越大,剪口愈合越快,对剪口枝的生长影响越小。反之,剪口枝小、伤口大则削弱作用大。为了达到造型目的,挖野桩和养坯过程中,经常运用回缩的办法,截去大枝,削弱树冠某一部分的长势,或为了加大削度,使其有苍劲之感,而实行多次回缩。因此,回缩即是缩小大树的有力措施,也是恢复树势、更新复壮的重要手段。回缩是岭南派桩景"蓄枝截干"的主要手法,易于形成"大树型"桩景。

④疏剪。是将一年生或多年生枝条从基部剪去疏除。疏剪对全桩起削弱作用,减少树体总生长量。它对剪口以下枝条有促进作用,对剪口以上枝条有削弱作用,作用强度与被剪除枝的粗细有关。衰老桩头,疏去过密的枝条,有利于改善通风透光条件,使留下的枝条得到充分的养分和水分,保持枯木逢春的景象。对平行枝、对生枝、轮生枝,根据造型的需要,有些可用疏剪,有些则进行弯曲造型。

⑤伤。拧枝、扭梢、拿枝软化、环剥、刻伤等均属于"伤"的修剪技法,用以缓和或改变树干、枝条的长势,增加中短枝量,促进成花、提早结果。拧枝、扭梢、拿枝都应掌握"伤筋不伤皮"原则。在果树盆景上环剥技术应用普遍,对形成花芽和提高坐果率效果显著。"芽伤法"即在萌芽前在芽上部刻伤,使养分上运受阻,可促使伤口下部芽眼萌发抽枝,弥补造型缺陷。对混合芽的树种,用刀刻伤芽上方皮层韧皮部形成枝芽,下部受伤易形成花芽。

总之,修剪原则是因材修剪、随枝造势,强则抑之、弱则扶之,枝密则疏、枝疏则截,扎剪并用、剪法并用,以达造型、复壮之目的。

(5)干的修剪方法

①直立干。先截树养干部,后截干蓄枝(图 4-13、图 4-14)。具体剪法为先短截,留 1~2 个

芽,但有些树种顶部要留一个枝条,以保证有蒸腾作用促进水分的上升,否则树冠回缩,易死亡。每年枝条都短截留 1~2 个芽,重复短截 7~8 年乃至 10 余年后,干的粗度适宜了再定枝条。通过不断的短截,树桩呼吸作用旺盛,生长恢复快,易显老态。

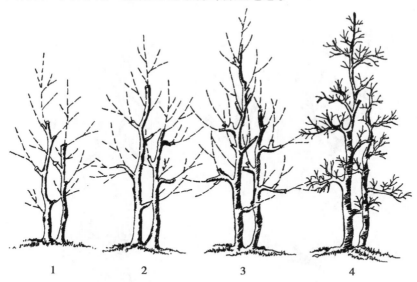

图 4-13　直立树干定型修剪(一)
(图中虚线表示修剪前枝条的着生状况)
1—第一年;2—第二年;3—第三年;4—若干年之后

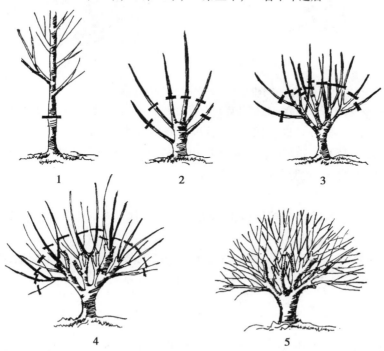

图 4-14　直立树干定型修剪(二)
1—截干;2—短截主枝;3—再次短截;4—短截小枝;5—成型状况

②曲立干。采用截干蓄枝、截直以曲的修剪方法(图4-15)。岭南派桩景常用此法,仅通过修剪而不用蟠扎即可造型,但需要生长速度快的树种。

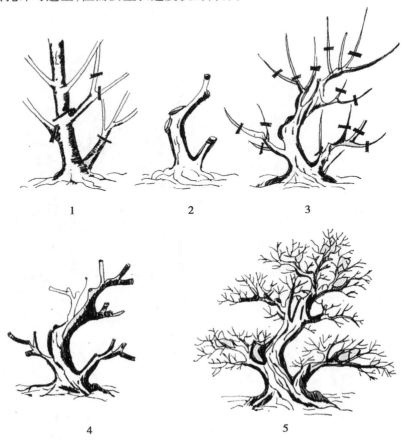

图 4-15 曲立树干定型修剪

1—截枝、截干;2—第一处短截后;3—短截萌枝;4—多年蓄枝后;5—成型状况

③悬干。先将树坯截干斜栽,萌发成活后再行修剪,截直蓄曲,待 7~8 年干基本成型后,栽正,然后再蓄枝(图4-16)。注意需要先栽正后再蓄枝,以保证枝条向上生长,体现枝片的层次。此法最初斜栽程度不同,则成型后悬枝幅度不同。

(6)枝的修剪方法

①剪片。只需反复修剪定型即可(图4-17),操作过程简单,但需是分枝能力强的树种,如罗汉松。

②杂枝。杂枝修剪首先应是剪除病、虫、残、弱、枯的枝条,然后是不符合造型需要的枝条(图4-18)。

2)嫁接

通过嫁接进行枝条的增补,这是盆景造型技法中"加"的方法。如野生蜡梅的桩头,用好品种的枝条嫁接,可使桩景花繁叶茂,提高观赏价值。罗汉松、榕树的盆景造型也多靠嫁接,具体嫁接方法可参看植物培育学有关教材。

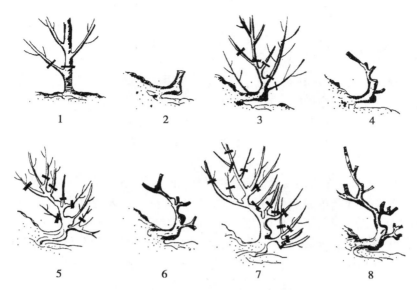

图 4-16　悬干形树桩定型修剪

1—树坯；2—截干倒栽；3—萌枝重剪；4—剪裁后；5—短截萌枝；6—短截后；7—短截萌枝；8—定型

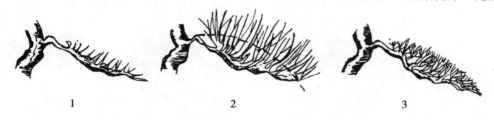

图 4-17　剪片过程示意

1—初剪；2—第二次剪；3—数年后剪成枝片

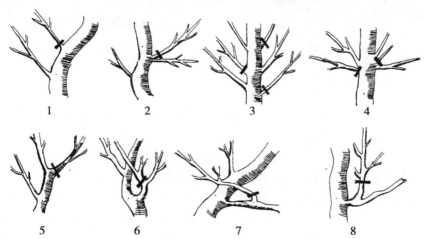

图 4-18　杂枝种类及其修剪方法

1—平行枝；2—重叠枝；3—对生枝；4—轮生枝；5—丫杈枝；6—交叉枝；7—反向枝；8—徒长枝

4.2.2 枝干的弯曲整形

枝干的弯曲整形主要依靠蟠扎技艺，此外还有一些用于局部的弯曲技法。根据蟠扎材料可分为金属丝蟠扎（图4-19）和棕丝蟠扎（图4-20）。棕丝蟠扎是川派、扬派、徽派传统的造型技艺，而海派或在日本及其他国家当前都采用金属丝造型。这里将两种材料的优缺点进行比较：

①材料来源。而棕丝只有南方才有（属就地取材），北方难得，所以棕丝的应用有一定的局限性。

②使用效果。金属丝操作简便易行，造型效果快，能一次定型，而棕丝造型操作比较复杂，费时间，造型效果慢。金属丝的缺点是容易生锈，易损伤树皮，夏天金属丝还有可能吸收很多热量灼伤树皮。尤其是对落叶树，因树皮薄，使用金属丝常会使枝条枯死。使用棕丝则不会产生灼伤树皮、材料生锈等弊病。金属丝常见的有铁丝、铜丝和铝丝。铁丝价格便宜，但如不退火，金属光泽刺眼，韧性差易生锈，只能是一次性使用；铜丝、铝丝成本较高，可反复使用，尤其是铝丝比铜丝更软，操作起来较顺手，是目前国内外多采用的树桩造型材料。一般来说针叶树弯枝矫正时最好使用铜丝，较轻较软的铝丝更适用于落叶树种。

图4-19　金属丝蟠扎　　　　　　　　　　　　图4-20　棕丝蟠扎

1）金属丝蟠扎

铁丝、铜丝使用前应先"退火"，即放在火上烧一烧，直至冒蓝火苗或金属丝泛出明亮的樱桃红为止，取出自然冷却。这样铁丝、铜丝会变得柔软，也去掉了金属光泽，更便于使用。

（1）蟠扎时间

蟠扎时间必须适宜，否则枝易折断，树势也会弯弱甚至枯死。

大多数落叶树种是在秋末到初春，秋季落叶后至新芽尚未绽开之前进行。枫、榆等需要剪叶的树种，最佳蟠扎时期是剪叶之后，这段时期枝条清楚，操作便利。蜡梅、蔷薇科植物（垂丝海棠、梅花、郁李、榆叶梅、樱花、刺梨等），适宜在初夏小满前，因为它们进入冬季后枝条脆易折断。梅花冬季开花也不宜蟠扎，至初夏小满前已开始萌发，枝条变软易造型。松柏类针叶树种蟠扎的最佳时期亦为晚秋至早春萌芽前，因为松在生长季蟠扎易造成松脂大量流失。常绿阔叶树一年四季均可蟠扎，在初夏至中秋效果最好。

（2）蟠扎顺序

按照"先树干、次主枝、后侧枝"，"从下而上，逐枝蟠扎"的顺序进行蟠扎，切忌先枝后干的蟠扎顺序，否则干形一旦发生变化，枝形也会随之变化。

（3）蟠扎技巧

①主干蟠扎。a.根据树干粗细选用型号适合的金属丝（铁丝一般 8—12 号）：金属丝粗度为树干或枝条直径的 1/6~1/3，长度为需蟠扎部分树干高度或树枝长度的 1.5~2 倍。金属丝太粗，操作费力且易伤树皮，太细机械力达不到造型要求。b.缠麻皮或尼龙捆带：在蟠扎前先用麻皮或尼龙捆带缠于树干上，可防止金属丝勒伤树皮。c.金属丝固定：把截好的金属丝一端插入靠近主干（观赏面背面）的土壤根团里，一直插到盆底；也可将金属丝一端缠在根颈与粗根的交叉处。d.缠绕方向、角度与松紧度：如要使树干向右扭旋作弯，金属丝则顺时针方向缠绕；反之则逆时针方向缠绕。金属丝缠绕与树干成 45°，角度太小时，缠绕的圈太稀疏，力度不够达不到造型要求；角度太大时，线圈太密则树干成了"铁树"。缠绕时金属丝要贴紧树皮，由下而上、由粗而细徐徐缠绕，一直到干顶，线圈间隔一致，松紧合宜。不能缠绕过紧伤了树皮，也不缠绕过松导致主干不能保持弯度。e.练干与拿弯：缠好金属丝后应先练干再拿弯。"练干"指用双手拇指、食指和中指配合，慢慢扭动树干，重复多次，使其韧皮部、木质部都得到一定程度的松动，达到转骨的作用。"拿弯"指用力扭曲树干到一定弯曲程度，如不提前练干，此时容易折断。拿弯要比所要求的弯度稍大，这样缓一段时间后干的弯度正好。有时一次达不到理想弯，可渐次拿弯，先把树干弯到理想弯度的 1/3~1/2，经过 2~3 个月后，再弯曲一次，如此这般，直到变成所希望的形状为止。拿弯过程中如不慎使树干折残裂，可用绳捆绑补救。如干较粗而金属丝较细时，可采用双股缠绕，以增加强度，但双股的缠绕角度需相同，用力一致，不能交叉缠绕成 X 形。

②主枝蟠扎。首先应注意金属丝的着力点。在枝条中段随意搭头，就无弹力，也不应为了加固着力点而反复缠绕。一条金属丝缠绕两根枝条最好，即金属丝做肩跨式，中段分别缠绕在邻近的两个小枝上，既省料又便于固定（图 4-21）。

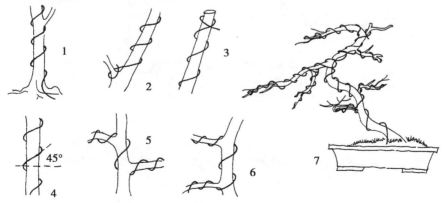

图 4-21　金属丝缠绕示意

1,2—固定始端；3—终端结扎；4—铅丝缠绕斜度；5,6—一根铅丝绕二枝；7—全株扎成后

（4）蟠扎后的管理

蟠扎后的 2~4 天要浇足水分，避免阳光直射，叶面每天要喷水，伤口 2 周内不吹风，以利愈合。蟠扎后，粗干 4~5 年才能定型，小枝定型也需 2~3 年。定型期间应视枝干的生长情况及时松绑（拆除原有金属丝，视实际情况决定是否重新蟠扎），否则金属丝嵌入皮层甚至木质部，造

成枯枝或枯死,且枝干留有较深的绑痕也不雅观。一般老桩1~2年松绑,落叶树的小枝扎线时间为3~6个月,常绿树的小枝扎线时间为6~12个月。解除金属丝时,应按"自上而下,自外而里"的顺序进行,与缠绕时的方向相反,小心操作,勿伤枝叶。如金属丝已嵌入枝皮,可用老虎钳将线圈一段段剪断,分段取下,不可鲁莽。

2)棕丝蟠扎

棕丝蟠扎指用棕丝捻成不同粗细的棕绳将枝条扎成各种弯曲形状。搓棕,即在棕树上取棕皮,用水泡软后抽棕丝。要选粗细上下均匀一致的棕丝,在前面用手打结,分两股缠绕为粗细不同的棕绳(细者仍称棕丝)。缠绕时不需过紧,关键是要均匀。传统川派、苏派、扬派、徽派、通派的规则型桩景全以棕丝蟠扎而成,加工难度大,现代各派规则型桩景的造型均是金属丝与棕丝并用。

(1)蟠扎顺序

就树桩整体而言,蟠扎顺序是先扎主干,后扎主枝、侧枝,先扎顶部后扎下部;就每一枝片而言,是先扎大枝后扎小枝,先扎基部后扎端部。棕丝蟠扎的关键在于掌握好着力点,根据造型选择好下棕与打结的位置。

(2)蟠扎方法

棕丝蟠扎的技法称为棕法,常用棕法种类如图4-22所示。

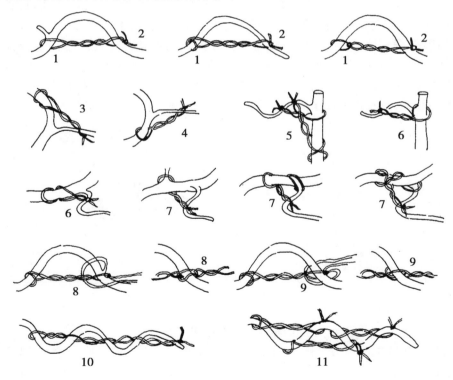

图4-22　常用棕法种类
1—起始棕;2—打结棕;3—上棕;4—下棕;5—十字棕;
6—平棕;7—撇棕;8—上翻棕;9—下翻棕;10—套棕;11—分棕

①起始棕。起始处棕丝的捆法,一般在树枝的地方,容易固定。

②打结综。结束的地方通过棕丝打结固定。

③上棕。将下垂的枝条向上拉平或上翘,向上出棕。

④下棕。与上棕相反,起始棕不能为上、下棕。

⑤十字棕。下棕与平棕的组合。将上翘的枝条拉平,再拉出弧形弯曲。根据枝条的粗度决定弧形的大小,生产上的做法是先拉平棕,再用下棕,以保证固定。

⑥平棕。将水平伸展的枝条拉出弧形弯曲。

⑦撇棕。将不同平面的枝条拉到同一个平面的做法,也称"挥棕"。

⑧上翻棕。做弯到枝条中部,遇到枝条下垂,将棕线从下面穿过从上面拉出。

⑨下翻棕。做弯到枝条中部,遇到枝条上翘,将棕线从上面穿过从下面拉出。

⑩套棕。连续的几个弯子由一个棕线扎成。

⑪分棕。连续的几个弯子分别由独立的棕线扎成。

（3）做弯的形式

规则型盆景中常见枝干做弯形式如图 4-23 所示。

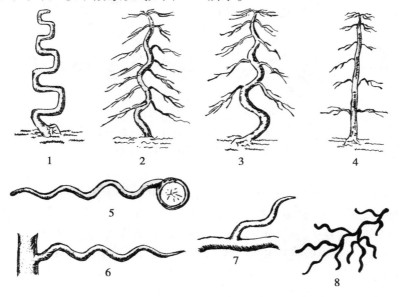

图 4-23　枝干做弯形式

1—方弯;2—螺旋弯;3—正身弯;4—侧身弯;

5—平弯;6—立弯;7—弓状弯;8—特小弯

①方弯。在成都地区又称"方拐"或"方汉文拐",意指汉文书法。

②螺旋弯。在杭州地区称"游龙弯",北京、黄冈一带称"叠弯",川西称"滚龙弯",川东称"活身弯"。

③正身弯。在主干正立面的 S 形弯曲,也称"对拐"或"正身拐"。

④侧身弯。也叫侧身拐,川派盆景中由正身弯和侧身弯组合成掉拐式造型。

⑤平弯。在枝片所形成的平面上的 S 形弯曲(不是水平面)。

⑥立弯。小枝在立面上的 S 形弯曲。

⑦弓状弯。小枝非平非立,呈斜向的弯曲,只需有弧形即可,不一定为 S 形,一些地方称"挂

弓弯"或"斜弯枝"。

⑧特小弯。小枝上细小的弯。杨派云片式造型中的弯特别细小,一寸三弯,称"云片弯";川派平枝式造型中的弯稍大,称"米拐"或"碎拐"。

(4)做弯的具体要求

规则型盆景做弯的具体要求表现在:a.弯的大小要适当,枝干粗则弯大,枝干细则弯小;b.弯的深度要适中,通常以半圆形为标准,弯需圆整不生硬;c.粗硬枝应分次蟠扎成型,不可操之过急;d.每个枝条的弯应尽量在一个平面上,不论正面、平面或斜面,一些特殊的造型除外(如川派的掉拐式造型);e.做弯之前应双手用大拇指揉动枝条,待枝条柔软后再做弯。图4-24 中列举了一些不正确做弯的例子,在实际操作中要尽量避免。

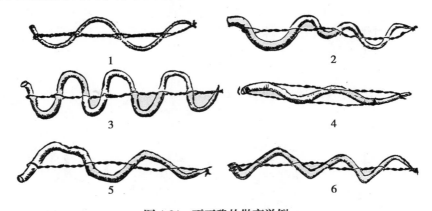

图4-24　不正确的做弯举例
1—枝细弯太大;2—弯大小不匀称;3—弯太深;
4—弯太浅;5—不圆整;6—成了死弯

(5)放丝

棕丝蟠扎成型后解除扎缚物的过程称"放丝"。成型快的树种,如垂丝海棠3~5个月可放丝;枝条硬的树种如贴梗海棠,枝条又硬又脆的树种,如金弹子、紫薇(分季节),等到1~2年放丝;枝干虽软,但损伤后恢复快(愈伤组织生长快)的树种,如银杏、榆树,1年后放丝;枝条柔软,愈伤组织恢复生长慢,枝条有弹性的树种,如罗汉松、六月雪,3年后才可放丝。棕丝时间过长会嵌入树干韧皮部,需多年定型方可放丝的树种,如果长期不放丝,会导致树型不圆整,需每年先放丝再换丝,且每次扎的部位应稍有变化。

3)其他辅助造型技法

除了上述可用于树桩全身的金属丝和棕丝蟠扎技法外,还有其他一些用在枝干局部的弯曲整形技法,常用于人工改变枝条生长方向或分布,即使枝干"变向"。

(1)绞丝法

不用金属丝缠绕枝干,而将金属丝紧贴树干,再用尼龙捆带将它们自下而上缠绕在一起,然后通过绞丝拿弯造型。优点是不伤树皮,易于拆除,主要针对较粗主干的造型(图4-25)。

(2)木棍扭曲法

此法是用木棍机械力扭曲树干以达到造型目的(图4-26)。

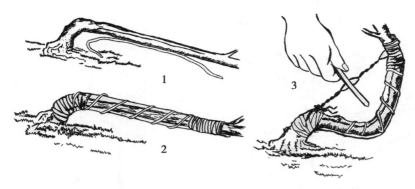

图4-25 绞丝法
1—刺干衬麻筋;2—缠扎;3—绞弯树干

图4-26 木棍扭曲法

（3）拉吊法和垂吊法

在主枝枝片方向,一般第一层下垂幅度最大,越向上越小,直到平展、斜伸。第一层枝片弯成下垂姿态时,如强度不够,可用绳子或细金属丝往下拉垂枝片(拉吊)或在枝片下方悬垂一重物(垂吊),通过长期的拉枝和吊枝处理改变枝片的方向(图4-27、图4-28)。拉吊法可将枝条向各个方向调整角度,通常采用弹性较强的弹簧,可通过不断收缩逐渐造型,但最初弹簧不能过紧,用力过大会损伤树皮。

（4）削压法和机压法

这两种方法均适用于粗壮主干的弯曲造型(图4-29、图4-30)。其中削压法削掉的部分要贴上铁皮,使弯曲时受力分散,不易折断。

图 4-27 拉吊法

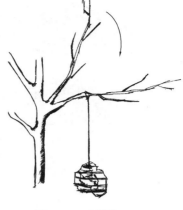

图 4-28 垂吊法

图 4-29 削压法

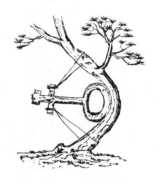

图 4-30 机压法

4.2.3 根的造型加工

1）奇根的培育

这里主要介绍具有"悬根露爪"古奇之美根系的培育方法。

（1）盘根

盘根是在幼树阶段将较长的根系缠住树兜后栽下，根系长大长粗后即可形成抱兜的效果（图 4-31）。

（2）扎根

扎根即将粗壮的主根如枝条一样进行蟠扎。不同的是根系的蟠扎不能太过均匀，不像枝干蟠扎那样以半圆形为美的标准。根系蟠扎大部分以立弯为主，宜有深有浅，自然而富有变化。

（3）附石

附石是将小树根系缠绕在石头上埋入土中，根生长后收缩，紧紧地缠住石头并向下扎在土中吸收营养，成型后将石头及其上缠绕的根露出即可。

图 4-31 盘根小树

（4）螺曲

螺曲即利用螺壳限制根的生长。

（5）泥型曲根

用黏土制成各种形状,将根系缠绕在不规则的黏土块上,用附石的方式造型,最后黏土因经常浇水会散掉,而根系则成泥型。

（6）气根培育

易生气生根的树种(如榕树),在其树干上常喷水就会生气生根,气生根向下生垂掉,插入土中可成独木成林之景。

2）露根的处理

露根即指根系裸露在盆中泥土之外,使桩景更显古奇。如欲对桩景进行露根处理,可采用冲水露根、掏土露根和砂筒露根等方法。冲水露根和掏土露根指在桩景培育过程中将之连盆埋于较深的土中,每隔一段时间通过冲水或掏挖的方法将根苑处的土去掉一些,使根系逐渐适应裸露的土表环境并显露出来(图 4-32)。砂筒露根指将树桩栽植在较深的砂筒中,由于容器的限制易于形成竖筒状的根系(图 4-33),尤其是生长快的树种适用此法。现代桩景创作并不提倡根部的过于裸露,因其违背了自然规律。

图 4-32　掏土露根

图 4-33　砂筒露根

4.2.4　根干的表面雕饰

1）雕刻法

对老桩树干进行雕刻,使其形成枯峰或舍利干,显得苍老奇特。用凿子或雕刀依造型要求将木质部雕成自然凹凸变化,是劈干式经常使用的方法。如条件允许,还可以引诱蚂蚁食木质部达到"雕刻"的目的:在蚂蚁活动期间(3—10 月),可在树干上用刀剥去韧皮部、木质部,再在木质部上钻一些洞眼,涂上怡糖,引诱蚂蚁群集蛀食,每周刮一次涂一次。蚂蚁蛀食木质部的速度很快,一定要防止蚂蚁在此做窝。

2）锤击法与撬皮法

为使枝干变得更苍老,可采用锤击树干或刀撬树皮的方法,通过损伤皮部,愈伤组织不断生长就会膨大,使树干隆起如疣(应在形成层活动旺盛的5—6月进行),增加桩景的老态或模仿自然野趣。

3）撕皮法与刮皮法

为了形成舍利干或枯梢式,可采用撕树皮、刮树皮的方法。

4）消毒与杀菌

可用1%的硫酸铜溶液或20%的石灰水对枝干部伤口进行消毒处理;土壤中可加入塞力散、福美锌混合拌匀,对土壤和根系进行消毒与杀菌。

4.3 几大流派的传统树桩盆景

在我国,树桩盆景作为盆景的一大类,其造型特色也与盆景的流派密切相关。八大流派中,苏派、扬派、川派、岭南派、海派桩景又被列为全国树桩盆景五大流派。

4.3.1 苏派

1）常用树种

常用树种可分为落叶树种和常绿树种两大类。落叶树种中观花、果的有迎春、海棠、石榴、梅花、紫藤等,观根、枝、叶的有榆、三角枫、红枫、雀梅、黄杨等;常绿树种中观花、果的有山茶、杜鹃、虎刺、栀子、南天竹、枸骨、桂花等,观根、枝、叶的有黑松、五针松、罗汉松、地柚、真柏、圆柏、竹类、米叶冬青等。

2）艺术风格与造型特点

苏州是我国盆景艺术的发祥地之一。苏州山水秀丽,风光宜人,在历史上早就有不少造园名手,把山林野趣摄于城市的园林艺术之中,因而"咫尺千里,缩龙成寸"的盆景艺术更有了借鉴的范本;加之苏州向来为文人荟萃之地,盆景艺术长期受其文化艺术的熏陶,逐步形成苏派树桩盆景特有的"古雅拙朴、清秀灵巧"的艺术风格。常见将几十年甚至几百年树龄的枯干老枝,缩龙成寸,移植在小盆之中,竟能高不盈尺,自然成态,或悬或垂,或俯或仰,配以古盆和苏式几架,则古趣盎然、古朴苍劲。

苏派树桩盆景造型兼有规则型与自然型两大类型，造型有一顶、六台、三托、劈干、顺风、垂枝等式，枝片的蟠扎以圆片为主。"六台三托一顶式"作为传统苏派盆景规则型的典型造型，10个枝片全用棕丝蟠扎成圆片状，有"十全十美"之寓意，过去很受达官显贵、富商豪绅乃至普通百姓的喜爱，做到了雅俗共赏；但因其造型耗工费时（需要十年以上的时间），且过分规整，有失自然，现已不多见了。

20世纪50年代末，苏派盆景代表人物周瘦鹃、朱子安、朱永源等盆景艺术大师主张盆景应以自然美为主，反对矫揉造作。他们在初春树木未萌动之前搜集老树桩栽入盆中，放置向阳背风处或温室内，保持一定湿度，待发芽成枝后，随剪随扎，入秋即成型，创造出"当年挖掘、当年栽培、当年剪扎成型、当年欣赏"的盆景快速培育法，制作的树桩盆景造型各异，更富自然美。同时，在技法上摆脱了传统形式的束缚，一改过去"以扎为主、以剪为辅"的办法，创造出更为先进的粗扎细剪法，深得全国行家的赞许。

"粗扎细剪"技法是"以剪为主，以扎为辅"。对于树桩枝干，用棕丝蟠扎成平整而略为倾斜的两弯半S形片，后用剪刀修成椭圆形，中间略为隆起，尽可能保持其自然形态，状若云朵；并按照树木的生长习性，为每根树桩结"顶"，使之从此不再向上，而是向侧枝伸展，更加丰满、美观。"顶"的位置因桩而异，因势而变，以期达到整个造型构图简洁、意境深远的艺术效果，这也成为当代苏派盆景艺术风格的主要特征。

苏派盆景大师朱子安创作的古柏盆景《秦汉遗韵》（图4-34），其树龄500余岁，被誉为江苏盆景之王，在1985年第一届全国盆景评比展览中获特等奖。此圆柏树桩苍老龟裂，老态龙钟，然而在紧贴枯干的地方却萌发新枝，这些新枝或伸展向上，或蟠曲婆娑。老桩浑身披绿挂翠，枝繁叶茂，生机勃勃，大有老当益壮之势。它的主干与枝叶对比强烈，犹如生与死的搏斗，颇有人生哲理，再现了大自然的壮观，大有秦松汉柏之古韵。苏派盆景的代表作品还有朱子安的《云蒸霞蔚》（图4-35）、《沐猴而冠》（图4-36）等，在全国盆坛艺苑也属传世珍品。

图4-34　朱子安《秦汉遗韵》

图4-35　朱子安《云蒸霞蔚》

图4-36　朱子安《沐猴而冠》

4.3.2 扬派

1) 常用树种

常用树种包括松、桧、榆、杨(黄杨)等易形成"云片"造型的特色树种,还包括六月雪、金雀梅、杜鹃、山茶、蜡梅、南天竹等。

2) 艺术风格与造型特点

由于受扬州经济文化和地理环境的影响,扬州盆景和扬州园林一样,既有北方雄健的特点,又有南方秀美之特征。这也是扬派树桩盆景艺术特点形成的原因。扬派盆景特别讲究"功力深厚和自幼培养",这就是"桩必古老,以久为贵;片必平整,以功为贵"。扬派盆景技艺精湛,尤以观叶类的松、柏、榆、杨别树一帜,具有"层次分明、严整平稳、富有工笔细描装饰美"的艺术风格,树桩造型"严整而富有变化,清秀而不失壮观",饮誉海内外。

扬派桩景层次分明、严整平稳的独特造型,关键在于其精巧的剪扎技艺,采用棕丝"精扎细剪"的造型技法,如同国画中的"工笔细描"。枝片造型以云片为主,强调"一寸三弯,枝无寸直",寸枝三弯的制作技艺可谓独步天下。

历史上扬派盆景的剪扎技艺是由泰州籍盆景艺术大师王寿山、万觐堂从祖传技艺传承至今。扬派盆景的代表作品有明崇祯年间的《郭子仪带子上朝》、清康熙年间的《龙马精神》等古代盆景作品;近代经典作品首推扬派盆景传人、中国盆景艺术大师万觐堂先生的遗作瓜子黄杨盆景《巧云》(图4-37)。《巧云》是一件典型的扬派"巧云式"佳作,根据中国画"枝无寸直"的画理,运用传统棕法技艺,将

图4-37 万觐堂《巧云》

枝叶精扎细剪成一层层极薄而平行的"云片",该作品1985年荣获第一届中国盆景评比展览一等奖。另有王寿山创作的《云中绘石》(图4-38)、《云恋奇峰》(图4-39)等均是佳品。

图4-38 王寿山《云中绘石》

图4-39 王寿山《云恋奇峰》

在市场经济蓬勃发展的今天，扬派桩景一些难以解决的问题越来越突出：一是创作周期太长，与当今快节奏的社会发展不相适应，难以组织商品化生产；二是剪扎技艺要求高，传承困难，后继乏人。如造型技法没有创新与突破，导致其发展受到影响。

4.3.3 川派

1）常用树种

传统川派盆景主要分布于四川、重庆两地，其中的树桩盆景则以成都为中心，包括温江、郫县（今郫都）、灌县（今都江堰）、崇庆、新都、什邡等地。成都平原自秦汉至今，一直是西南地区的政治文化中心，不少川西农户，都有种花植草、蟠扎盆景的习惯，其中以蟠扎桩头盆景为生的"盆景世家"众多。川派树桩盆景的代表树种有金弹子、六月雪、贴梗海棠、垂丝海棠、梅花、紫薇、罗汉松、银杏、偃柏等，其他还有虎刺、黄桷树、紫荆、山茶、杜鹃、桂花等，竹类品种繁多，有绵竹、邛竹、凤尾竹、观音竹、琴丝竹和佛肚竹等。

2）艺术风格与造型特点

川派树桩盆景的艺术风格以"古朴严谨，虬曲多姿"为特色，规则造型弯弯拐拐，自然造型强调悬根露爪和盘根错节。

川派盆景采用棕丝蟠扎，历年讲究"十种身法"和"三式""五型"：即对拐、方拐（图4-40）、三弯九倒拐、掉拐（图4-41）、接弯掉拐、滚龙抱柱、老妇梳妆、直身加冕、大弯垂枝、综合法，共10种规则式主干的表现形式；出枝形式主要分为平枝、滚枝、半平半滚3种类型，即为"三式"；自然式树桩盆景，取法自然，造型形式自由，不拘格律，讲究自然美与艺术美的统一，有直立式、斜立式、平卧式、悬崖式和"其他式"，即为"五型"。

图4-40 《方圆随和》（方拐式）

图4-41 陈凡《不舍乡情》（掉拐式）

川派盆景艺术大师陈思甫在他的专著《盆景桩头蟠扎技艺》一书中写道:"若以规律类平枝式桩头论,成都和川西地区的主干弯曲、枝桠下倾的造型,乃是仿照岷山高寒之地长期被积雪压抑的松柏的低矮老态。雪融化后,树梢直立,枝桠由垂转平或略带倾斜状。故而平枝式规格型桩头,枝盘渐至盘端往下斜而平整,或枝盘基部下倾、盘略下斜而平整。"说明川派桩景之规则式造型是对大自然的艺术概括与艺术加工,并且进而如古典诗歌的"格律化"一般,使之集中展示传统美学中的基本原则——对称美、平衡美、韵律美,统一中求变化,变化中有统一,活泼而有序,庄重而灵动。正因为川派桩景的规则式造型具有很高的审美价值,所以自然式造型曾一度有淡化的趋势,直至20世纪40年代,自然型桩景重新得到发展。陈思甫的父亲陈玉山常用一些枝条残缺、不适合制作规则型盆景的树坯,顺势加工为自然型桩景,其后李忠玉、冯灌父及邱开春、王明文等发展了自然型桩景,逐渐成为今天川派桩景规则型与自然型并重的现状。

图4-42的罗汉松桩景采用川派掉拐式造型而成,前后左右均有出枝,稳重而不失飘逸。倾斜的主干削弱了盆景下坠之势,风吹式枝法形成动势。顶片的平、稳与弯拐的造型及倾斜的布势充分体现了川派桩景的特点。图4-43选用四川乡土树种崖豆藤,从旷野中攫取树干蟠曲纠结的植株,充分利用植株的根部形态,采用盘根和露爪的手法,宛如二童戏斗,神似更胜形似,体现了川派盆景在朴实稳重中蕴涵清秀高雅的传统艺术风格。

图4-42　川派罗汉松桩景

图4-43　《二童戏斗》

4.3.4　岭南派

1) 常用树种

岭南树桩盆景产生于明清,而形成独特风格则是中华人民共和国成立后,广州桩景是岭南桩景的重要组成部分。其多采用榕树、福建茶、榔榆、雀梅、九里香、水松、三角梅、罗汉松、竹类等亚热带和热带生命力强、易于修剪的常绿树种,常见种类多达30余种。

2）艺术风格与造型特点

广州盆景界把孔泰初、素仁和尚、莫珉府称为"盆景三杰"。孔泰初首创"蓄枝截干"造型技艺，创作出雄伟苍劲的"大树型"盆景，树干嶙峋苍劲，树冠丰满，枝条疏密有致，呈现出旷野风姿（图4-44）。素仁和尚创作的盆景多仿前人倪云林和八大山人画意，因树取势，不求枝茂，形成扶疏挺拔的"高耸型"盆景。莫珉府是自然型盆景的创建者，他善于借鉴国画构图创作盆景，构图活泼多样，野趣盎然，虚虚实实，对比鲜明。如果把盆景比作绘画，则孔泰初的盆景就是工笔画，素仁和莫珉府的盆景就是写意画。岭南树桩盆景的创作思想是崇尚自然，因此总体上形成了"苍劲自然、飘逸豪放"的艺术风格。岭南桩景的造型形式主要为单干大树型（包括高耸型和大飘枝），另有悬崖型、水影型、木棉型、古榕树型、双干型、三干型、多干林型、连干林型、斜干型、附石型、卧盆型、风吹树型等多种造型。

图4-44 孔泰初《斜月疏枝》

岭南树桩盆景的创作以剪为主，很少蟠扎。一般认为，岭南桩景是纯粹用刀剪剪裁而成的，通过修枝剪叶让植物按照创作者的意志生长发育。随着时间的流逝，人工剪裁痕迹逐渐消失，各种造型一如天成。岭南桩景强调枝法，将枝的类型分为鹿角枝、鸡爪枝、回旋枝、自然枝；优良枝形态有飘枝、平行枝（平展枝）、跌枝、垂枝、对门枝、风车枝、风吹枝、回头枝、后托一射枝、顶心枝、点、补枝；不良枝形态有死曲线、脊枝（背上徒长枝）、腋枝、贴身枝和大肚枝。

"截干蓄枝"是岭南派桩景造型的独特技法。"截干"即对干回缩，把不符合造型要求的主干和长短不合比例要求的枝条截短或疏掉，让树桩再度萌发，重新长出侧枝来，等到新枝长大到符合比例后，以这一新长出的侧枝为主干，称为"以侧代干"，用此法反复放行，使重新长出来的树干达到作品的要求。"蓄枝"指对新萌动出来的枝条进行蓄养，无论是树干还是枝条，当它长到符合大小要求时，按长度要求进行剪裁，再让其萌发新枝，进行反复造型。"截干"与"蓄枝"两个过程是相辅相成，同时进行的。用如此精育细剪的方法创作出来的作品，从树干到枝条，都

图4-45 赵士湛《追月》

一节一节地按比例缩小，弯曲角度随由人意，自然流畅，形成苍劲老辣或飘逸潇洒的各种形态。采用此法必须要有天然的优生优长气候，植物才能速生快长，同时还需采用萌芽力强的树种。

岭南桩景因材造型，法一型万，以剪为主去改造天然的树桩形态，使作品有灵动的枝条和丰富的艺术性及形神兼备的效果。图4-45是赵士湛创作的三角梅盆景《追月》：原桩材干身过直，缺乏粗细变化，唯一可取的是横飘

后上昂的顶部和右展的托基有少许曲意美。作者分析桩材的优劣，发现树桩干身可横卧飘离盆外、顶枝上昂、探枝高位右展，集体形成一种右向升腾的动感，因此"追"就自然地成为创作的主题，"追月"就成了要表现的最高境界。随后的造型利用树桩根部原有的托基新培育一副干追随主干，软弧与直线相结合，刚中带柔，走向与主干相同，化解主干硬直的矛盾；原有右展托继续右展，加强右追动感，其间枝线长、短跨度相结合，软角、硬角互换，成为造型的重点要枝；顶枝上昂，螺旋升腾，得中正之势；干身中部培育一后枝，动势右展。繁密的幼枝，简约的枝线，夸张的态势，高深的意境，这就是作品最为成功的地方。满树盛花之际，云蒸霞蔚，将极尽彩云追月之趣。

4.3.5　海派

1）常用树种

海派桩景所用树种非常丰富，落叶、常绿、花果各类应有尽有，现已达140余种，其中以常绿的松、柏和色姿并丽的花果类为主。松类有黑松、马尾松、锦松、五针松等；柏类有圆柏、真柏等；阔叶树有榔榆、雀梅、金雀松、三角枫、六月雪、胡颓子、枸杞、黄杨、龟甲冬青等。

2）艺术风格与造型特点

在勇于革新创造、善于吸收新鲜事物的海派文化的熏陶下，海派桩景广泛吸取了国内各主要流派的优点，同时还借鉴了日本及海外盆景的造型技法，形成了自然入画，精巧雄健，明快流畅的艺术风格。

海派桩景的造型特点是形式自由，不拘格律，不受任何程式限制，但是在布局上非常强调主题性、层次性和多变性，在制作过程中力求体现山林野趣，重视自然界古树的形态和树种的个性，随类赋彩，按照国画理论要求，努力使桩景神形兼备。树桩造型有直干、斜干、曲干、临水、悬崖、枯干、连根、附石等多种形式，还有多干、双干、合栽、丛林等式的变化。此外还有一种点石式盆景，在树木盆景内结合树干的蟠曲，根系裸露配以山石，以增加山野情趣。海派桩景也讲究枝片造型，枝片有自然式与圆片式，与苏派、扬派枝片的云片、剪片式做法有明显的不同，主要表现在枝片形状多种多样、大小不一、数量较多等方面，且分布自然、聚散有疏密，追求欣欣向荣感。海派桩景在造型过程中"因树制宜"，根据各种树木的特征、神态、树坯的形状因势利导，"自成天然之趣，不烦人事之工"，尽力避免矫揉造作、呆板失真之弊。汤济飞创作的黑松盆景《玉树临风》（图4-46），树形精巧，枝间似有微风拂拂之声，瑟瑟盈耳可听之态势极为传神。近年来发展起来的微型盆景是海派桩景

图4-46　汤济飞《玉树临风》

的又一特色,其形简意赅,玲珑精巧,生机勃勃。这也是适应上海高楼建筑中栽培桩景场地有限的结果。

海派桩景是我国首先使用金属丝加工盆景的流派之一。造型扎剪并重,通过金属丝蟠扎基本完成后,对其发生的各级小枝逐年进行细修细剪,以保持优美形态。这种"粗扎细剪、剪扎并施"的技法,简便自由、成型容易,枝干屈伸自如,枝条直曲变化多端、刚柔相济,线条流畅,效果自然。

4.3.6 浙派

1)常用树种

在树种的选择上,以松、柏为主(尤其是五针松),辅以观花、观果、观叶的杂木类。

2)艺术风格与造型特点

唐朝时,浙江就有石与天目松组合成景的盆景出现。明朝屠隆的《考馨余事》中认为盆景自古以天目松为最古雅,并提出以当时画松四名家的表现手法作为松树盆景造型的典范。因此浙派桩景"刚劲自然"的艺术风格,有其深厚的传统基础。

浙派桩景后又继承宋、明以来"高干、合栽"为造型基调的写意传统,常以直干或三五株栽于一盆,以表现莽莽丛林的特殊艺术效果。对柏类的主干作适度的扭曲,剥去树皮,以表现苍古意趣,并且善用枯干、枯枝与茂密的枝叶相映生辉。造型技法采用棕丝和金属丝蟠扎与细修精剪相结合,薄片结扎,层次分明,逐步形成有别于江南其他各派的艺术风格。松柏类以绑扎为主,辅以修剪;其他杂木类以修剪为主辅以绑扎、摘心。

《刘松年笔意》(图4-47)为浙派代表人物潘仲连大师的代表作,在1985年全国盆景评比展览会被评为一等奖。其素材五针松做高干型合栽式配植,貌似三干,实为两株,其主干、副干、衬干在组合上,高低、粗细、疏密关系十分和谐。全景共分11片,而占统率地位的主片仅有2片,一作结顶,一作背基(也即后遮枝),加强了前后的层次感。其间特别注意动势的节奏,枝干线条处理上直线与曲线并用,顺势与逆势并用,长跨度与短跨度并用,硬角度与软弧线并用,从而使整体形象雄伟、流畅、潇洒、奔放,极富力感和刚性美,堪称浙派桩景之杰作。

图4-47 潘仲连《刘松年笔意》

4.3.7 徽派

1）常用树种

徽派盆景植物种类较多，以徽梅、徽柏、黄山松、罗汉松为主，其他如翠柏、紫薇、南天竹、榔榆、黄杨、石楠等也比较常见。其中尤以梅花桩景最为著名，它以古傲苍劲、奇峭多姿为特色，也被称为"徽梅"，品种有红梅、二红、骨里红、绿萼、玉蝶、素白、台阁（又分为银红台阁与香花台阁）等。

2）艺术风格与造型特点

徽派树桩盆景以"奇特古朴、雄伟浑厚"为特色，开创了独特的艺术风格。传统造型上以规则式为主，有"游龙式""三台式""疙瘩式""扭旋式""屏风式"，其中以"游龙式"梅花盆景最为有名。其树干左右弯曲，冉冉而上，犹如龙游云海，造型高大、端庄、雄伟，于素雅中见秀逸，于奇古中观苍劲。游龙梅桩从而成为传统徽派盆景的主要形式。

徽派自然型桩景则师法自然造化，表现画意，不拘格律。一般将主干作一些不规则的弯曲后，对其余枝条均采取修剪加工，其效果苍劲、自然，常见"劈干式"。现代的徽派桩景，造型更是以自然界百态之树木为摹本，根据树坯的外形，因势施艺，尤以梅桩盆景在造型上更趋自然（图4-48）。春姿时其造型端庄、雄健，冬季裸姿时可见枝条走向曲折变化，苍劲奇特。

图4-48 《游龙盘曲》

其造型技法受扬、苏、沪诸派影响，取众家之长，融会贯通，形成了采用棕皮、树筋等材料"粗扎粗剪、剪扎结合"的独特方法。具体做法为对幼小的梅条用棕榈叶片进行定坯造型，每两年重新调整一次，较大的枝干改用棕绳蟠扎；待主干大致定型后再加工侧枝，对小枝则只作修剪不作蟠扎。徽派盆景多地栽造型，成型后再选盆配座，繁殖上采用压条与养桩并举的方法，在国内也极为少见。

4.3.8 通派

1）常用树种

通派桩景以小叶罗汉松为代表树种，其他树种有白皮黄杨、六月雪、圆柏、迎春、紫杉、璎珞柏、五针松、榔榆、杜鹃、金雀、石榴等。

2）艺术风格与造型特点

"端庄雄伟"是通派桩景的主要艺术风格,具体表现一是丰满:成型后的树木盆景上下枝叶丰满,郁郁葱葱,层次分明,树顶呈"馒头顶",片干(枝片)呈"鲫鱼背",尤其是"两弯半"式盆景枝片更丰;二是清幽古朴:造型上秀丽幽雅、苍老庄重、朴实无华。

通派桩景的造型形式以规则式的"两弯半"为主。精选尖短小叶罗汉松(俗称雀舌罗汉松)为材料,将主干蟠成二弯半,每个弯上有三个主枝,每枝又扎成扁平如云的枝片,如神态威武的坐狮,端庄稳重,如图4-49所示为通派盆景艺术大师朱宝祥所创作的雀舌罗汉松盆景《巍然屹立》。盆的选用也需与"两弯半"造型相配合,通常用颜色较深的江苏宜兴紫砂盆,形状有圆形、六角形、八角形、正方形等。

图 4-49　朱宝祥《巍然屹立》

通派桩景另一特色是讲究对称造型,常见二盆一对陈设在门厅左右。也有三盆、五盆、七盆一堂(或称一组),一盆陈设在中间,三盆者在其左右各设一盆,五盆者在左右各设二盆,七盆者在其左右各设三盆。中间的一盆主木称"文树",株形高大,在其左右两侧各对树木称为"武树"。整体造型左右对称,中间的高大,向两侧顺次渐小。文树为主体,武树用来烘托文树。此种陈设形式能增加环境的庄重、威严之气氛。现代盆景艺人在规则式的基础上,进行了创新,创作出一批自然型的盆景作品,如站飘式、悬崖式、直林式、斜干式等。

通派桩景造型技法以"棕丝蟠扎法"为主,强调棕法,有头棕、躺棕、抱棕、怀棕、回棕、飘棕、竖棕、拢棕、悬棕、套棕、平棕、侧棕、带棕、扣棕、勾棕等。

4.3.9　树桩盆景流派的成因及其发展趋势

1）地域资源的影响

中国幅员辽阔,不同地区都有适合本地区气候的盆景树种。如岭南派的主要树种有九里香、福建茶,川派的主要树种有金弹子、贴梗海棠,苏、扬派的主要树种有雀梅、黄杨、柏等。不同的盆景树种能表达不同的艺术效果,如用枝干较硬且落叶的贴梗海棠来制作"一寸三弯"的扬派盆景是不行的。因此,各地的盆景树种对桩景艺术流派的形成也起着一定的作用。

2）地域文化的影响

盆景被称为"无声的诗,立体的画",绘画艺术对盆景艺术的影响最深。古代一些盆景艺人仿照画中景色来制作盆景蔚然成风。川派桩景受新安画派的影响,形成了"以曲为美,直则无

姿"的"滚龙抱柱""三弯九倒拐"等代表作;受吴门画派影响的扬派桩景"云片式"枝无寸直;而受岭南画派"起伏收尾""一波三折"的影响形成了"截干蓄枝"的桩景创作技法。

3)盆景艺术大师的影响

盆景流派的形成又受到封闭的师徒相传、父子相承的影响。法规之见、门户之见使一个地域的盆景艺术只能在本地区内探索、沿袭。如苏派桩景代表作"六台三托一顶",从制作到完成要经历十几年、甚至几十年的时间,许多作品跨越两代人才能完成,后辈只能在上辈的基础上发展,助长了不同风格的桩景流派的形成。

4)生产力水平的影响

川派、苏派、扬派在古代已经形成,传承历史悠久。由于古代生产力水平较低,人们更希望能征服自然,以"巧夺天工"的规则式造型技术显示人的力量,因此出现了如川派"方拐"、扬派"一寸三弯"那般炫耀人力、矫揉造作的造型方式。随着现代生产力水平的提高,海派盆景悄悄崛起,以"源于自然,高于自然"为宗旨,取百家之长,形成了自然蟠曲式盆景。它对我国树桩盆景快速成型,作为商品推向市场、走向世界起了重要作用。

5)发展趋势

随着科学技术和经济建设的飞速发展,以及国内各地乃至国内外文化交流的日益频繁,中国盆景艺术得到了前所未有的发展。同时,在商品经济大潮的冲击下,中国传统树桩盆景的传承与发展亦受到严峻的挑战,一些传统技法面临后继无人的尴尬局面。在这种形势下,如何看树桩盆景的流派划分? 首先,我们应该承认桩景流派的形成有其区域、文化和历史的原因,由于流派艺术风格的异彩纷呈,使我国树桩盆景艺术争奇斗艳,百花竞开,多姿多彩,在创作艺术上也为后人提供了学习的典范。中国盆景的发展离不开传统,传统的精华要传承发展,要发扬光大。我们不但要多学习树桩造型的传统技法精华,还要向优秀的盆景大师们学习,学习他们的艺德,研究他们的作品,领略其中的艺术文化品位,为自己的创作之路找突破口。其次,树桩盆景应在"古为今用""洋为中用""融会贯通"思想的指导下发展。现代树桩盆景的创作需要吸收古法为今所用,但在吸收的同时需要有新的符合时代要求的思维方法和表现形式,将"古"和"新"自然、有机地结合在一起,将精湛扎实的盆景传统技法加上新的思维构想去反映时代的需要,这才是发展的需要。从最近的全国盆景展览上不难发现,由于地域形成的树桩盆景流派特点正在逐渐地减弱,取而代之的是造型构成更加多样、艺术形式更加丰富、艺术趣味更加自然、思想内容更加深刻的作品。

4.4 树桩盆景的创作

4.4.1 桩景设计

1)设计过程

桩景设计是在具体创作树桩盆景之前的艺术构思或"打腹稿"的过程。它是一个思考过程,包括观察—构思—产生灵感—绘图4个阶段。

（1）观察

观察是对树桩材料的感性认识阶段。有经验的盆景技师在对树桩进行艺术加工之前,总是会面对拟用的树桩材料反复仔细地观察,其目的就是要了解树桩的总体形状、体量大小、树干趋向、枝条分布等,以获得对这株树的全面印象。

（2）构思

构思是对树桩造型的形象思维过程。随着观察的不断深入,创作者心里就开始根据自己的审美倾向想象树桩将来可能出现的造型形式:规则式还是自然式? 直干式还是曲干式? 云片式还是剪片式? 表现什么样的主题与意境? 如何来表现? 干如何来弯曲造型? 侧枝如何取舍? 枝片如何布局? 配什么样的盆? 配什么形式的几架? 如此这般,其中包括了许多肯定与否定的过程。

（3）产生灵感

产生灵感的过程也是思维的突变过程。在经过反复观察、构思的基础上,终于在创作者脑海中浮现出了树桩理想的造型样式——艺术形象,这就是所谓灵感的出现。于是创作者的腹稿完成,胸有成竹,随后则是将这个脑海中的艺术形象通过加工技法以实物的形式传达出来的过程。

（4）绘图

为了使脑海中的艺术形象更为清晰可辨,有绘图能力的盆景技师通常把腹稿绘在纸面上,以便照图施艺。

2)两种设计途径

针对不同的桩景植物材料,即用作桩景的苗木（或桩头）,存在不同的设计途径。

（1）以形赋意

山野老桩,枝干布局天成地就,大局已定,只能在原形的基础上赋以意境,谓之因材设计,略加改造。川派盆景的"老妇梳妆"造型,就是在老桩的基础上装饰、美化而成。由于野桩越来越少,山采（野桩挖取）目前已为盆景界所抵制,转而推崇以人工培育的苗木进行桩景创作。

（2）意在笔先

人工培育的苗木,主干细软,枝条细密丰满,通常宜于进行各种姿态的整形加工,就如白纸一般,可随意勾画。其中观叶树种侧重造型;观花、观果树种除造型外,还需体现花鲜果艳的特色。

4.4.2 树桩的平面布局

树桩盆景因植株的多少不同,平面布局形式有单株、二株、三株、四株、五株、多株等配置形式。

1)单株配植

(1)自然型桩景配植

从平面种植位置来看,一般禁忌居中,应居中稍靠左后或右后(由造型样式决定的姿势而定)。如图4-50中树木的栽植位置均在盆中偏右,图4-50(a)树枝造型为俯枝式,图4-50(b)树干造型为斜干式,重心亦偏右,使整体平面布局均有失均衡,如将树木栽植位置调整为盆中偏左1/3的范围内则可使平面配置与树形树势取得均衡。

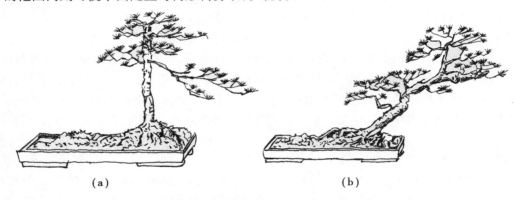

(a)   (b)

图4-50 单株树桩平面布局与树形偏斜的均衡关系

(2)规则型桩景配植

平面种植位置通常居中稍靠后,栽植姿势都作立栽而不斜栽和倒栽。规则型树桩盆景不能配植在山水盆景中,一般也不在树下点缀附属的山石。

2)两株配植

树桩盆景两株配植时,两树间的距离不能大于主树树冠半径,否则呈分离状态[图4-51(a)];两树应有主次之分,需一树为主树,一树为客树,一大一小,一高一矮,主次分明[图4-51(c)];两树在态势上应相互补充,互有顾盼,相互依存[图4-51(b)、(d)]。

3)多株配植

多株配置属丛林式盆景。若为3株配植,则3株不宜同线,应呈不等三角形,3株大小不等[图4-52(a)];若为4株配植,平面可布局为不等边三角形或四边形,独立株不为最大或最小[图4-52(b)、(c)];若为5株配植,平面可按3∶2或4∶1的方式组合,形成四边形,任何三株不同

线,2组应有主次之分[图 4-52(d)];6 株以上的配植均可分解为上述 2、3、4 株的配植的组合[图 4-52(e)]。

图 4-51　两株树桩平面布局与树形树势的均衡关系

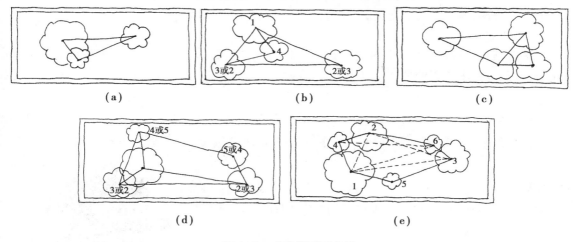

图 4-52　多株的平面布局

4.4.3　树桩的立体造型

1) 树干造型

　　树干是树桩的骨骼,是树桩盆景分类的依据,因此桩景的主体造型主要取决于树干的造型。归纳树干造型样式不外乎 5 种,即直、斜、卧、曲、悬。直线给人以阳刚之美,曲线给人以阴柔之美。除直干为典型直线,曲干为曲型曲线外,斜、卧、悬干兼有直、曲线型的变化。可以根据苗木本身的形态和创作意境两个决定因素来设计树体的整体造型。

2) 枝片处理

　　通过树桩枝片层次分布的艺术构图,能使整个树形丰富起来,进而体现桩景内涵的意境深信度与风韵神采。枝片处理主要从 5 个方面进行设计。

（1）枝片数量

片繁显示闹意，片简显示简洁。一般数量少时多为奇数，多时则不论奇偶。

（2）枝片间的距离、比重及倾斜度

枝片布局一般规律是下疏上密、下宽上窄、左右互生，如"太极推手"，彼来此去。

枝片方向有斜、平、垂之分，可按所需表达的意境而定。斜者富于动势，平者沉静温和，垂者潇洒流畅。

（3）第一枝片的位置

①高耸型桩景。选留每一分枝宜高（树高 1/3 以上），高枝下垂，如翁欲仙，干貌清远，风范高逸。

②匍地型桩景。冠部压低，层层横出，气势溢出盆外。

③宝塔型桩景。分枝点宜选在干高 1/3 以下，绝无头重脚轻之弊。

（4）片层的平面和空间布势

片层的平面和空间形态或自然、或刚或柔，枝条跨度或长或短、或顺势或逆势，都应与树干的造型统一协调，同时又富于变化。

（5）局部造型

局部造型强调枝片内部或枝片之间局部的疏密、虚实、藏露、照应关系，需把握住桩景的势态重心，随意境要求进行处理。

3）结顶形式

结顶不外乎平、圆、斜、枯 4 种形式。平者端庄，圆者自然茂盛，斜者飞动，枯者清峻。

4）露根形式

露根形如虎掌、鹰爪富于强力感；其盘根错节的特点增强了桩景的老态感。

图 4-53 为潘仲连创作的五针松盆景。作品干基近根部原有的"枯味"，经雕饰后形成狭长枯片；各分枝原本成向上 45°，删剪后将保留枝强力扭扎，改成向下 45°斜披枝，与昂扬主干彼此牵拉，激荡成势；顶部树冠圆片结顶，繁枝密叶中留有"活眼"，灵透而不闭塞臃肿；根爪如虎滨踞岩，不可摇撼。整体形象苍劲粗犷，不修边幅，宛如老兵沙场归来，饱经风霜，尤不服老。

图 4-53　潘仲连五针松盆景

4.4.4　景、盆、架配置

1）配盆

配盆应从大小深浅、盆形盆色两个方面进行考虑，做到桩景与配盆在形、色、质、韵等方面相

协调。一般而言,景大景多盆宜大,景小景少盆宜小,景重景悬盆应深,景轻景稳盆可浅。盆形盆色方面,常见圆形盆和方形盆居多。树干苍老、树皮斑剥的规则型树桩用深沉而古朴的盆色,但枝叶浅、姿态纤柔的则选淡素的盆色。规则型树桩常见采用圆形盆,自然型树桩多用方盆。

2）盆面装饰

盆面或以配石、配件点缀,或铺以青苔,既可突出主题意境,又可显盆景之自然古雅之态。图 4-54 为伍宜孙创作的福建茶盆景,树势沉稳端庄、温和静谧,树下配以老叟卧憩之景,更显林中安静空旷之意。

图 4-54　伍宜孙福建茶盆景

4.5　树桩盆景的养护管理

树桩盆景是有生命的雕塑艺术品,只有精心的养护管理才能使之保持叶色浓绿、花果满枝、姿优韵美、生机盎然。盆景创作还具有时间上的连续性,只有通过连年持续的养护管理才能保持它们理想的观赏效果,其间还会不断进行造型的发展与完善。因此,树桩盆景的养护管理对盆景工作者而言是一项长期繁杂又十分重要的工作。

4.5.1　新栽树桩的养护管理

盆土是桩景植物生长的物质基础,树桩盆景一般要求排水良好、透气性好、营养丰富、富含腐殖质的土壤。栽植新桩及成型盆景均可自己配制土壤,下面列举南北方代表性的盆土配方以供参考。

1）盆土的配制

（1）岭南盆土

岭南常用盆土有塘土、山土、腐叶土、红泥、沙、培养土、黏土。

①塘土。从种过西洋菜、蕹菜或养过鱼而排干水的塘中挖出,铺平晒干,做成 15 cm×20 cm 的泥坯,干透后敲碎使用。塘土比较肥沃,适合绝大多数盆树使用,"泥坯"在花木店有售。

②山土。山林地带的天然腐殖土,呈黑褐色,颗粒细而疏松,富含有机质,透气性良好,适于培养松柏类树种。

③腐叶土。以树叶、草类埋置土中,腐烂后即成为腐叶土。

④自制培养土。旧盆土与鸡粪、碎骨头、植物性垃圾、煤渣混合,再加入人粪尿,反复翻抖,沤烂晒干,装入缸或箱里贮存备用。这种培养土疏松透气、排水性好、肥效高。

（2）江浙盆土

以杭州为例,常用盆土有山黄泥、腐殖土、河泥、焦泥灰、粗沙等。

①山黄泥。呈酸性,团粒结构较好,土壤空隙即具有一定的贮肥和保水能力,也有较好的透气性。

②腐殖土。呈酸性,土质较细,虽透气性不及山黄泥,但富含有机质。

③河泥。土质细腻疏松,富含养分。

④焦泥灰。富含钾肥,有利于植物根系的生长。

⑤粗沙。大如麦粒的沙粒,用作底层盆土,能保证盆底排水良好。

⑥盆土配方。山黄泥(30%)(观花类可用河泥代替)+腐殖土(20%)+焦泥灰(20%)+粗沙(30%)。松树类的盆土可以土沙各半,或土沙比为4:6。

(3)四川盆土

以成都盆土的制作为例,将落叶倒入土坑,加入人粪尿等沤制而成。每50 kg树叶加石灰1~1.5 kg、畜粪300 kg、人粪尿100 kg。盆土堆制时,枯叶、人畜粪尿要分层堆积,分层泼洒,然后用稀泥加封。其间翻堆两次,第一次在高温期后10~15天,上下内外翻匀后再加封水泥。翻堆一周后又有一次高温期,待第二次高温期后10~15天,进行第二次翻堆,1个月左右即可腐熟。腐熟后的腐叶土,经筛子筛过,再加入骨粉、菜饼、草木灰,拌匀堆沤后即可使用。

(4)北方盆土

北方盆土常以沙、园土、泥炭土、腐叶土、草木灰配制而成。

①松柏类盆土配方:沙(10%)+泥炭(40%~50%)+园土(30%~40%)+腐叶土(10%)+草木灰(适量)。

②杂木类盆土配方:沙(5%)+泥炭(30%~40%)+园土(20%~30%)+腐叶土(30%)+草木灰(适量)。

泥炭在盆土的配制中有非常重要的作用,尤其是山茶、杜鹃、兰花、栀子等树种喜好酸性、透气、肥沃、湿润的土壤,应以泥炭、草木灰混合1/2~2/3的泥土栽种最佳。使用泥炭前,可先加入人粪尿,泥封腐熟,使其中尚未炭化的部分充分腐解,泥炭能更加疏松、肥沃。

(5)日本盆土

配制日本盆土的基本要求是排水顺畅和不板结,标准的盆土配方是腐殖质土:泥炭土:粗沙=1:2:2,不同的树种可根据需肥特性和根系特点稍作调整。

2)土壤消毒

盆土来源广泛,常含有对植物有害的病毒、病菌或虫卵,需要消毒后方能使用。常用消毒方法有下列5种。

(1)腐熟发酵

盆土沤制过程中温度可升至55~65 ℃,有一定的高温消毒作用。

(2)暴晒

把盆土摊在地上,暴晒数日。

(3)烘烤

把盆土放入大锅内,用火烘烤,加热到80 ℃,不断翻拌,受热均匀,经30 min即可达到杀菌、灭虫的作用。

(4)蒸气消毒

通过高温蒸汽消毒设备对盆土消毒,这是现代盆景、盆花和容器育苗常用的设备之一。

（5）药物消毒

用硫酰氟、异硫氰酸烯丙酯、甲基托布津等。

3）新桩的栽植与养护管理

（1）新桩（毛坯）的栽植

新桩宜选用泥盆栽植，泥盆透气透水，便于植物成活。泥盆的大小、深浅应根据新桩的大小来确定。栽植前根据新桩的形态进行初步修剪，剪去上部不需要的枝条，以降低其水分蒸发量，提高成活率。同时剪除树桩的伤根病根，并进行根部消毒，有条件可添加生根剂。对树干上伤口大的地方应用塑料布覆盖绑扎，或涂抹伤口胶，以防树干失水。

新桩栽种完成后，浇透水，以使泥土与根系充分接触。然后将树桩放置在半阴的环境中，第二天再浇透水。待土偏干后再行浇水，但每天均应对树桩喷雾或洒水数次，减少茎干的水分蒸发，防止抽干。需注意的是喷水量不能大，尽量不要使盆土过湿，湿土不利于新根的生长，更要防止湿土烂根。

（2）养坯

因为新桩在挖掘和运输的途中会出现部分失水现象，所以上盆初期应以保活为主。待长出新叶后可移至光照合适的地方养护，可逐步将树桩盆景移至光线较好的地方。在新桩生长的同时即可根据造型需要去留枝条，为以后的盆景制作打下基础。养坯除了常规性的水肥管理外，特别应注意防寒和防"假活"现象。

①防寒。这是树桩成活的关键。秋冬季节现栽的树桩由于机体损伤，缺乏抗寒能力，如不注意防寒，极难成活。防寒的方法有放在温室、搭棚架或将盆埋入土中加盖埋土保暖等，只要保持盆土不结冰即可。由于新栽树桩的吸水能力强，也不能放在气温较高的温室，防止树桩失水抽干；如环境温度较高，应经常向枝干上喷水，以减少树桩水分蒸发。

②防"假活"现象。切不可因新栽的树桩已经发芽，就认为成活了，因此放松管理。因为植物本身贮有营养，只要环境条件适合，即使新根还未长出，枝干也会长新芽，此时应加强管理，确保水分供应，防止树桩失水。"假活"是真活的第一步，新生的枝叶可以进行光合作用，促进提早生根，提高成活率。

4.5.2　树桩盆景的日常养护管理

为保持盆景的观赏造型，盆景树桩均生长在少土、少肥、少水的环境，因此要保证盆景植物的正常生长并非易事，更何况好的盆景多为老桩，生长势本身就不旺盛，要达到叶茂花盛，需要精心的养护管理。

1）翻盆

（1）翻盆的必要性

翻盆主要是为了更新盆土，扩大树桩的营养面积。盆土是树桩生长的物质基础，树桩在盆中生长一定年限后，会整盆长满根系，耗尽土壤养分，如不及时换土，盆树会因极度饥饿而衰老甚至死亡。

有时翻盆是为了展览的需要,换上一个更古雅的盆增加作品的观赏性。或者是因为原盆尺寸规格使用不当,或者种植位置不佳,深度、体势失宜,或因虫害侵入盆底危害根系等,均需翻盆。

(2)翻盆年限

翻盆年限因树种、树龄、盆景规格而定。

①树种。生长旺盛且喜肥的树种,翻盆次数更多,间隔年限更短,如观花、观果类,消耗养分多,需要每年或隔年翻盆一次。生长缓慢的树种,需肥较少,翻盆次数也可少些,间隔时间较长,如松柏类可3~4年翻盆一次,尤其是松柏类老桩不宜多翻。

②树龄。幼龄树1~2年翻一次,成年树2~3年翻一次,老龄树4~5年翻一次。

③规格。小盆景1~2年翻一次;中号盆景2~3年翻一次;大型盆景3~5年翻一次。

上述盆景翻盆年限并非绝对,主要是根据根系的生长状况而定,当把盆树倒出来发现根系布满盆底时,则说明需要换盆。

(3)翻盆时间

翻盆过程中如保留原土较多,随时都可以翻盆;如需要换去大部分或全部盆土则必须在树桩休眠期内进行,时间一般都在早春(2—3月)或晚秋(10—11月),冬夏非不得已应避免翻盆。

松类在4月翻盆最好,梅花在花前或叶芽萌动之前换盆适宜,竹类在5月或9月进行较适合。翠柏、偃柏、六月雪、虎刺、栀子花等常绿树种,适宜秋季移栽换土。罗汉松、柏树须根发达适应性强,除严冬外,随时可以换盆。

(4)翻盆方法

当盆土不干不湿时,先用花铲剔除盆内四周部分宿土,再将盆倒扣过来,用手拍打盆底,或将盆沿轻轻磕一下,使树木连根带土全部倒出来(嫁接愈合组织不良的桩头,脱盆时要谨慎操作,防止折断)。翻盆时结合修根,可根据以下情况考虑:

①树木新根发育不良,根系未布满土盆和底面,则翻盆可仍用原盆,不加修根,只要适当加入新土即可。

②树木须根密布土团于盘底,则需换大一号的盆,疏剪密集根系,去掉大部分老根和原盆土2/3左右,保留少数新根进行翻盆。

③老桩盆景,在翻盆时可适当提根,增强树桩根部的观赏效果,剪去部分老根和根端部分,培以疏松新土,促发新根。

④松柏类树种伸长的细根,可酌量剪去根端部1/5~1/4,而黄杨、竹类须根发达,则应剪去根端全部,以控制须根过密。

⑤无论任何树种,在翻盆时发现腐根、病根都应剪去。根系发育不良、底土结构松散者,要谨防土团散落。

2)浇水

浇水对盆景养护至关重要,是最频繁的措施之一,其重要性甚至在施肥之上。树桩栽植于盆中,不论是深盆或浅盆,泥土体积总是有限的,蓄水保水性较差,易干燥缺水。如浇水不及时,盆中植株就会因缺水而枯萎;浇水过多,易引起树枝疯长,若遇多雨季,盆中因积水长期过湿,易造成根系缺氧和腐烂。所以一定要掌握好水分的量,了解各种树种是喜干还是喜湿,浇水量因树种、生长期、盆土土质的不同而异。一般情况下喜阳树种可多浇水,喜阴的树种少浇水;叶大

而薄的可多浇,叶小而厚的要少浇;长枝叶期可多浇水,有利于枝叶的生长,花芽分化期应减少浇水,否则不利于花芽分化;砂质土壤可多浇水,黏性土壤要少浇水。

（1）浇灌次数

不同季节植物对水分的要求不同,浇水时间与次数也不同。

①春秋季。是植物生长的旺盛季节,应保持盆土湿润,每日应浇水一次(雨天除外,下同),上午、下午或中午浇均可。

②夏季。高温时盆景植物的水分蒸发量很大,应多给树桩补水,不能让盆土干透,同时向叶面多喷水以保持湿度,减少蒸发。每天应在早晨(9:00—10:00)及傍晚(17:00以后)浇两次水,中午可进行叶面喷水。

③冬季。气温低时,树桩的生长势很弱,浇水不能多,应使盆土偏干。可2~3天浇水一次,浇水时间应在中午。

④梅雨季节或雨天。不仅不需要浇水,还要注意排水。

（2）浇灌方法

①喷洒法。以喷壶喷洒浇水。

②浸盆法。为不使盆土板结,可将盆浸入水中,水深至淹没盆口,浸透盆土(水中无水泡为止)。

③灌水法。把水直接浇灌到盆内,不浇则已,浇则必满,浇则必透。

④虹吸法。在树桩旁边放一桶水,中间用毛巾把桶、盆连起来,即一头放入水中,另一头放入盆口土面上,利用虹吸原理浇水。这种方法用于短期无人看管的少量盆景。

（3）浇水注意事项

①浇水的总原则是盆土不干不浇,浇必浇透。宁愿适当干一点,不可经常过湿。要及时观察盆树生长情况和盆土的颜色与开裂程度,以判断土壤缺水情况。如发现盆土发白或干硬,土壤表面龟裂,或植物的叶自上而下自然脱落,说明植物缺水,应及时补足水分;如果植物黄叶挂于枝上不掉,说明盆土过湿,此时应控水。

②不论是河水、自来水、井水,均需用水池先贮存1~2天,使水温与盆土温度接近,不致因浇水引起温度的激变,损伤根系,甚至造成植株萎蔫。

③浇水可以叶面喷水与根部灌水二者结合,先向叶面喷水,再向根部灌水灌透。注意不要浇"半截水"造成盆面湿、盆内干的现象,而且叶面喷水也不可过多,否则易引起枝叶徒长。

④浇水时也应考虑盆的大小。大盆、深盆一次浇足水,待干后再浇;小盆、浅盆要少浇常浇。

⑤松柏类的植物应适当控水,使针叶变短,增加美感;梅、桃、玉兰等忌盆土过湿,除需注意土壤的透气性外,还须控制浇水次数;杜鹃、山茶对空气湿度要求较高,宜多用叶面喷洒的方法,同时注意将其置于半荫下养护。

3）施肥

树桩盆景的盆钵内土壤少,养分有限。为了保证植物的正常生长,要注意补充肥料。但为保持盆景的形态,加之一般树桩盆景生长缓慢,不需施入太多养分,以免枝叶徒长,影响美观。

（1）肥料类别

肥料分为有机肥和无机肥两大类,有机肥包括人粪尿、厩肥、堆肥、绿肥、动物毛、蹄角、骨粉、豆饼、麻酱渣等，无机肥包括化肥、草木灰。肥料所含营养成分包括6种大量元素氮、磷、钾、钙、镁、硫和6种微量元素铁、硼、锌、锰、钼、铜。其形态有固体肥、液体肥之分，肥效有缓效、速效之别。在树桩盆景的施肥中，常以缓效的有机肥为主，速效的无机肥通常用作追肥。观叶、观花、观果类树种发生缺素症（如叶子变黄）或想使树桩枝繁叶茂，可追施氮肥、铁肥；为多出花果可追施磷肥；而追施钾肥可使根干粗壮发达。

（2）施肥方式

分为基肥和追肥两种形式。

①基肥。施基肥旨在提高土壤肥力，为盆景植物提供整个生长过程中所需要的养分。多在上盆、翻盆时把缓效性有机肥料（饼肥、骨肥、人粪干、蹄角等）掺入盆土或撒在盆底，再盖以少量盆土，而后栽上树桩。随着根系的不断伸长，就"吃到"了营养。

②追肥。是在树桩生长过程中，视其生长需要而临时补给的肥料。追肥一般采用速效性的液体肥料，常用的有经过充分腐熟的饼肥液汁、粪水及毛、角、蹄片浸出液。液肥施用时应酌情加水，以"薄肥多施"为原则。各种化肥片（花店有售）也可用作追肥，一般口径为15～20 cm的盆，可散埋3～4片。根外施肥，其性质也属追肥，肥效迅速。如观花盆景或观果盆景，可在花前追施过磷酸钙100倍液或磷酸二氢钾500～600倍液或三十烷醇0.1 mg/L溶液喷洒叶面，对提高开花坐果率效果显著，时间以每日10:00前或15:00后为好，可减少蒸发，利于吸收。

③施肥用量与次数。因时、因土、因树而异。春季施氮肥，秋季施磷、钾肥，休眠期一般不入肥；幼树多施氮肥，果树盆景多施磷、钾肥。因树施肥：松柏类一年施肥2～3次即可（秋后、早春），方能保持树形苍劲，肥水中富含氮、磷可使树叶油绿发亮，倘若施肥过多，必然导致嫩枝徒长，针叶过长，有碍观赏；杂木类如小蜡、女贞等树种，生长期可每月施肥一次；南天竹秋后施缓效肥，春季花前施追肥；罗汉松等树种如在秋后施肥过迟或秋后施氮肥，新梢容易受冻害；杜鹃性喜薄肥多施，用饼肥、骨肥、绿肥浸出液兑水浇灌最好；海棠、苹果、葡萄、梨树盆景如秋季缺肥，则翌年春季开花不繁、坐果率低；石榴极喜肥，应在春、夏、秋生长季不断施肥（尤其多施磷肥），才能花多果硕；观叶类如红枫、榆等，初秋摘除老叶后，应追施速效氮肥一次，可促发新叶。

（3）施肥注意事项

①用作基肥的有机肥必须腐熟，不可施入生肥，以防伤害植物或招来病虫害。无机肥（俗称化肥）最好只做叶面追肥，稀释后喷施。

②追肥浓度不宜过大（尤其叶施），要勤施少量。施肥应在晴天，盆土稍干时施用；雨天不宜施肥，肥效易流失；气温过高不宜施肥，夏季施肥应在早上或傍晚。

③土壤追肥前必须松土，以利植物迅速吸收，施肥后土壤要灌足水，以防烧伤植物，产生肥害。一旦发生肥害要及时挽救，其方法有：浇水喷水；脱盆冲洗，剪去受害根尖；换土倒盆，放阴凉处养护，以后转浇绿肥水。

④施入盆土中的浓度较高的液肥应尽量不要洒在叶面上，以免烧伤叶面影响美观。施完肥后可向叶面喷水，冲洗沾在叶片上的肥料。

⑤新栽树桩在新根未旺盛生长之前不宜施肥。

4）修剪

树桩盆景在成型后如任其生长，势必会影响其观赏效果，所以要对其不断地修剪整形，才能使树桩盆景保持最佳的姿态。在生长期，植物生长快，也容易被病虫害突破，要及时剪去病枝、

虫枝及多余的枝条,以保持其原有的形态,同时要剪除基部的萌芽和主干长出的嫩芽;在休眠期要重剪,以保持原有的树型骨架。常见盆景植物季节性栽培历详见表4-1。

表4-1 树桩盆景季节性栽培历

树 种	摘 心	修 剪	整 形	上盆、根部修剪
枫树	春—夏	春	春—秋	冬—春
竹	春—夏	春—夏	不能蟠扎	春—夏
山茶	夏—冬	夏—冬	夏—冬	春—夏
朴树	春—夏	春—夏	春—秋	冬—春
柳树	春秋两季	春—夏	春—夏	春
柏树	春秋两季	任何时期	任何时期	春
贴梗海棠	春—夏	春—夏	任何时期	春
金弹子	春—秋	夏	春—秋	春—夏
山毛榉	春—夏	春—夏	春—秋	春
银杏	春—夏	春—夏	任何时期	春
常春藤	春—夏	春—夏	春—夏	春
冬青	春—夏	春—夏	春—夏	春
杜松	春秋两季	任何时期	任何时期	春
落叶松	春秋两季	任何时期	任何时期	冬—春
松树	春	夏	秋—冬	春
樱花	夏—秋	冬—春	春—夏	冬—春
石榴	春秋两季	春—夏	春—夏	春—夏
火棘	春秋两季	春—夏	任何时期	春
栎树	春秋两季	夏—冬	春—秋	春
杜鹃花	夏	夏	春—夏	春—夏
柽柳	春—夏	秋	春—夏	春
紫杉	夏	夏	夏—秋	春
榆树	春—夏	春—夏	春—夏	冬—春
紫藤	夏—冬	夏—冬	春—夏	春
榉树	春—夏	春—夏	任何时期	冬—春

5）遮阴与防寒

（1）遮阴

根据植物的生长习性,在夏季应对喜阴的植物及小盆景、浅盆栽植的盆景等进行遮阴保护。如罗汉松、圆柏、南天竹、山茶、杜鹃花等,高温季节若无遮阴措施会生长不良。微型艺术盆栽养护管理在考虑遮阴的同时还应将其放置在沙台上,使沙保持湿润,营造良好的小气候。

（2）防寒

防寒措施在北方很有必要。北方冬季严寒,空气干燥,一些不耐寒的植物若不加保护,就会发生生理干燥（如梢条）、冻害（如树干冻裂或冻死）、伤根等情况。常用保护方法有风障防寒,埋盆防寒,遮稻草防寒,覆盖塑料薄膜防寒,地窖越冬,低温温室(0~5 ℃)越冬,居室越冬等。长江以北地区可根据具体情况灵活采取相应防寒措施。

4.5.3 树桩盆景的病虫害防治

盆景植物处于控水、控肥且修剪强烈的环境下,自身的抗性较正常生长条件下的植物要差得多,因此树桩较容易发生病虫害,其防治更应以预防为主。盆景树木常见病害、虫害及其防治方法详见表 4-2、表 4-3。

表 4-2 树桩盆景常见病害及其防治

病害名称	危害树种及症状	防治方法
黄化病（缺绿病）	杜鹃花、山茶、栀子、含笑等,叶黄,进而出现乳白色斑点,严重时组织坏死呈褐色	喷灌 0.2%~0.5%硫酸亚铁、锌微量元素,隔周喷一次,或浇灌黑矾水
立枯病	各种树桩盆景苗木,幼苗茎基出现椭圆形褐斑,最后植株枯死	0.5%硫酸亚铁或 100 倍等量式波尔多液 10 天喷一次,发病后用 800 倍退菌特药液喷洒,一周一次
猝倒病	各种桩景苗木,幼苗胚茎烂死	喷施 160 倍等量式波尔多液,半月一次,或发病后喷铜铵合剂
白粉病	紫薇、月季、栀子、小菊等,嫩枝叶覆盖白粉,后出现斑点,弯梢卷叶,枯叶枯死	用 100 倍等量式波尔多液预防,发病后用 500~1 000 倍退菌特或 800 倍代森锌或 0.5 度石硫合剂防治
松类落叶病	松类,叶子由绿变黄、变黑,大量落叶	4—5 月喷 70%甲基托布津 800~1 000 倍液,或 65%代森锌 600 倍液,10 天喷一次,喷药后一周喷硫酸亚铁 1 000 倍
罗汉松叶枯病	罗汉松,叶面中上部灰白并有黑点,后叶枯死	65%代森锌可湿性粉剂 600 倍液,7~10 天一次,连续 3 次
煤烟病	杜鹃花、山茶、黄杨、迎春、柑橘类,叶面上形成一层煤烟（此病是由蚜虫、介壳虫分泌物造成）	消灭蚜虫、介壳虫,改善通风透光条件

病害名称	危害树种及症状	防治方法
锈病	月季、海棠、苹果、梨、菊花等,叶面出现锈色孢子,卷叶,落叶	喷施代森锌可湿性粉剂 600 倍液
褐斑病	贴梗海棠、榆叶梅等,叶面出现圆形红褐斑,有黑点,叶子焦黑脱落	65%代森锌可湿性粉剂 600 倍液喷洒
炭疽病	紫藤、梅、桃、米兰、月季、绣球、蕙兰等,叶缘、叶尖出现白边,褐圆斑	病初,施 50%多菌灵可湿性粉剂 500～600 倍液或 50%甲基托布津 600 倍液
根癌病	梅、桃、李、苹果、葡萄、柑橘类,根际出现肿瘤,严重者使盆景致死	土壤消毒,翻盆时剪去根癌
病毒病	牡丹、蔷薇类、水仙等,叶子出现花叶、黄化	选择优良品种,繁殖无病毒种苗,消灭害虫,拔烧病株
线虫病	菊科、蔷薇科植物,叶子由淡绿变黄、变黑,最后脱落,根部出现肿瘤,白色线虫体	拔烧病株,土壤用 1 500 倍 40%氧化乐果乳剂或 80%敌敌畏乳剂浇灌,或用 80%二溴氯丙烷熏蒸石、土壤（5～8 mL/m²）

表 4-3 树桩盆景常见虫害及其防治

虫害名称	危害树种及症状	防治方法
蚜虫	桃、梅、李、石榴、柑橘类、紫荆等。为刺吸害虫,危害新树叶、诱发煤烟病	40%氧化乐果 1 000～1 500 倍液,加强通风透光,也可用烟草浸液喷洒
红蜘蛛	山楂、柑橘类等。为刺吸害虫,破坏叶绿素,使叶片变黄、脱落	用杀灭菌酯 300 倍液
介壳虫	苏铁、石榴、黄杨、茶花、南天竹、含笑、桂花、冬青等。为刺吸害虫,吸吮汁液,诱发煤烟病	用刷子刷掉介壳虫
粉虱	杜鹃花、山茶、葡萄、月季、丁香、石榴等。为刺吸害虫,叶后变黄、脱落、诱发煤烟病	用 25%溴氯菊酯 2 000 倍液喷洒
刺蛾	梅、碧桃、贴梗海棠、栀子、桂花等。为食叶害虫,幼虫专食叶肉	人工捕杀,喷 40%氧化乐果或敌敌畏 1 500～2 000 倍液
袋蛾	蜡梅、石榴、梅、桃、茶花、葡萄等。为食叶害虫,幼虫吐丝作囊,负囊食树叶	人工摘除,3—6 月喷 90%敌百虫 100 倍或 80%敌敌畏 800 液
毒蛾	松类、紫薇、梅、桃、柑橘类。为食叶害虫,专食嫩叶	采下卵块烧死,黑光灯诱杀,幼虫期喷 50%锌硫磷乳剂 1 000～2 000 倍液或 50%敌敌畏乳剂 1 000 倍液
金龟子	松、苹果、海棠类、桃、梅等。为食叶害虫,夜晚出没食叶片	盛发期喷氧化乐果 1 000 倍液,诱杀（用灯光）

续表

虫害名称	危害树种及症状	防治方法
军配虫	火棘、杜鹃花、海棠、苹果等。群栖于叶背主脉两侧吸食汁液	5 月喷洒 40%氧化乐果或敌敌畏乳油 1 000倍(隔周),烧掉落叶
天 牛	柑橘类、桃、梅、柳、杏等。为食干害虫,蛀食枝干	人工捕杀,清除蛀孔木屑后注入敌敌畏或氧化乐果 1 500 倍液
松梢螟	五针松等。专食松嫩叶,咬断嫩枝	4—5月喷洒 50%杀螟松 1 000 倍液,或剪去虫枝烧掉
蠹蛾	枫类、石榴、柑橘类。为蛀干害虫,啃食韧皮部组织	棉球蘸 50%敌敌畏 10~20 倍液,塞进虫孔将其熏死
吉丁虫	桃、杏、苹果、樱花等。幼虫串食枝干皮层,破坏输层组织,使枝干致死	人工捕杀,春天羽化前喷 80%敌敌畏,羽化期喷 50%硫磷 2 000~3 000 倍液,危害期枝干上刷敌敌畏或氧化乐果

思考与练习

1.自然型树桩树干和枝叶各有哪些造型形式?

2.规则型树桩树干和枝叶各有哪些造型形式?

3.你家乡所在地树桩盆景造型形式有哪些?

4.树桩盆景创作的基本技艺有哪些?

5.棕丝蟠扎与金属丝蟠扎各有何优缺点?两种技艺各有哪些应用?

6.盆景修剪的方法有哪些?棕法有哪些?

5 山水盆景

目的与要求：通过本章内容的学习，掌握山水盆景类型和常见的布局形式，熟悉制作山水盆景的材料和水石盆景及旱石盆景的基本加工技术，了解山水盆景发展的历史和艺术造型的特点。

山水盆景是我国盆景艺术的重要组成部分。它以各种天然山石为主要材料，参照自然界中的山水风景，经艺术提炼和概括，通过对山石切割、联结等加工，在盆盎中将自然"山""水"的特征突出再现的艺术品。因此，山水盆景又称山石盆景或水石盆景。广义的山水盆景还包括陈设于几案之上的砚山和摆饰于庭院中的小型石景。山水盆景因所选材料的原因，其加工创作过程与树木盆景的制作过程有所不同，管理也相对方便一些。

"缩地千里，小中见大"是山水盆景艺术造型突出的特点。山水盆景题材主要反映山水景象，既有别于"浑然天成"的山形石，也不同于以化工原料制作的塑形山川模型。它凝练了设计师创作的艺术手法，"外师造化，中得心源"，撷取山川之精神，浓缩山川景物于盈尺之间，追求"一勺水涵江湖胜，咫尺山藏天地秋"的艺术效果。正如清代汤贻汾所言："善悟者观庭中一树，便可想见千林；对盆里一拳，亦即度知五岳。"

魏晋南北朝时，山水盆景得到发展，形成了别具一格的盆景门类。唐以后，山水盆景在民间得到极大的发扬。唐代大诗人杜甫有专门描述山水盆景的诗篇，曰："一匮功盈尺，三峰意出群。望中疑在野，幽处欲生云。"韩愈"江作青罗带，山如碧玉簪"的诗句后来成为山水盆景创作意境构思的"诗眼"和"箴言"。在宋代，盆景艺术已分流分派，山水与树木盆景各成体系。宋人赵希鹄在其《洞天清录集·怪石辨》中说"石小而起峰，岩岫耸秀，嵌嵌之状，可登几案观玩，亦奇物也"。苏东坡对山水盆景有诗云"我持此石归，袖中有东海。……置之盆盎中，日与山海对"；"试观烟雨三峰外，都在灵仙一掌间"；"五岭莫愁千嶂外，九华今在一壶中"等。大书法家黄庭坚在得一绝美"云涛石"后，曾赋诗一首："造物成形妙画工，地形咫尺远连空。蛟鼍出没三万顷，云雨纵横十二峰。使人无俗气，闲来当暑起清风。诸山落木萧萧夜，醉梦江湖一叶中。"从诗中可看出当时的山水盆景已经非常流行，而且在运用咫尺千里、小中见大的手法上达到了较高的水平。杜绾在《云林石谱》中记载山石多达116种，对山石的色泽、形态、产地、质地作了详细的描述，可见当时对山水盆景的研究也达到很高的境界。

元代,盆景制作趋于小型。当时有一云游高僧韫上人,擅长制作些子景(即小景致)。元末诗人丁鹤年有诗曰:"尺树盆池曲槛前,老禅清兴拟林泉。气吞渤澥波盈掬,势压崆峒石一拳。"指出了韫上人在制作盆景时受到山水画的影响,他创作的山水盆景,不但具有诗情画意,而且具备了"小中见大"的艺术特点。

明清时代,盆景的制作更是盛行。明朝的山水盆景无论是从构思立意还是布局造型,无论是诗情画意还是艺术加工,都登上了一个新的发展阶段。曾勉之在《吴风录》中记到"至今吴中富豪,竟以湖石筑峙奇峰阴洞,至诸贵占据名岛以凿,凿而嵌空为妙绝,珍花异木,错映阑圃,闾阎下户,亦饰小小盆岛为玩",说明了那时吴中赏玩山水盆景十分普遍,足不出户就能欣赏山林田园之趣,普通百姓家也用"一勺代水""一卷代山"来获得千里锦绣于盆间,古朴丘壑于台上的效果。当时已开始对盆景制作及欣赏技艺进行讨论研究,将经验总结,著述记载,如《园冶》等。明代及后来,书画家大都喜欢摆弄盆景,这样,盆景的艺术气氛更加浓郁。在一些文学和戏曲作品中也以盆景为描绘对象或饰物。曹雪芹在《红楼梦》中描写道:"几上有八寸来长、四五寸宽、二三寸高,点缀着山石的小盆景。"清代盆景艺术成为仕宦之家必不可少的装饰品,其艺术形式更加多样,材料更加丰富多彩。

进入现代,盆景艺术日趋普及,山水盆景通过继承、发扬和创新,得到了更大的发展,形成多种流派,制作水平更为提高,深受人们的喜爱。

5.1　山水盆景的材料

通常制作山水盆景的主要材料是石材,通过与盆器的匹配组合,便可概括地表现出山形水势。在自然界里,岩石因长期受到风化和流水的侵蚀而呈现出各种各样不同的姿态。选用石材主要根据其原有的形态、质地、纹理、色彩等,尽可能利用其天然之处,减少人工加工,力求自然。用来制作山水盆景的石料很多,主要分为两大类:一类是质地疏松、吸水性能好、易加工、利植物生长的松质石料;另一类是质地坚硬、吸水性差、不易加工、植物难着生的硬质石料。此外,还有一些非石料材质也成为制作盆景的材料,如矿渣、贝壳、木炭等。

5.1.1　松质石料

1)砂积石

砂积石学名灰华。砂积石是石灰岩底层受水的溶蚀,产生的碳酸钙与泥沙凝聚的胶合物。形成过程中,由于泥质、矿物的成分不同,导致颜色、软硬质地差异,年深日久逐渐形成管、洞、孔等形态,根据管的粗细可以分为麦管石、芦管石、竹管石。其在四川、湖北、广西、浙江、江苏、山东等省区均有分布。该石料质地不匀,硬度不一。质软者易于加工,吸水性强,宜于着苔,但石感不强;质硬者难以雕琢,不易加工。其颜色有多种,有土黄色、灰褐色、红棕色等,是山水盆景常用石料之一。

2）浮石

浮石是由火山喷发后岩浆冷却凝固而形成的一种灰质火山岩,分布于各地火山口附近。因形成时内部有大量气体猛烈释放,所以这种石材质地细密疏松,内多空隙,结构内外一致,可浮于水面,多呈白色、浅灰、灰黄、灰黑等色。其吸水性能好,易于植物生长,硬度较好,易雕刻精细的纹理;缺点是易风化。

3）海母石

海母石是一种名为"六射珊瑚"的聚积遗体,即由珊瑚虫的灰质骨骼大量积聚而形成的,主要成分是石灰质,属生物岩。其多产于福建、广东沿海。该石料洁白细腻,质地疏松,孔隙较多,吸水能力强,便于加工和雕琢;新料含盐分,有腥味,需经多次漂洗,去掉盐分,才能植树铺苔;石感不强,宜作中小型盆景,宜表现玲珑剔透、海天一色的画面景观。

4）鸡骨石

鸡骨石不论颜色、结构纹理都像鸡的骨头,因此而得名。其成因是石灰岩地层硫化矿物等露出地面,经流水侵蚀等作用而成。该石疏松多孔、吸水性好,颜色有棕褐、土黄、灰白等,纹理有粗细之分,石形不规则,常见有草秆状、杂骨状等。石面管、秆并列交叉,管秆之间隙缝较多,常空透,适合加工山水盆景。

5.1.2　硬质石料

1）英石

英石属沉积岩中的石灰岩。当岩溶地貌发育较好,山石较易溶蚀风化,形成嶙峋褶皱之状;兼之日照充分、雨水充沛,暴热暴冷,山石崩落山谷中,经酸性土壤腐蚀后,呈现嵌空玲珑之态。英石本色为白色,因富含杂质而出现多色泽,有黑色、青灰、灰黑、浅绿等色,常见黑色、青灰色,以黝黑如漆为佳,石块常间杂白色方解石条纹。石质坚而脆,佳者扣之有金属共鸣声;石质大多枯涩,以略带清润者为贵。英石轮廓变化大,常见窥孔、石眼,玲珑宛转。石表褶皱深密,是山石中"皱"表现最为突出的一种,有蔗渣、巢状、大皱、小皱等形状,精巧多姿不易上水,不易雕琢。英石种类分为阳石和阴石两大类。阳石裸露地面,质地坚硬,色青体瘦,表面多褶皱,是"瘦"和"皱"的典型,适宜制作假山和盆景;阴石深埋地下,质地松润,色青间有白纹,形体漏透,是"漏"和"透"的典型,适宜独立成景。

2）斧劈石

斧劈石又称剑石,是沉积岩中含泥质不纯的石灰岩,分布较广。该石层理明显、厚薄不一,上下平行重叠,断口参差不齐;颜色土黄、浅灰至灰黑,以灰白不含杂质为好。斧劈石因其形状修长、刚劲,造景时做剑峰绝壁景观尤其雄秀,色泽自然。但因其本身皱纹凹凸变化反差不大,技术难度较高,且吸水性能较差,难于生苔,盆景成型后维护管理也有一定难度。加工主要是通过敲击、截锯和拼接造型,宜作悬崖峭壁的高远式山水盆景。

3) 钟乳石

钟乳石是碳酸盐岩地区洞穴内在漫长地质历史中和特定地质条件下形成的石钟乳、石笋、石柱等不同形态碳酸钙沉淀物的总称。其石质坚硬,稍有吸水性,主要产于云贵高原、两广地区等喀斯特地貌地区。钟乳石色泽美丽,晶莹剔透,有多种颜色,如乳白、浅红、淡黄、红褐等,有的多色间杂,形成奇彩纷呈的图案,常常因含矿物质成分不同而色彩各异。它的形状千奇百怪,有笋状、柱状、帘状、葡萄状,还有的形似各种花朵、动物、人物,栩栩如生,可逼真表现天然之趣。钟乳石观赏价值高,可做上等观赏石,但其资源极其有限,因无序乱采,破坏十分严重,现已不提倡开采。

4) 卵石

卵石又称漂石。各地广为分布。卵石是自然形成的岩石颗粒,分为河卵石、海卵石和山卵石。卵石的形状多为圆形,表面光滑;从色泽、质地上去区分,石英质卵石最好,从白色至绿、灰、黄、紫、黑各色都有。制作盆景时,重在选料,卵石与水泥的黏结较差,用其拌制的混凝土拌合物流动性较好,但混凝土硬化后强度较低;少数品种的卵石可经金刚砂轮加工表面后进行胶粘。卵石多用于表现海滩、渔岛等风光。

5) 千层石

从外表看千层石如一本本书重叠堆放,所以又称万卷石,也称龙骨石,是沉积岩的一种,产于太湖地区和浙江、江西、山东、北京等地。石上纹理清晰,多呈凹凸、平直状,线条流畅,时有波折、起伏,具有一定的韵律;颜色呈灰黑、灰白、灰、棕相间,其中棕色稍显突;色泽与纹理比较协调,显得自然、光洁。其质重而硬,不吸水,不便加工。

6) 灵璧石

灵璧石隶属于玉石类的变质岩,由颗粒大小均匀的微粒方解石组成,主产于安徽灵璧一带。其形态与英石相似,但表面皱纹较少,不吸水,不宜加工,可作桩景配石。灵璧观赏石分黑、白、红、灰四大类,其中以黑色最具有特色,被国内外石艺界誉为"天下第一石"。

7) 木化石

木化石又称树化石,产量少。木化石中树木的木质结构和纹理明显,因部分木化石的质地呈现玉石质感,又称树化玉。其颜色有土黄、淡黄、黄褐、红褐、灰白、灰黑等。石质硬,难加工,但通过加工造型,宜作各种盆景,适合表现高山群峰。

8) 太湖石

太湖石又称窟窿石、假山石,是由石灰岩遭到长时间侵蚀后慢慢形成的,分水石和干石两种。水石是在河湖中经水波荡涤、历久侵蚀而缓慢形成的；干石则是地质时期的石灰石在酸性红壤的长期侵蚀下形成的。太湖石形状各异、姿态万千，通灵剔透，甚能体现"瘦、漏、皱、透"之美；其色泽以白石为多，少有青黑石、黄石，尤其黄色的更为稀少。太湖石具有很高的观赏价值，是中国园林中重要的假山材料，产于江苏太湖、安徽巢湖、湖北汉阳、浙江长兴、北京西部等地。

9）宣石

宣石产于安徽宣城等地。该石质地细致坚硬、性脆，颜色有白、黄、灰黑等，以色白如玉为主。其体态古朴，以山形见长，最适宜作表现雪景的假山，也可作盆景的配石。

另外，还有大理石、黄蜡石等，都是制作山水盆景很好的硬质石料。还有一些地方性的石料也很有特色，只要处理得当，均能制作出较好的山水盆景。除了石料，现在还有一些非石料材质也成为制作盆景的材料，如木炭、贝壳、矿渣等。

5.2 构图的形式线

盆景构图的"线条"是对客观事物进行抽象的产物，它来源于现实生活中的山川等景物和光与影之间的对比关系。线条存在的形式是丰富多彩的，不同的线形有不同的"性格"。盆景中构图的形式线有如下种类。

1）平行线结构

垂直的平行线沉着稳定，整齐端庄，有挺拔、高耸、向上之感，可用高矮、宽窄、厚薄、大小变化以造成起伏跌宕之势。水平的平行线，平稳宽广，可表现辽阔旷远之感，可通过节奏对比层叠而上。使用时注意上下分宽窄，左右求短长，交错破规整，统一忌呆僵。倾斜的平行线动势感较强，因倾斜程度不同，动感亦有强弱，力度也显得突出，可造成紧张的气氛。注意在制作中平衡险稳，如通过植树协调轻重，也可将坡脚顺势延长。

2）交叉线结构

交叉线结构可将人视线由外向内、由近至远引向线条汇聚点，使构图层次变化明显，颇具深远之感。

3）射线结构

射线结构向外投射，有发散扩张感，其节奏活跃，既变化又和谐，可增添动势，指引视线，加强景深。其作为产生盆景中焦点的结构，须精妙设置，起画龙点睛的作用。

4）折线结构

折线结构可表现紧张、意外、转折、突变之势。

5)U 形线结构

U 形线结构是很稳固的构图形式,有较强的围合感。其左右呼应,宜布置为一高一矮、一主一次的形式,可在完整中求得对比,多用于表现双峰并立,溪涧峡谷等地貌。

6)波状线结构

波状线结构轻快、流畅、优美、柔和,变化中富有规律,可表现抒情之感。将其在立面运用可美化造型;在平面运用,通过相互穿插可加强景深。

5.3 山水盆景类型和常见的布局形式

山水盆景的艺术布局是制作过程中一个重要的环节,要妥善安排山水的比例和位置,山有脉,水有源,有高低起落,有迂回萦曲,要符合山水自然变化规律。一个好的布局是一件好作品的基础,有此根基,才可使盆景情景交融,如诗如画。清代画家石涛曾说:"山川万物之具体,有反有正,有偏有侧,有聚有散,有近有远,有内有外,有虚有实,有断有连,有层次,有剥落,有丰致,有缥缈,此生活之大端也。"这是我们在创作山水盆景时应当参考和学习的。

山水盆景布局中的远近对比相当重要,宋代画家郭熙论山有三远:"自下而仰其高称高远,自前而窥其后称深远,自近而望其远称平远。"我们在观察景物对象时有三种视线角度,即仰视、平视、俯视,于是在山石盆景的构图中产生了从山下看山上的高远法、从山前看山后的深远法和从山上看山下的平远法。高远法可体现的意境:仰视高山,神态庄重,崇山峻岭,俊俏高耸,雄伟壮观,气势恢宏。深远法可体现的意境:层峦叠嶂,雄浑深沉,峰回路转,迷离幽深,从而引人入胜。平远法可体现的意境:登高俯视,远山相衔,清逸旷遥,冲融缥缈,平坦浩渺,广阔无垠。山水盆景远、近、高、低的表现就是充分运用了"丈山尺树,寸马分人"以小为远、以大为近的透视原理。

远景的形成中,可由二山夹峙加强景深,从近景中透视远景,前虚后实,远山可以隐隐约约,近山则要轮廓分明,不要使近景遮住远景,一般以正面为近,反之为远,或一侧为近,另一侧为远。

如果把盆填放得满满的,配件过多,就会使人产生拥塞、闷实之感,不能表现"一山则泰华千寻,一勺则江湖千里"的意境。所以要注意留白。画家黄宾虹说:"作画实中求虚,黑中留白,如一灿之光,通室皆明。"其实,空白在自然环境中是不存在的,而山水盆景中的空白恰恰构成了重要意境,传达了气韵,形成观赏境界的重要内容,即"画面三分空,生气随之发"。从构图原理来说,盆景的留白处要有足够体量才能显得空灵生动。如在山水盆景中想要表现开阔的水面,则水面的空白就要留大一些,占整个盆面的2/3为宜;若想要表现山,则水面要相应小一些,占整个盆面的1/3为宜。"虚"能生境,无"虚"不能突出实境,反之亦然,必须虚实运用,则可变化多端。如水面过虚,可配上小礁石或点缀小舟、小桥;山石过虚,可穿凿洞孔;而船舶不宜直接对面穿孔,要曲折造洞,形成幽深之感;也可通过营造瀑布达到虚实变化的效果。

山水盆景制作中的山水关系在古代有较细致的论述。"主山正者客山低,主山侧者客山

远。众山拱伏,主山始尊;群峰盘互,祖峰乃山厚。土石交覆,以增其高;支陇勾连,以成其阔。"
"山者,当以泉高之,以云密之,以烟平之。骨架独耸,虽无泉已具高势,层次加密,虽无云已见深势,低见其形,虽无烟已成平势。""飞瀑千寻,必立于峭壁万丈。如土山夹涧,惟有曲折平流。既有水口,必有源头,源头藏于数千丈之上。"

　　山水盆景布局中的另一重点就是峰石的布局。峰石布局要含蓄,忌一览无余,处理好藏与露的关系则可以让环境宛转。有道路出没,水流萦回,亭台隐约,洞穴曲折,则更加耐人寻味。峰石布局中还应注意疏密有致。宾主之石的布局常采用不等边三角形的配置方式,虚实结合。清代沈宗骞《芥舟学画编卷一・山水・布置》中写道"一幅之山,居中而最高者为主山,以下山石,多寡参差不一,必要气脉联贯,有草蛇灰线之意"。主峰是山水盆景的重心,应放在最突出、最显眼的位置,但忌放在盆景正中或者边缘。次峰与主峰相呼应,各级次峰围绕主峰的前后左右,形成完整的山系。相邻的两级次峰或坡脚宜富于变化、起伏不定、参差不齐,忌高矮一致。

5.3.1　山水盆景的类型

　　一般山水盆景根据盆面展现的不同情况及造景特点,通常可以分为水石盆景、水旱盆景、旱石盆景、挂壁盆景和立屏盆景五类。

1)水石盆景

　　水石盆景(图5-1)盆中以山石为主体,盆面除山石外,余下部分为水面。山石置于水中,盆面以表现峰、岳、岭、崖等山景及江、河、湖、海等水景。盆面无土,在峰峦缝隙或洞穴内置营养土,栽植植物,石面铺青苔,不露土壤痕迹,再点缀亭、塔、屋、舟等配件。

　　水石盆景是山水盆景中最常见的形式,适宜表现峰岳、江河之景色。如祖国的三山五岳奇峰、桂林山水、长江三峡以及众多的自然山水景色,都可用水石盆景的艺术造型展现出来。

　　水石盆景管理较为方便,山石上点缀的植物一般都很小,价格也较低廉,一般选用浅色的大理石盆或汉白玉盆。

图 5-1　水石盆景

2)水旱盆景

　　水旱盆景(图5-2)以山石、植物、水、土为材料,是介于水石盆景与旱石盆景之间的一种有旱、有水的表现形式。水与土之间采用山石或水泥分隔,不露人工痕迹,以保证土中植物正常生长。

图 5-2　水旱盆景

3）旱石盆景

旱石盆景（图 5-3）盆中以山石为主体，盆面除去山石，余下部分为旱地。山石置于土中或沙中，主要表现无水之山景。植物栽植于缝隙中或置于盆面上，或于盆面铺设青苔，根据主题点缀人物、动物、房屋等配件。旱石盆景适宜表现大地与山峰共存的山景，还可表现草原及沙漠景观。

旱石盆景为了使植物生长状况良好，养护时要注意经常向盆面上喷水，保持盆土湿润。

图 5-3　旱石盆景

4）挂壁盆景

挂壁盆景（图 5-4）的主要特点是其盆挂在墙壁上或在桌上靠壁竖置，在石板上粘贴石头，栽种植物，形成如山水画一般的景观。它是将山水盆景与壁雕、挂屏等工艺品相结合而产生的一种造型形式。在制作中其布局不同于一般山水盆景，在造型、构图及透视处理上均与山水画相似。

挂壁盆景的用盆一般选用浅色的大理石盆、紫砂盆、瓷盘、大理石平板灯。制作时可利用石材的天然纹理来表达云、水、雾气等自然天象。

图 5-4　挂壁盆景

5）立屏盆景

立屏盆景是以落地立屏的形式展示。可用玻璃或大理石、瓷质或木板作板盘或浅盆,将经制作加工的山石胶合在板盘或浅盆上,配摆小件,并在山石平面之间点苔、栽绿。用玻璃作板盘,景物的透视两面可赏。立屏盆景小者可作几案饰物,大者可作门厅布置,独具风格(图 5-5)。

山水盆景作为三维视觉艺术,是以空间营造为基础,加之以时空变化的特殊艺术形式,通过空间布局将自然山石进行人工创作,配之以植物、小件于盆盎之中,以设计师对客观世界的艺术理解来再现自然山水之美。要创作好山水盆景作品,首先需要学习其构图的形式。山石盆景的构图形式包括平面布局形式和立面布局形式。

图 5-5　立屏盆景

5.3.2　平面布局形式

平面布局要有层次感,有了层次感才能更加表现出空间感。盆中山石的堆置可结合运用山石层次的"近中远三重法"来表现近景、中景和远景。近景一般常用横列法,着重表现山峰坡脚的横列小景;中景多用竖列法,突出表现巍峨壮观高耸的主峰;远景则用横列法,表现远山低排的横卧配景。

1）孤峰式

孤峰式（图5-6）又称独峰式，是仅用一列主景峰石的立体布局，可堆置在所配置之盆的近中心处，形成独峰。这种主景峰石宜庄重雄伟、高大挺拔，一般高度宜为盆的2/3左右。此类山水盆景盆中孤峰耸立，山体雄伟险峻，"一峰突兀雄踞盆中"，在山脚下点以一二小石，如开阔水面中的岛屿，有"一山飞峙大江边"的意境。制作孤峰式山水盆景多选用质地较松软、易于雕琢险壑洞穴的芦管石、砂积石和海母石等。如有合适的硬质石料，石块瘦长高挺，且石形与表面纹理都很理想，也可做成孤峰式。

孤峰式山水盆景由于盆中山峰过少，所以在栽种植物时，应挑选一些株型矮小、叶片茂盛的植物，细心植入峰上已经凿好的洞穴缝隙中，以增加欣赏

图5-6　孤峰式

效果。由于孤峰式山水都是近景特写，在栽种植物时可以适当加大比例，作一些夸张的处理，效果会更好。

2）对峙式

对峙式（图5-7）又称主客式，是运用两列主峰景石，高低相近，大小相似，各自靠近所配之盆的中心，形成相互对峙的立体布局。这种布局会产生强烈的立体视觉冲击感，如悬崖对悬崖、峭壁对峭壁，可形成气势相当、均衡互存的顶天立地之感。主景峰石的高度不要超过盆长的2/3，两列主峰景石相差高度不能太多，一般不要超过最高主峰石的1/3。此类形式在山水盆景中较为常见，是一般盆景制作者常用的手法，通常是一组主峰，一组配峰，相对夹江而峙，相互呼应，互成一体。

图5-7　对峙式

3）开合式

开合式（图5-8）又称呼应式，盆景景物由三组山石构成，在盆面上成不等边三角形布局。盆的左右两侧各分置一组山石，一主一次，大致与偏重式的布局相同。在两组山石后方的中间，

再置一组远山,远山的体量一般较前方的两组要小,山势多平缓,山形的变化较小。开合式的布局为前开后合、近大远小、层次分明,适于表现广阔的湖面和深远的景色。作为主景的峰石要显得高大,所以必须把次峰做得矮小一些,配峰则需更加矮小。要充分突出主要景物,不能宾主不分。在平面布置时,避免排成等边三角形。该式表现的景致声势浩大、错落有致、内容丰富。

图 5-8　开合式

4)延绵式

这类盆景景物可由两组或多组构成。每组景物需从盆左或右向另一边发展,模仿延绵的自然山脉形态,山脉之间要相互穿插,构成一派远山景象。此种格式的山体形象是连绵不绝、跌宕起伏的,但要避免山脉在平面构成上呈直线状,避免几条山脉的长度、宽度完全一致。制作延绵式(图 5-9)水石盆景,峰峦要做到层次丰富,但也要明显地分出主次。主峰的主景作用在设计中需要重点考量,主峰只能有一个,且主景突出。

图 5-9　延绵式

5)聚散式

聚散式(图 5-10)又称疏密式,一般是由三组以上的山石组成,有聚有散,有大有小,且山峰与山峰呈随机分离状的布局形式。其中,作为主景的一组山峰最高,体量最大,其余各组作为陪衬。其布局是讲究聚散得当、疏密有致,山石一般有峰、有峦、有坡、有脚,水面常常被分隔成几块,但多而不乱,散而有序。此式常见的误区是峰群排成刀山剑树状,要注意避免。

图 5-10 聚散式

5.3.3 立面构图形式

立面造型主要是指盆景的正面造型,侧面造型、背面造型和构图情况随立面造型的情况而定。

1)立山式

立山式(图 5-11)中各峰石的纵轴及皴纹线都垂直于或基本垂直于盆面,又称直立式。立山式中山体的轮廓线与山石纹理宜采用与水平相垂直的长线条、直线条,刚劲有力,给人充满活力、蓬勃向上的张扬之美。

图 5-11 立山式

2)斜山式

斜山式(图 5-12)中峰石纵轴及皴纹线与盆面之间形成锐角或者钝角。山体的轮廓线与山石纹理宜采用斜直的长线条和短线条,具有很强的斜冲感、速度感,给人空灵舒展、质朴自然的阳刚之美。要注意的是在动势构图中追求景物的均衡,做到动而不乱且具有统一的运动核心。

图 5-12　斜山式

3) 横山式

横山式(图 5-13)又称层叠式、横云式。横山式中山石长轴及皴纹线与盆面平行,山石呈叠状构图。山石层层相叠,如同云层,动静结合。山体的轮廓线与山石纹理均宜采用横向的直短线条和粗线条,构图中仿佛有一种向上的浮力和向前平滑的动力,给人平稳豁达、灵动秀丽之美。

图 5-13　横山式

4) 悬崖式

悬崖式(图 5-14)的主要特点是主山的一侧作一定程度的悬垂状,下部虚空,重心较高。在造型时,主山的悬垂应适可而止,既不能悬垂过度失去了稳定感,又不能悬垂不足失去了悬崖的气势;主山的一侧悬空,另一侧必须稳定。山体的轮廓线与山石纹理可采用云头皴的技法,着重表现弧形线条和短细线条,线条密集曲折,给人云气缭绕之美。在配件安置方面,应多以舟船、小亭为主,而亭、塔这类配件则要安放在山腰或者山脚处。植物可以栽在悬崖上,使其枝叶向下摇摆,以衬托悬崖山峰的气势。

图 5-14　悬崖式

5）象形式

象形式（图 5-15）是以山石的轮廓、形体来刻画出大致相似的一些动物、器物的一种造型形式。象形式山体走势因形而异，各具特色，山体的轮廓线与山石纹理一般都宜采用似人、似动物形体的线条，常见的样式有夫妻峰、象鼻山、童子拜观音等。该式以形取胜，栩栩如生，给人惟妙惟肖的象形之美。需要注意的是运用象形式造型，不宜将形象模仿得太过逼真，否则会让观者失去想象的余地。象形式与平面构图中的延绵式、聚散式不相配，与其余三式可以组合构图。

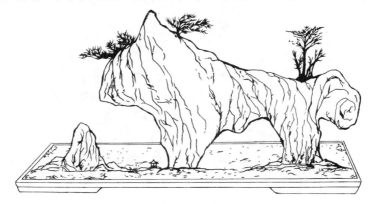

图 5-15　象形式

山水盆景布局中斜倾的山石动势强烈，使画面生动，但危岩陡壁须保持重心平稳，以求整体构图均衡。山水盆景制作应注意八大忌：①重心不稳；②布局过满，臃肿、压迫、阻塞；③主体偏中；④布局太散；⑤左右对称；⑥宾主不分；⑦有实无虚；⑧互不顾盼，主体分离。

5.4　加工制作技术

山水盆景是自然山水的艺术再现，具有极强的艺术性和创造性，它源于自然，又高于自然。山水盆景的创作与制作者的自身修养密切相关，它体现了制作者对自然山水意境的认识和鉴

赏,以及去粗取精的提炼过程。要创作出一件有魅力的山水盆景,既要借助"山川"之势,还要具有地质、地理、生物等方面的有关知识,使山、峦、岗、峰、泉、瀑等地形地貌的布局与花木搭配顺乎其自然之理和自然之趣。制作者在创作盆景时也可参照画理。陈从周教授于《园林谈丛》中说:"观天然之山水,参画理之所示,外师造化,中得心源,举一反三,则能无往而不胜。"北朝人姜质在《庭山赋》中形容景阳山时说"庭起半丘半壑,听以目达心想。……下天津之高雾,纳沧海之远烟,……泉水纤徐如浪峭,山石高下复危多",皆道出了自然的山势水情。

　　山石盆景创作中有"三远"之要求:"主峰造景高远,整体布局深远,平坡远眺平远。"山石盆景的造型要以峰为统调,"十味调和"(峰、岭、坡脚、岩、台、洞、峡谷、溪潭、桥、路),灵活运用。山之造型,由峰及岭再到坡脚一脉相承,山之脉络以气相接,参差错落,跌宕起伏,变化万千。

　　造型要藏露有法,"景愈藏则境界愈大,景愈露则境界愈小";在整体构图上还要注意向背合理,向势舒展,背势缩敛;比例要适当,"丈山尺树寸马分人";繁简应用要到位,"繁不拥塞,简不空虚,繁而不乱,简而存意,疏可走马,密不通风";山景组合(峰、峦、坡、屿)要适当;山形变化(崖、壁、台、峰、洞)要合理。

　　山水盆景的制作加工,一般是按石创作、按题选石。山水盆景创作的主要特点:

　　①"重选不重雕"。硬石类大多形状奇特,纹理丰富,色彩理想,大小不一,选材时色泽、纹理、大小得当是关键。

　　②注重细微之处的塑造。如山脚的塑造要有收放、曲直、大小、高矮、隐现的变化,力求自然而不僵化或突兀。

　　③整体布局上注重主峰与次峰的比例关系、藏露关系、虚实关系、透视关系、顾盼关系、形神关系,摆件与立意的统一关系等。

　　④注重植被、植物的点缀。要注意运用比例协调的美学原则,使植物与其他盆景要素之间以及植物不同种类之间建立起和谐的比例关系,创造柔和、舒适的美感。

　　⑤注重配件的摆放,以渲染主题。摆件的放置以自然的山水风光为蓝本,以些许配件为盆景,增加了适宜的比例和动感,起到引导观赏者思绪、烘托主题的作用。

　　为了方便山水盆景的制作,以下介绍一些山水形貌的概念。

　　①山:由于地质变迁而在地面形成高耸的部分,称为山。

　　②山水:即山和水,泛指有山有水的风景。

　　③山岳:高大的山,占地广阔,下面有很多小山簇拥,称为山岳。

　　④山坳:山间的平地。

　　⑤山峰:山的最高、最突出的顶部称为山峰。根据高度,山峰又分为主峰、次峰和配峰。

　　⑥山峦:连绵的山称为山峦。在山水盆景中,一般高者为山,矮者为峦,并有"有山无峰不美,峰无峦不壮,峦无起伏不真"之说。故盆景的山峦应有起伏才显真实,并衬托出山峰的雄壮。

　　⑦山洞:即山体上的洞穴。山有洞便显得优雅而意境深远,形状奇特的山洞更给人以神秘感。

　　⑧山岗:较低而平的山脊。

　　⑨山崖:山的陡立的侧面。

　　⑩山谷:两山之间低凹处为山谷。在山水盆景中,山谷能造成幽深的意境,山谷须隐隐约约,方显意境深远。

　　⑪坡:由高处向下倾斜的地方。

⑫岛：指海洋里被水环绕，面积比大陆小的陆地，也指江河湖泊中被水环绕的陆地。

⑬渚：水中间刚刚露出水面的小块陆地。

5.4.1　水石盆景的加工技术

制作山水盆景犹如创作一幅山水画，经过立意构思，做到胸中有丘壑、眼中有石料，打好草稿，勾勒出草图。在此基础上对石料进行锯截雕琢，拼接胶合，安排组合，以表现出整幅图画。

1）选择石料

石料的选择，其一是按题选石，其二是因石生意。按题选石，即根据创作主题意图选择石料的种类、形状和色泽等。因意选材，可以做到意在笔先，有利于表现特定的主题和意境。但有时不一定能选到完全适合的材料，这就要进行适当的艺术加工，做到雕琢不露人工痕迹。在选石方面应注意的是，一盆山水盆景中只能采用一种石料，即使是同种石料，也要注意所用石头的形状、颜色、纹理等，使其能够相互协调。挑选山石首先要挑选好主峰的石料，然后再挑选与主峰形态、色泽、纹理、质地相协调的较小石料。在选石时，注意挑选具有"瘦、漏、透、皱"的山石，以便生动地表现山峰的各种形态。选石过程中，由于常会受到石材的限制，可能达不到心中之意，所以还应该灵活对待，因石制宜，必要时还需要对原来的设计方案进行适当的修改。换句话说，就是既不要脱离主题，又要充分利用石料的天然形态来刻画意境。

设计者通过对石料的观察，按照现有石料的状态、轮廓进行创作，表现一定的主题，这就是因石生意。因石生意也就是按石创作，即根据石料的种类、形状和色泽等因素来决定创作意境。因材立意，可以对山石材料因材致用，充分发挥天然的特性，但不足的是表现的意境内容常常受到一定的限制。此时应该扬长避短，把山石外形优美、纹理自然的一面作为正面。如有几块松质小石料，难以制作出挺拔险峻的山水盆景，而用来制作平远式山水盆景则可较好地表现江南山清水秀的风光。

山水盆景对于山石的选样标准自古以来都很讲究。宋代书画家米芾对山石的鉴赏品评很有见解，他有"瘦、漏、透、皱"之论说。"瘦"就是指石体要有棱角，形状为长条状，看上去亭亭玉立；"漏"是指石体上有悬垂的部分；"透"是要求石料上要有洞穴，通过"透"还可调整重心，解决虚实矛盾；"皱"是要求石料上要有一定的纹理。在制作山水盆景时，一般来讲松质石料多数不会完全符合造型的需要，大部分自然纹理比较优美的石料仍有少部分不理想之处，这时就需要雕琢。把一块松质山石锯成几块，锯口处都是很平整的，直线过长也不美观，除作底面接触盆钵那面外，其他的几个面都要雕琢加工呈凸凹不平的形态方显自然。在制作山水盆景时，雕琢比锯截的使用率要低（因为硬质石料基本不用雕琢），但雕琢技术比锯截要求更细，也更难掌握，没有一定的实践经验，难以达到得心应手的程度。所以要求盆景创作者不但要有一定的理论知识，还要有比较丰富的实践经验，才能雕琢出各种山石的纹理来（图 5-16）。有了理想的、合适的山石材料，就为作品的制作成功奠定了基础，能收到事半功倍的效果。俗话说"巧妇难为无米之炊"。因此，选择良好的石料是加工制作山水盆景的第一步，也是重要的一步。

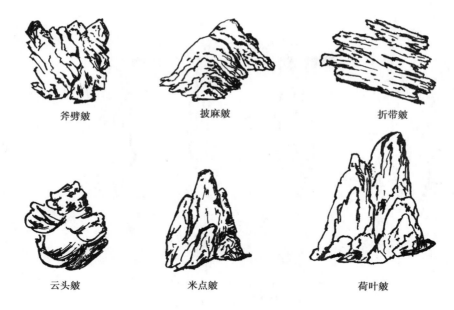

斧劈皴　　　　　　　披麻皴　　　　　　　折带皴

云头皴　　　　　　　米点皴　　　　　　　荷叶皴

图 5-16　山石纹理

2) 锯截雕琢

一般情况下, 无论是硬质石料, 还是软质石料, 其底部一定要先截平, 以便确定石头的高度, 也能使石头稳定地立于盆中。对于石料天然沟纹, 必须仔细观察, 反复推敲, 做到"取其精髓, 去其糟粕"。石料的选出大多都要经过锯截和雕琢处理。锯截是用工具将石料分开, 雕琢是用工具雕刻出山石的纹理, 修整山石的形状。

(1) 锯截

锯截是把大石分为小石以应造型所需的一种方法。锯截的目的是去芜存精。截平石以便平正地安放。在锯截时, 松质石料常会用到园艺手锯, 而硬质石料则用钳工钢锯施锯, 也可安装机动金刚砂锯片进行锯截, 有的石料还可以使用斧头等工具进行劈截。

施锯之前, 可在应该下锯的位置画线。要锯平山石底部, 应先确定正确的锯截线。锯截线常用水浸法确定, 即把要锯掉的那部分山石浸入水中, 然后迅速将石料拿出, 根据水浸的痕迹, 用粉笔围绕石料画一条线, 依线施锯。在锯截时, 要把锯拿稳拿直, 如锯条稍斜一点, 锯截后的误差就大了。锯截较硬的石料时, 应边锯边加水, 不使锯条温度过高而减慢锯截速度。同时要注意尽量不损坏石料边角, 因为边缘的美在山水盆景中是至关重要的。锯截后如底部不太平, 可用砂轮磨平或在水泥地面磨平, 一般不要再锯, 因为再锯峰峦将变矮, 但也不一定能锯平。小块石料的锯切方法是从一个方向下锯; 松质石料可用手拿固定; 而硬质石料应先进行绑扎, 而特别易断碎的部分则最好用软布包住再固定后实施锯切; 大块石料要从几个方向锯截 (图 5-17) 才能把石料锯开。

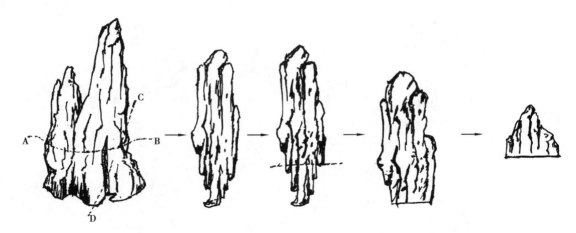

图 5-17　大块石料锯截

（2）雕琢

自然石料的形状和纹理一般不会完全符合设计者的需要，就需要设计者根据山石的纹理去雕琢。雕琢要结合石料自身的纹理和制作者的设计构思来进行。

雕琢常用的工具有小山子、錾子、锯条、锯片、雕刀、钢丝钳等。小山子分为两头，一平一尖，可点啄、劈砍、擦点、刻画，通过以上四种手法的结合，可以使山形更加自然。雕琢石材的次序是先轮廓后皱纹，先大处后细部，先粗凿后细凿。

吸水石本身比较特殊，雕琢只是为了稍作修饰。雕琢吸水石坡脚和关键部位的纹理时，除注意用力要轻外，还要注意方法。雕琢坡脚处的纹理，应把峰峦倒过来，顶部向下，底面向上，由底部向顶部雕琢，否则坡脚处的石料容易被成块琢下，会破坏坡脚的美观。对于保留有天然皱纹的石料，在加工时务使新雕琢的皱纹与天然皱褶一致，如果一块山石上出现几种皱褶，既不自然也不美观。倒挂部分的皱褶，最好在倒挂锯截前雕琢，如在倒挂制成后再加工，则不要采用琢的方法，宜用刻刀轻轻雕刻或用钢锯条拉划，否则石料容易断裂，前功尽弃。

硬质石料雕琢不易，功夫大多都放在了选石上面，而雕琢常被作为一种辅助的措施。大多数硬石类只作锯割、略加修饰，不宜过多雕琢。少数石种如斧劈石之类，可顺其纹理略加雕琢，使石峰纹理更加刚劲、明晰。

山石通过雕琢后，同一盆中的山石皱纹应一致，做到近峰纹理、线条细致、清晰，远峰线条粗犷、模糊，峰身高峻，峦岗低回，以加强山石构成峰峦、丘壑、岩洞之艺术效果。雕琢山石要先浅后深，先雕琢出作品的雏形，满意后再进行细致的加工。先雕琢主峰，再雕琢次峰、配峰。雕琢山石时，既要考虑作品造型的需要，还要尽量保留石料上原有的丘壑、纹理，力求在自然纹理的基础上加工。

3）拼接胶合

制作山水盆景，极少出现只用锯截、雕琢就完成作品的情况，可以说绝大多数的山水盆景都是由数块山石巧妙地拼接胶合而制作成的。拼接胶合是设计造型方面的需要。要想使一座山峰成型，将数块石料巧妙地拼接起来，胶合牢固是最为关键的一环。制作大型的山水盆景时，很多时候会缺少大料，这时就需要把小块的石料拼接起来。有时在锯雕过程中不小心将某些部位

锯断,也要采用拼接胶合的办法进行补救。即使是加工过的石料,在造型上也可能存在一些不足,这时也可以用拼接的方法来弥补。有些已进行完造型的山石只有与盆胶合在一起才能立得稳固。所以拼接胶合也是制作山水盆景的重要环节之一。

（1）拼接胶合的方法

①在拼接前,先把两块石料吻合部进行雕琢。为扩大接触面,使之胶合牢固,最好把两块石料吻合部雕琢成犬牙交错状。

②雕琢好以后,用水冲去石料上的粉末,在吻合部大部分接触面上涂一层有一定黏性的泥土拌成的泥浆(切忌用沙性很大的泥土拌浆,因沙性土吸水性能差),在少部分接触面上抹一层水泥浆(一般抹在石料左右两端),然后适当加压,使两块石料接触紧密。

③两块较大的山石上下拼接胶合时,需用一两块小补石(质地较硬又能吸水的细长条状小石),在补石两端抹水泥浆,中间涂泥浆。补石涂泥浆处要和上下山石拼接涂的泥浆相连,这样经由下部山石吸上来的水不但能上升到上部山石上,还可以通过泥浆渗透到补石上。

④两块较大的石料上下拼接后,为防止定型前松动走形,应在适当部位放两块木条或竹片,用松紧带或线绳将其同山石紧紧缠绕在一起,一周左右方可拆除木条,再过 3~5 天山石才能被搬动。

⑤山石胶合后,凡有水泥外露的地方,都要用毛笔蘸水刷掉,并在所有胶合处撒一层原石料粉末。如果拼接的技术掌握得好、运用得当,可达到"虽为人作,宛如天成"的效果。

（2）化学剂胶合法

目前常用的化学胶合剂有 107 胶、4115 胶、强力万能胶等。对于微小型山水盆景,可直接将胶涂在需要胶合的部位,再把要胶接的两块石料贴合在一起,压紧捆绑,待过 12 h 粘牢后,拆掉捆绑物。对于大型盆景,可以将化学胶合剂和水按照 1:3 的比例混合后加入水泥浆中,以达到增加水泥浆黏性的作用。

（3）固定胶合

在胶合之前,需先把石料冲刷干净,等完全晾干后,按构图和布局形式进行胶合,随后再用清水将白色铺纸裱贴于盆底(不要有折痕),以防石料底面与盆底面粘牢。胶合剂可选用 500号以上的水泥,用白水泥更佳,也可用建材胶合剂或万能胶等。带水泥干透后,剥去铺衬纸,将胶合后的山石再移入盆内即可。

对于高耸、悬险的盆景造型,石底必粘在盆面上,峰石才能立于盆面,可采用不垫纸胶合法。这种胶合法除了石底不垫纸之外,其他情况都与垫纸胶合相同。由于峰石较悬险,胶合之前易倾倒,所以在胶合时要给以临时支撑。

（4）胶合的技巧

①胶合前石料都必先洗刷拼接面。一般用钢刷在水中将拼接面上的污迹、粉尘清刷干净。过于光滑的接面,用钢刷或砂轮打磨一下,以利于水泥胶合。

②胶接石料注意纹理的一致。两块石料胶接,纹理要一致,纹理的方向也要协调。如果它们有所不同,应先加工,使之相同后再进行拼接胶合。否则,制成的盆景不能浑然一体,会给观赏者东拼西凑之感。另外,还要考虑石料的颜色、质感、吸水性等因素。对于吸水石,宜竖接而不宜横接,横接易断水脉,从而影响吸水。也可将拼接面雕琢成犬牙状以增大接触面积。如果

非横接不可,可在胶接面中央留空隙,填入泥土或纤维物,只用水泥胶接四周。

③接缝处理要与石料协调。山石胶合后,凡有水泥外露的地方,都要用毛笔蘸水刷掉,接缝处可用有色水泥(水泥与颜料混合调成)勾缝,使接缝近似石料颜色。也可用同种山石粉撒在接缝水泥上,达到合缝合色的目的。胶合后的石料必保持湿润,不可在烈日下暴晒,以免干得太快胶接不牢。胶接后盖上湿布,移至阴处,定时往湿布上洒水,使水泥很好地凝固。

(5)胶合注意事项

①山石进行胶合时,一定要注意使拼接缝的颜色和石料颜色一致。

②勾缝时,尽量不要污染石身。

③两石相接时,一定要上下轻轻对磨,以缩小缝隙,充分吻合。

④两石接缝明显时,用第三石来遮挡。

⑤两石的接缝,一定要随石身的皴法加以变化,尽量做出与石料相同的皴法、纹理。

⑥在胶合时,要注意种植穴的安排,种植穴要有高有低、有前有后,千万不要安排在同一直线上或等距离布置。

5.4.2　旱石盆景的加工技术

旱石盆景是以植物、山石、土为素材,以山石与土作为山形组合,构成缓坡绿洲等山丘起伏的风情地貌。其特点是表现力独特,因泥土占据全部盆面,画面饱满生动。其制作较为简便,养管方法大都与树桩盆景相同。

1)沙漠盆景

"大漠孤烟直,长河落日圆",正如唐代诗人王维有诗曰,大漠戈壁苍凉雄奇的景象别具风情。制作沙漠盆景宜用长形浅盆。盆内盛沙,沙面要起伏不平,呈自然沙丘状,可配骆驼数峰,还可点缀人物,近大远小布置。可在人物和骆驼后面的沙面上扎几个点,模拟人物、骆驼行走的足迹,以加深意境。要种植沙漠特有的植物,如金琥、生石花、中间锦鸡儿、仙人掌等。

沙漠盆景还可在沙中埋下一块浅绿色的玻璃,露出一部分,形成一个"湖泊",再在周围布置一些绿色植物,在稀疏的植物中放置一些小白石,形成一片"沙漠绿洲"的景象。

2)附石盆景

附石盆景也称石盆景,是将树木、山石巧妙地结合为一体的盆景形式。有的盆景树大石小,重在观树,属于树木盆景;有的树小石大,重在观石,属于山水盆景,可都称之为附石盆景。

(1)石洞型附石盆景(图5-18)

在山石的布局过程中,要先确定好种植穴的位置,可将其以留在山石背面或隐蔽的洼处。为了方便排水,需要在种植穴的底部留有孔洞。树种多选耐阴、耐旱的小型植物。如果树木种植浅,会因浇水而使水土流失,树木难以固定;可以使用金属丝做成的钩环,并将其胶粘在种植穴的周围,等到树木栽好后,在土面上盖上青苔,再用铁丝与钩环缠绕树木使其稳定。

图 5-18　石洞型附石盆景

（2）抱石型附石盆景

这类盆景大多要将树木的主根去除，山石要求造型美观，具有很强的观赏性。如果不去主根，也可将主根盘缠在山石上。有的山石上没有沟槽，需要在上面凿沟，将树根嵌入沟槽之中，再用棕丝或金属丝将其固定，然后将树木和山石一起栽入土中。先加强养护，每年换盆时将山石逐渐显露出来，对随山石而露出的根系进行修剪，剪去妨碍造型的根，并在适当的时候将其捆绑物解除，同时对树木上部进行修剪。经过几年的加工，树根与山石牢牢地结合在一起，就可上盆观赏了。

5.4.3　水旱盆景的加工技术

水旱盆景是把树木盆景和山水盆景有机地结合起来。其表现题材十分广泛，无论名山大川、海岸风光、园林一隅、池畔小景都能跃然盆中，十分接近自然。水旱盆景所需的山石一般要求纹理统一、色泽相近，有大小、高低的对比。植物配置要求参差错落、有疏有密，树形有直有斜，如自然景观再现。工艺配件中的人物、舟船、亭桥、鸟兽的大小比例应与景观协调，色彩不宜太鲜艳，也应与整体和谐。水旱盆景是当前盆景界十分推崇的一种艺术形式。水旱盆景的制作方法可分为以下步骤：

1）选树

在水旱盆景中，树木有着相对突出的地位。树木的形态、风韵对构图组景、意境表达有着重要影响。盆景中孤植树木要求造型相对完美；丛栽树木要求风格统一，有大小、高矮、主次之分。由于水旱盆景表现的是自然风光，因此树木姿态应该自然，不可矫揉造作。

2）选石

水旱盆景中，山石是树木的伴侣，同时也最能反映水面景色及地貌特征。制水旱盆景多采用硬质石料，因其质感好，且用于分隔水、旱不会透水。常用的硬质石料有英石、龟纹石、石笋石等。不同的石种质地、形状、纹理、色彩各不相同，选用什么石种应根据作品表现的内容而定。

同一种石头中,纹理、色彩的变化也很大,因此选石时应特别注意质、形、纹、色协调统一。

3)选盆

制作水旱盆景宜采用浅薄的白色大理石盆,盆底无孔,可以贮水,便于表现水景。浅盆更能突出曲折宛转的水岸线,素色盆更能衬托树石组成的画面。

4)整理树木

用于水旱盆景的树木材料,须进行一定的加工整理,使之具有优美的姿态并符合造景的要求。加工可采取蟠扎与修剪相结合的方法,既要考虑树木本身的姿态与风韵,又要考虑构图布局的需要。若是多株树木合栽或丛植,则要整理出相互间的主从关系。遇到根系影响栽植的情况,还应对根系作适当的修剪或蟠扎,使之能方便栽种于盆中。

5)试作布局

布局是制作水旱盆景的重要一环。先将选好的树木放于盆中适当位置,再摆放山石,设计出曲折的坡岸。在试放过程中,一边观察、一边调整,使树石配合协调,布局自然而富有意境。

6)粘贴山石

布局确定之后,拿开树木和山石,将盆和山石分别洗净晾干,随后按盆中的铅笔线将石头逐块粘贴于盆中。这道工序结束后,就达到了分隔水旱的目的。为使坡岸美观清洁,可用笔刷蘸水刷净粘合时多余的水泥。

7)栽种树木

山石在盆中粘合固定后,即可栽种树木。具体方法是先在贮土一边的盆面铺上一层土,放入树木,以垫土的厚薄来调节栽植的高度。定位满意后,将土填入根系周围,并用小竹签将土扦实,使根与土结合紧密,利于成活。栽植的同时,适当做出起伏的地形。

8)点缀山石

此时盆景虽已初见成效,但水岸边的山石像一道"石圩坎",旱是旱,水是水,有些生硬、呆板,如在旱地和水面上点缀一些山石,情形就大不一样了。土面散置的山石不仅丰富了地形地貌,完美了构图,而且与水岸边的山石相互呼应,使整个景观和谐地融为一体。

9)铺种青苔

青苔在盆景中好比草地,有了青苔的铺衬,盆景的色彩也变得丰富起来,更加生机盎然。树与石之间有青苔过渡,更显自然。盆内铺种青苔,还可以保护土面,避免因浇水或雨水冲刷造成水土流失。青苔铺种结束,用喷壶将盆土浇透。

10）安放摆件

为了丰富意境,突出主题,有时需要在盆景中安放摆件。常用的摆件有船、桥、亭、茅屋、水榭、人物等,摆件的选择要恰当,与景物的比例要合理,安放的位置要经过推敲。

5.5　植物与配件配置

5.5.1　山水盆景的绿化

"石本顽,树活则灵"。自然界中的山石总有草木相伴,那么山水盆景中草木同样不可少。清代画家汤贻汾在《画筌析览》一书中写道:"山之体,石为骨,林木为衣,草为毛发,水为血脉。"说明了在绘画中山石与草木不可分的联系。盆景制作犹如做一幅立体的画,要想制作一盆高水平的山水盆景,山、石造型的完成并不是作品创作的结束,绿化是作品的继续,也是作品成败的关键。一组山石造型再好,缺乏科学合理的绿化就难以达到最初设想的最佳效果;而造型不足之处,常能通过艺术性的绿化来弥补。山水盆景的绿化是指盆景已经完成定型后,在其间配上树木、小草或青苔,使其绿化、美化,达到更加完美艺术效果的创作过程。绿化是山水盆景制作的重要环节。

1）山水盆景绿化的作用

（1）使山水盆景产生活力

在山水盆景的绿化中,将具生命活力的植物栽种于山石之中、山水之间,让原本静态的山、石、水也有了活力,更具艺术表现力。

（2）山水盆景绿化有调节比例的作用

宋代画家饶自然在《绘宗十二忌》中写道:"近则坡石树木当大,屋宇人物称之。远则峰峦树木当小,屋宇人物称之。"同理,在山水盆景作品中,近处的草木应该大一些,远处放入的则应该小一些,山景高处的植被宜小,低处宜大。即运用近大远小透视的原理,通过合理搭配植物的比例强化艺术效果。

（3）山水盆景绿化可以增添色彩和反映四季的变化

绿化景物中的一些植物因季节的不同会呈现出不同的颜色、姿态。绿化时应注意配植树形、枝形、叶形,注意季相变化等对比。植物随季节的变化也增添了盆景的欣赏内容。

（4）山水盆景绿化能弥补造型中的不足

植物可以掩盖直线、等边三角形、长方形等规则线条和块面的僵硬感,增添曲线、起伏对比,增加层次和韵律。例如,主峰高度欠缺,在其上部种植植物后能改变其原有高度,还能使其起伏节奏变强。总之,植物可巧妙地用于"遮丑"。同时,山水盆景种植绿化还可以起到调整重心、分隔层次、增强真实感的重要作用。

2）山水盆景的绿化

栽种植物要根据题材、山形、布局以及石种等因素综合考虑,符合近大远小的透视原则。如高山峻岭可栽松柏类植物,平原和低矮丘陵则宜选择叶小枝短的杂木类,或用半枝莲、小草点缀;如是高耸挺拔的山峰,还可在半山腰栽上悬崖倒挂的小树,以增加悬、险的气氛。不管怎样栽种,都要掌握近山植树、远山种草或苔,下面树大、上面树小的透视原则,尽量符合丈山尺树的比例关系。中国画理论有"山大于木,木大于人"之说,在选用植物时,也不要违背这个原则,如选用的植物尺寸比例过大,会破坏山峰的险峻挺拔气势。还要注意疏密得当,不可满山遍布,若植物栽得过多过密,会过度遮挡峰石。有些山石近景是局部特写,可适当做些夸张,树木比例可略放大一些。

软质石料吸水性能好,在其上新种植的植物也易于成活。软石易于雕琢,可先在所需栽种部位凿出洞穴,以便盛土栽植物。洞穴宜外口小里面大,这样不会因喷水或下雨将土壤冲出洞外,避免污染盆面而影响美观。

选作种植的树木应该是养护成活多年的树木盆景材料,并具有一定的造型形态,最好是枝叶比较茂盛的小树。种植不是单纯地为山石绿化,还要弥补造型中的不足。如山峰一侧略显瘦弱,栽上丰茂的植物可使其饱满;山脚低洼处略显虚旷,栽上小树后则虚旷全无;山峰高度欠缺,上部种植树木后能改变原有高度;另外还可给山形轮廓增加起伏节奏,使画面产生活跃的、曲线起伏的效果。

绿化的时间一年四季皆可,但夏季比较困难,最好在深秋至初春植物休眠期。植物种植还要注意:在山石间用土有限,需要注意经常喷水,以保证植物水分;特别在气温高、晴天或气候干燥之季,可经常向山石上喷水,向盆中注水,切忌烈日照晒。冬季和早春气温较低,山水盆景放置在室内向阳处为佳,以避免冻死草木,冻裂山石水盆。

5.5.2　配件配置

配件的设置因景而异,应与山石造景的环境协调,要以少胜多、比例恰当、色彩和谐。配件可以反映人与自然的关系,或表现人改造自然所留下的痕迹,或比拟、象征某类情节,烘托、渲染气氛;使用现代配件可以反映时代的精神。可在断岸坡脚处设置桥梁与渡船,可在水陆边置人家,水面开阔处可有风帆,危崖上可设栈道,田园风光可用水车与农具表现,展示现代气息可用到游艇、轮船及火车、汽车,诸如此类。配件的设置需紧扣作品立意并符合人们审美情趣,需要遵循的原则如下:

1）因地制宜的原则

根据山石形态、主题意境,或依山傍水,或卧波凌空,依形就势设置。唐朝王维在《山水诀》中写道:"回抱处僧舍可安,水陆边人家可置。"同理,亭台宜设在半山腰,水树宜设在岸坡处,栈阁宜设在俯江绝壁之下,孤塔宜设在山腰平台或山丘峰顶,近水面处可设拱桥,半山之处可设平板桥,江河水面可设风帆等。配件放置时要做到有主有次,宾主相宜。

2）动态美感和视觉连续性原则

配件的放置要注重视觉美感，可表现出动势，从而具有引导观赏视线的功能。如置于山顶岩峰之上的人，可俯视、远眺；山坡中人，登高必弯腰；行船之人，撑篙摇橹必用力。江海之中置帆船数点，可示水面辽阔，并延伸视线。

3）比例适当的原则

《山水论》中提到"远人无目，远树无枝，远山无石"，故山水盆景中的配件只能在近景、中景中置放，不宜在远景中置放。一般配件的体量不宜过大，数量不宜过多，不要喧宾夺主，要与整体相称协调。若放的配件过大，则显得山不高，景不远；若放的配件过多，则显得画面杂乱，意境浅俗。要力求做到大小适当，比例有致，少而精致，恰到好处。

4）意境表达的原则

要在有限的空间有藏有露，如画外有音，使山水盆景更有韵味。

5.5.3　盆与几架的选择

盆景素有"一树二盆三几架"的说法，这说明盆和几架对盆景的重要性。

盆景犹如在盆内作画，盆就是画纸，它可以决定画幅的大小、效果，有时还可以决定形式。因此，制作山水盆景对盆的要求颇高，盆是整个造型不可分割的部分，不合适的盆是无法体现主题效果的。

山水盆景一般采用盆底无眼的水底盆，便于贮水。水底盆都很浅，可突出山峰的雄伟高大和山麓坡脚的曲折起伏。浅盆还有一个好处，可以直接将配件，如船、筏、桥等安置于盆中，不需要其他支持物，这样更为美观、方便、自然。水底盆以汉白玉（房山白）、黑色花岗岩为佳，经抛光后光洁润滑、细腻，可以与多种山石配用。雪花白等大理石材料做的盆也为理想之盆，用塑料、玻璃料、竹、木、金属等也可做盆。不论何种材料做盆，形态要大方、轻盈，并考虑强度，形状可有长方、正方、腰圆、圆、六角、八角等。腰线、飘口等花式及长短、宽窄的变化更丰富了盆的造型。一般不用紫砂盆。

盆景放在优美的几架上，相互衬托，相映成趣，更显别致。精美的几架本身也是具有欣赏价值的艺术品。评价一件盆景艺术作品的高低、优劣，盆架的样式是否相配，制作是否精良也是重要因素。

盆景的几架是指陈设盆景的各种几和架。室内使用的几架一般有木质几架、竹质几架、树根几架。室外陈设盆景常用的几架一般是用砌砖、石制、陶制、水泥制或原木制的座或架，其样式、大小、高矮往往根据盆景的具体情况来设计。

5.6　山水盆景的管理

山水盆景养护管理的目的是使盆中山水景象长久保存下去。因此,要维持盆景中植物的健康生长并尽量保持其已有的造型,同时也要对山石进行清洁保养,防止其损坏。山水盆景中植物的养护管理与树木盆景基本相同,只是应更加精细。山水盆景的养护管理分为山水绿化植物养护,换盆水和山、石、盆养护管理三部分。

5.6.1　盆景绿化的养护管理

山水盆景一般应放于半阴、温暖、湿润的环境中养护。因为山水盆景中的植物根系极浅,不耐旱,也不耐寒,苔藓的良好生长也要求同样的环境。夏季在室外摆放盆景应避免阳光直射。在北方冬季山水盆景应比一般盆栽花木提前移入室内防寒。

1）浇水

山水盆景的盆内可盛水很少,水分蒸发快,因此浇水要定时、及时。夏季高温干旱期,必须每日对植株和山石喷水 2~3 次;春秋则视天气变化情况,每日 1~2 次;冬季可二至数日喷水一次。若是不吸水的石料做成的盆景,必须对栽种植物的地方经常反复喷水;若有吸水石,要浇灌吸水石,让其充分吸收水分,以供植物吸收利用。浇水时水流要细、慢,不可太猛、太多,以防止把土冲走;水要浇透,必须把泥土湿透。水质一般以天然水为最好,井水、自来水均应存放在容器内 2~3 天后再用。若条件允许,可将要用的水在阳光下晒 1 h 后再用,这样效果更佳,因为水温过低会有碍植物根系活动。

2）施肥

栽在山水盆景中的植物,由于泥土少,且难以换土,根系生长没有足够的养分,必须经常施肥才能供其正常生长。施肥多用无机肥,可有淡水肥,如能配制成营养液浇施最为理想,但浓度不能过高,一般以 0.2%~0.3% 为宜,宜薄肥勤施。判断施肥量是否适量可注意植物生长的态势。拿榆树来说,如叶小质硬、光亮油绿,则施肥量正好合适;如叶大质软而无光泽,徒长枝叶,则表明施肥过量。施肥一般在傍晚或阴天进行,雨后不宜施肥。

3）遮阳

山水盆景中的植物一般都弱小、幼嫩、根系浅,强烈的阳光不利于植物的生长。而且经强光暴晒,石料也易损坏,特别是软石类石料,经暴晒易粉化陨落。因此,山水盆景在高温季节必须采取适时的遮阳措施,6—9 月必须放在阴棚下养护,其余时间根据其习性可适当调整,也可放在墙阴角、廊檐、树荫下,但注意通风和必要的光照。

4) 修剪

可以中国山水画论中的"树不可繁,要见山之秀丽"作为草木修剪的宗旨。山水盆景植物虽然受到条件的限制而生长缓慢,但对其修剪不能忽视。特别在春夏之际,盆景中的草木虽小,但也可生长得很茂盛。如果不经常修剪,枝叶乱生,不仅破坏了盆景艺术造型,而且会影响盆景的继续培养。修剪技术与桩景盆景中植物的修剪相同。常用的修剪手法有:一、摘芽,摘去过多的顶芽;二、间叶,间除一些重叠的、杂生的叶片;三、剪枝,剪掉一些徒长枝、下垂枝、并生枝等,保持原有形体匀称生长。有些植物整修掉繁多的枝叶后,反而会促进新叶萌发,既延长了观赏佳期,又增强了观赏性。

5) 防治病虫害

应遵循"防重于治"的原则。山水盆景的绿化植物因条件所致,长势一般比桩景盆景植物弱,平时要注意盆景放置场所通风、光照、湿度等情况,防治病虫害工作应经常进行,一经检查发现,要及时防治,彻底根除。

6) 越冬防寒

山石上配置的植物由于土少、根浅、耐寒力极差,如遇低温、寒流袭击容易受冻害。同时,疏松的吸水石料也易冻结,导致山石干裂及石上植物死亡。因此,山水盆景一般不宜在室外过冬,应置于适宜的温室内。

5.6.2 山水盆景的换水

室内摆放的山水盆景需要保持盆内蓄水;室外摆放的山水盆景,为防止暴晒而导致硬石质峰崩裂,除冬季外,盆内都需蓄水,冬季则不应蓄水,改为干养。蓄水的盆景应定期更换盆中贮存之水,以保持盆水清澈透明。换水的同时要洗刷盆具,并将盆擦干后打蜡,以防沉淀物污染盆底。

一般中、小型山水盆景盆中山石可搬动,可经常换水和冲刷盆底以保持清洁光亮。如大型山水盆景,且盆中山体石不宜搬动,换水保洁很不方便,可采用"虹吸法"换水(用一根口径较大的橡皮管注满清水,一端高放在盆水中,一端低垂于盆底外,盆中污水自会吸流出来),也可用吸水海绵或吸水纱棉把盆中污水吸出,待把盆底盆面洗刷干净后,再注入清水。

5.6.3 山水盆景的山、石、盆的养护管理

山石养护时要特别注意:应经常往山石上喷水,"石靠水养",这样做一是增加其观赏效果,二是促使石身长出青苔,使山石富有生机。另外要保持盆面的整洁,注意遮阴、防寒,避免山石风化。

由于经常浇水,山水盆景易受泥土、灰尘、藻类等污染,因此平时应多注意盆中的清洁,保持盆面干净,并经常换水。在寒冷的冬季,山石会遭受冻裂,有条件的要进入温室养护。在夏季,

一方面要防止太阳暴晒,以免山石失水干裂;另一方面要防止大雨檐水冲刷,以防山石被侵蚀。

在搬动山水盆景时,一定要注意小心轻放,要托住主要承重部位,避免石峰移位、倾倒和断裂,还要注意防止山脚损坏。

在山水盆景中,青苔的养护是一件十分重要的工作。青苔不仅可以掩盖山石斧凿的人工痕迹,还可以增加山石的真实感,使其柔韧可爱,生机勃勃。同时,铺种苔藓还可以减少水分的蒸发,保持盆景中土壤的湿度,使土质疏松,防止土壤硬化板结。苔藓适宜生长在酸性或微酸性土壤中,若盆土碱化,苔藓会变黄,生长不良,可用一定浓度的硫酸亚铁溶液浇灌几次,使之转绿。还要对苔藓的长势进行控制。苔藓生长过满、过密,易掩盖石材本身的质感、皱纹,减弱石质的美感,降低观赏价值。养护过程中应及时修剪或控制水肥,必要时应予以清除,使其重新生长。

思考与练习

1.简述山水盆景造型的艺术特点。

2.制作山水盆景常用的石材各有什么特点?

3.山水盆景的艺术布局有哪些基本要求?

4.山水盆景配件设置应遵循哪些原则?

5.简述山水盆景植物修剪的方法。

6.山水盆景以盆长如何分类?

6 盆景的陈设与鉴赏

目的与要求：通过本章的学习，主要了解盆器与几架的作用和类型，掌握盆景陈设的布置要点、盆景命名的常见方式和注意事项，理解盆景鉴赏的理论基础。

盆景艺术中盆盎的重要性不言而喻，几架也是其中的重要组成部分。河北望都东汉墓壁画中的盆栽，就是植物、盆盎与几架"三位一体"形象最早的范本。就盆盎、几架的材质、款式和制作工艺而言，其完全可以与"景"的艺术相媲美。盆景陈设同样也受地区历史、文化和艺术风格的影响，在一定程度上形成了地方特色。盆景艺术固有"一景、二盆、三几架"的审美方法，这也阐明了三者之间的关系。

命名是中国盆景艺术的一大特色，通过命名点出创作主题，引导观赏者联系社会生活与自身经历进行思考，增添盆景艺术的观赏效果。因此盆景的鉴赏，就有了"观、品、悟"三个阶段，鉴赏形象美（源于自然），同时鉴赏通过形象体现出来的境界和情调诱发观赏者思想的共鸣，进入作品意境美（高于自然）的欣赏阶段从而达到对艺术美的享受。

6.1 盆器与几架

6.1.1 盆器

1) 盆器的作用

盆器又称盆盎，是盆景的容器。其作用一是将树、石、水等主要造型材料限定在一定的空间位置内，框定画面作为作品表现的范围；二是与景配合，丰富构图，达到盆上有景、景生盆上、盆景相映的效果。

2) 盆器的类型

盆器主要有桩景盆(又称盆栽盆)和山水盆(又称水底盘)两大类,前者有排水孔,后者没有。按制作材料可分为紫砂盆、釉陶盆、瓷盆、凿石盆、云盆、水泥盆、瓦盆、竹木盆、塑料盆等;按盆的形式可分为自然型盆和规则型盆。

3) 配盆的原则

配盆应遵循兼具实用与美感的原则。斜干、曲干、卧干和丛林式树桩可用长大于宽的盆,如长条盆、椭圆盆、马槽盆。立干式、规则式树桩多用圆盆和方盆,可变换角度多面欣赏。妩媚多姿的自然式树桩或花果类盆景可用椭圆形、圆形、梅花形陶盆。悬崖式树桩需用签筒形或其他形状的深口盆,才有险峻下悬之感觉,如有成山岩形的写意盆更好。山水盆景一般选用浅盆,长方形或椭圆形,且以汉白玉为佳,大理石次之。

6.1.2　几架

1) 几架的作用

几架又称几座,是用来陈设盆景的架子,它与景、盆构成统一的艺术整体。几架有放置承重、调节最佳观赏位置的作用,与盆树互相映衬,更显优雅。几架本身也具有欣赏价值,能锦上添花。最著名的范例是《秦汉遗韵》(图4-34),500余岁的古柏树桩栽植在明代的大红袍紫砂莲花盆中,置放在元代遗物九狮石礅之上,古桩、古盆、古座,三者配合十分协调。

2) 几架的类型

几架按构成材料可分为木质几架、竹质几架、陶瓷几架、水泥几架、焊铁几架、塑料几架等。其中木质几架按材质可分为红木、楠木、紫檀木、枣木等;按式样可分为明式和清式,前者色调凝重、结构简练、造型古雅,后者结构精巧、线条复杂、雕线刻花;按陈设方式可分为落地式和桌案式。

几架按造型形式可分为规则型几架和自然型几架,前者常见的有鼓凳、柱础、四拼圆桌、圆几、方几、条几、高几、双连几、茶几、两搁几、四搁几、陶几、书卷几、挂壁博古架、落地博古架等形式(图6-1),后者常见的有树根几、木垫片、石几座等形式(图6-2)。

3) 几架的选择

选择几架时需注意在大小、高矮、轻重、形状、色彩等方面与盆景的配合协调,相映生辉而不喧宾夺主。一般高盆高几,矮盆矮几,方盆方几,圆盆圆几,长盆用条形几或书卷几。有时方盆圆几或圆盆方几可变化。如悬崖式用矮几则无险峻之感。

几架的顶面要适当大于盆底的面积,方显和谐稳重,盆大架小不合适,几大盆小也不相称。架的重心要稳定,与盆轻重相衡,大景大盆要用浑厚稳重的案架,浅盆小桩可用轻巧的几架。微型盆景可放于博古架上,陈设集中既显得琳琅满目又方便观赏,同时注意博古架的陈设布置要符合上轻下重的视觉规律。

图 6-1　规则型几架

1—鼓凳；2—柱础；3—四拼圆桌；4—圆几；5—方几；6—条几；7—高几；8—双连几；
9—茶几；10—两搁几；11—四搁几；12—陶几；13—书卷几；14—挂壁博古架；
15—落地博古架

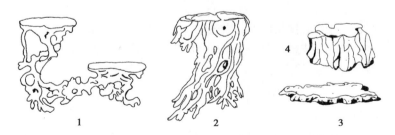

图 6-2　自然型几架

1,2—树根几；3—木垫片；4—石几座

6.2 盆景的陈设

盆景的陈设指盆景在室内外陈列布置的方式,使其处于较好的角度、高度、距离,利于风姿的展示和欣赏,达到环境与盆景互相衬托的目的。盆景的陈设讲究空间、环境的陪衬,与几架的相互配合,这样才能充分地发挥盆景艺术品的观赏功能。

6.2.1 盆景陈设的环境条件

陈设盆景有比较严格的环境要求。首先,需要有足够的空间:只有空间宽敞才能提供足够的观赏距离,如空间狭小拥挤,一则观赏不便,二则会打破盆景构图的均衡,三则盆景易被其他杂物所干扰,不易集中观者的视觉注意。其次,需要有清新的空气:要有利于树桩的生长和山石的养护。第三,需要有充足的光线:从观赏效果上考虑,充足的光线才能使景观轮廓分明,同时也是满足盆景植物生长对光线的需要。一般室内陈设尽量放于光线最充足处,室外陈设则放于半遮阴环境(忌强烈日光照射)。第四,要有安静朴素的环境:盆景艺术品的鉴赏是"观、品、悟"的层次渐进过程,没有环境氛围的烘托,很难引发观赏者的共鸣。

6.2.2 盆景陈设的基本要求

1)盆景的背景处理

需要以单纯的背景来衬托盆景,且背景的色调要与盆景的主要色调明显区分,使盆中山石树木之姿突显于背景之前。另外,背景与盆景展品的空间距离要合适。

2)盆景陈设的高度

高远式山水盆景和悬崖式、直立式、迎风式、临水式、过河式、俯枝式等自然型树桩盆景适宜放在高于视平线的位置观赏;大多数规则型树桩盆景和树冠分层明显的自然型树桩盆景,为能清楚地看到树冠层次,宜放置在与视平线平齐的高度观赏;平远式、深远式山水盆景和其他水景、岸景、山脚景观较好的山水盆景以及以悬根露爪的根苑为主要观赏部位的树桩盆景,其盆面应低于水平视线 40~50 cm;枝繁叶茂,树冠不分层次或层次不明显的或以观叶为主的自然型树桩盆景,应更低一些甚至直接放于地面上观赏。

3)盆景视距的安排

普通的中小型盆景的观赏视距安排可为 0.7~3 m,大型、特大型盆景的布置应按盆景最大直径的 2 倍来安排观赏视距。

4）盆景的搭配与呼应

（1）孤置

将盆景作品作为观赏的主景单独陈设。一般可布置之处有厅堂的正中、居室内靠近窗边的墙角、庭院入口内、花园路口、水池边的突出点、过道的尽头等。

（2）对置

将两件盆景作品相对布置,可设于厅堂、庭院的入口两旁,路口两边、短通道的两端,在主要盆景或其他景物的两侧陈设,用于衬中心的主景。

（3）散置

将多件盆景作品零星地分散布置,作为环境的点缀品,主要在居室、茶室、餐厅、接待室、门厅,以及庭院中、水池边、路边、墙角、楼梯旁或假山下布置。

（4）列置与聚散状群置

多件盆景作品相对集中的陈设,作为某一空间中的群体主景,有两种布置方式。一种是布置成相对整齐等间距的一列,称列置;一种是有疏有密,有聚有散地布置为一群,称聚散状群置。前者可沿路边、墙前或游廊两侧布置,后者一般在盆景园内、展览大厅内、草地上等处布置。像这样相对集中地布置多件盆景作品时,应注意避免单调感,如山水盆景与树桩盆景可相互穿插布置,丰富层次;不同构图形式和造型式样的盆景可交替布置,以提高观赏趣味;不同大小、高矮的盆景可搭配布置,突出群体立面的变化;另外,相邻的盆景最好相互呼应、相互顾盼,在态势上紧密联系,不要各自为政,互不相干。

6.2.3   盆景展览的陈设布置

盆景展出现场的陈设布置,对突出展览作品、烘托环境氛围、组织人流交通都有重要作用,需要从以下四个方面进行精心安排。

1）主题思想及展出风格

盆景展览的主题要突出,陈设布置的风格要明确。如1979年国庆期间第一次全国性盆景展览会中:广东馆立意要打造"南国风光"主题,使场馆具有岭南风格并有浓厚的生活气息,希望观众在广东园林里欣赏广东盆景并产生亲切感,从而得到艺术享受。因此,将盆景放置在具有浓厚地方色彩的斑竹几架之上,布置富有南国园林特色的鱼眼笪竹棚和松木曲廊,周围衬以各种南方植物,朴素典雅,风格浓郁。苏北馆采用传统的厅堂布置方法,古香古色,富丽堂皇。上海馆的布置则在室外采用新型的金属展架,室内用仿明式的新型家具和博古架,气氛明朗活泼,饶有特色。由此可见,地方性盆景展览一般以突出地方风格、反映本地盆景特色为主题。

2）分组布局,主景突出

布置展览,要把展览室(架)分割成若干个小空间,盆景分组,几架也分组(或隔断空间)。分组布局可根据场地大小采用串联式、放射式、走道式等形式。

每组中即每个小空间中,要有主有次、高低错落、上下呼应、左右关联、疏密有致,形成艺术整体,形式构图要均衡和谐、统一协调。

3）参观路线，井井有条

盆景展览的参观路线要明确，应安排有序景、起景、发展、高潮、结景、尾景等参观序列，使之具有较强的导游性。

4）背景装潢，书画插花

展览格调要朴素雅致，装饰要简繁得当，配色要协调，背景不可喧宾夺主，装潢要简洁大气，以防弄巧成拙。展室中可挂一些名人字画、宫灯等渲染气氛。东方式插花可与盆景配合布置，忌用西方式插花，否则整体风格不协调。

6.3 盆景的命名

6.3.1 命名的意义

盆景是艺术品，需要有艺术品所反映的主题、精神和意境，这些都需借助恰当的名称才能反映出来。否则一盆作品，仁者见仁，智者见智，各说纷纭，无一统领的提纲，无法表达作者的主题思想。盆景命名的意义在于：其一，点明作品的主题，概括盆景作品的主要景观内容和艺术特色；其二，深化意境，点出境外之景，景外之意；其三，对观者的想象方向具有指引作用。

在中国盆景艺术的发展中，形成了一种盆景文化，这是中国盆景成为国粹的重要原因，是中国盆景的一大特色，也是中华文化博大精深的一个佐证。我们要将盆景艺术发扬光大，盆景命名也很关键。盆景与文学结合，才能提高其艺术魅力。日本及我国香港、台湾的盆景，有许多长处，其选桩养护深得现代技术的滋润，但不够重视命名，台湾盆景过多地吸收日本盆景的造型方式，重选材、做工和培育技术，却丢失了中国盆景的文化精髓，达到的仅是形似而非神似。

6.3.2 命名的方式

盆景命名甚至比制作更难。制作是实践操作性强的活动，只要动手就可进行；命名则很抽象，需借助创作者自身经历和文化素养。很多盆景艺人都为命名绞尽脑汁，感到命好名之不易。好的盆景命名能以景反映诗情画意、风俗人情和时代精神，使内涵超然景上，达到景意结合、情景交融、引人入胜的境界。

盆景命名的方式常见以形题名、以意题名、以诗题名、以画题名、以文题名、以景题名、以树题名、以时题名。如图 6-3 为曹明君创作的象形式盆景《龙眺嘉陵》，此金弹子桩景的命名经历了反复思索、不断改进的过程。最初根据作品造型命名为《龙之王》，后以象形特征结合地域名称改名为《江龙出海》，反映重庆走向全国走向世界的美好愿望，但在表达时代精神和地域特色

图 6-3　曹明君《龙眺嘉陵》

方面还不够明确。最后定名为《龙眺嘉陵》，借龙之眼和形，展示敞开的心怀，寓巨龙被改革开放所唤起，展望长江上游西部开发中心城市的英姿，给作品贯以时代精神。

盆景命名需注意以下几点：①要含蓄，忌直露；②要切景，忌离题；③要有诗情画意，忌平庸；④要形象化，忌概念化；⑤要有声有色，忌平淡无光；⑥要有动律感，忌死板；⑦要精练，忌烦琐；⑧要突出特点，忌面面俱到。

6.4 盆景的鉴赏

6.4.1 盆景鉴赏的常识

鉴赏中国盆景的标准，经多年之学术争鸣，并经第一届至第五届中国盆景评比展览，第六、七届中国盆景展览会的评比实践，逐步形成共识，即以达到"源于自然，高于自然""神形兼备、情景交融"的艺术效果为最佳作品。盆景鉴赏的本质是从盆景的具体境象开始进行欣赏，进而深入盆景的内在艺术境界中进行体察和感受，同时从造型形式和创作技巧多方面来欣赏。

1) 盆景的形象美

盆景是活的艺术品，是以树木、山石等素材，经过艺术处理和精心培养，在盆中集中典型地再现大自然神貌的艺术品。由于中国幅员辽阔，各地地理、气象、植物种类、石材种类以及其他材料不一，创作技法又各尽其妙，反映在盆景中的树木形态及山川风貌亦有明显区别，鉴赏其形象美的标准，往往随时代进步而变化。

树木盆景的植物勃勃生机，随四季变化，不仅春日观花、夏日观叶、秋日观果、冬日观骨，而且形态各异，令人遐思。就其造型而言，直干高耸，苍劲雄伟；曲干多姿，轻柔飘逸；多干林立，壮观幽深；悬崖倒挂，百折不挠。

山水盆景的山石，以石寓山，小中见大。芦管石高耸笔挺，气冲云霄；龟纹石纹理纵横，雄浑奔放；英石刚劲雄健，势不可摧；太湖石富于变化，体态玲珑。

鉴赏盆景的形象美，实质上就是鉴赏盆景载体（树木或山石）通过艺术处理和精心培养所达到的高于素材本身的自然美。

2) 盆景的意境美

鉴赏盆景，有别于鉴赏盆栽，不同之处在于不仅鉴赏形象美（源于自然），还要鉴赏意境美（高于自然），这就是中国盆景民族特色之所在，也是中国盆景艺术风格之所在。鉴赏中国盆景是一种审美活动，通过"观、品、悟"的全过程达到艺术美的享受。由于鉴赏者艺术素养高低不同，人生阅历和见解不同，以及审美取向不同，往往导致鉴赏结论不一。下面以鉴赏树木盆景为例介绍盆景艺术的鉴赏过程。

（1）观

首先观赏盆景形象美。观赏该作品属于哪种类型，是观叶类、观花类、还是观果类；用的是什么树种，其根、茎、叶、花、果的形态和色彩是否美观、是否富于变化；其树种是否易于造型，是否体现了"缩龙成寸""小中见大"的艺术特点。再观赏该作品造型是否立意在先,依题选材,形随意定;作品的艺术加工(修剪、蟠扎)是否"不露作手,多有态若天生"。最后观赏该作品是否经精心培养,生长健壮,无病虫害。可见,盆景的观赏不仅仅是单一的视觉艺术。

(2)品

品赏是鉴赏者根据自己的生活经验、文化素养、思想感情等,运用联系、想象、移情等思维活动,扩充、丰富作品体验的过程,是一种再创性审美活动。鉴赏者必须在理解作者创作意图的基础上才能进行再创性审美活动。盆景是通过造型表现自然、反映社会生活、表达作者思想感情的艺术品。鉴赏作品造型是否依自然天趣、创自然情趣,成为品赏的主体内容。特别是通过品赏作品造型表现出来的意境和情调,诱发鉴赏者思想共鸣,使鉴赏者产生联想、移情,从而品赏已超越视觉感受,进入思想境界。

(3)悟

鉴赏中国盆景之"观",是以盆景为主;鉴赏中国盆景之"品",是以鉴赏者为主。鉴赏中国盆景的最高境界,是鉴赏者由"品"而"悟",通过领悟以获得对作品内涵的深层理性把握。盆景艺术大师们在进行创作时,往往注重"景在盆内,神溢盆外",在掌握形象美(源于自然)的同时,引导鉴赏者从小空间到大空间,突破有限、通向无限,以期达到盆景艺术所追求的最高境界——意境美(高于自然)。

3)盆景评比的标准

目前,盆景艺术作品评比标准众说纷纭,其中有代表性的是已故著名盆景艺术家、中国盆景艺术家协会原副会长、厦门市盆景花卉协会创建人耐翁提出的八字标准。

①树桩盆景评比标准是"势、老、大、韵":树势第一要有紧凑良好的结构,多变化,符合植物生长规律;第二要植株苍老;第三要气魄浩大;第四要神韵盈溢。

②山水盆景评比标准是"活、清、神、意":活灵活现;清静典雅;出神入化;立意在先。

上述八字品评都是互相依存、不可分割的。桩景重点是树姿美又符合植物生长规律;山水重点是做假成真,有目的、有立意。评比时既要抓住重点,又要把八字标准灵活、综合运用,细察神韵,深解意境,全面评价。盆景评比以评景为主,盆、架可做参考。

以下是第七届中国盆景展览会评比标准。

(1)树桩盆景评比标准

题名:5分

题名确切,寓意深远,外在形象与内涵情趣高度概括。

景:70分

因材施型。善于运用盆景艺术创作原则,通过巧妙造型手法和精心栽培技术,达到"神形兼备""小中见大",源于自然、高于自然的艺术效果。根、茎、枝、叶健壮,枝繁叶茂,无病虫害。

盆:20分

配盆形状、质地、大小、深浅、色泽、工艺与主题得体,使盆与景相得益彰。

架:5分

几架造型、大小、高矮、色彩、花纹、工艺和主题与盆景配置协调,达到最佳观赏效果。

(2)山水盆景评比标准

题名:15分

题名确切,寓意深远,外在形象与内涵情趣高度概括。

景:70分

选材得体。善于运用盆景艺术创作原则,巧妙应用取舍、组合、布局等艺术加工手段和技巧,恰到好处地配置植物、点缀摆件,使立体山水画图意境高雅、景观深远。

盆:10分

配盆形状、质地、大小、深浅、色泽、工艺与主题得体,使盆与景相得益彰。

架:5分

几架造型、大小、高矮、色彩、花纹、工艺和主题与盆景配置协调,达到最佳观赏效果。

(3)水旱盆景评比标准

题名:15分

题名确切,寓意深远,外在形象与内涵情趣高度概括。

景:70分

选材得体。善于运用盆景艺术创作原则,巧妙应用取舍、组合、布局等艺术加工手段和技巧,使植物与山石组合成景,恰到好处地点缀摆件,使立体山水画图意境高雅、景观深远。

盆:10分

配盆形状、质地、大小、深浅、色泽、工艺与主题得体,使盆与景相得益彰。

架:5分

几架造型、大小、高矮、色彩、花纹、工艺和主题与盆景配置协调,达到最佳观赏效果。

(4)微型组合盆景评比标准

题名:5分

题名确切,寓意深远,外在形象与内涵情趣高度概括。

群体组合:20分

微型盆景、配件、几架、博古架(道具)组合得体,寓艺术整体美于其中,发挥其典雅、隽秀的艺术魅力。

微型盆景:60分

按树木、山水盆景评比标准,达到“缩龙成寸”“小中见大”的艺术效果(植物盆景需要在盆中养护一年以上)。

博古架(道具):15分

博古架(道具)造型优美、工艺精良,与微型盆景、配件相得益彰,达到最佳观赏效果。

(5)观果类盆景评比标准

观果盆景评比标准参照树桩盆景评比标准。其中,景70分中果实占35分。果实色彩鲜艳,大小、多寡要与植株相协调。

4) 盆景艺术欣赏的主观性

盆景鉴赏带有很强的主观色彩。由于观赏者兴趣、爱好、阅历、立场观点、文化修养、思想意识不同,审美倾向、心理素质不同,加上时代、民族、个性、社会生活、政治哲学、道德观念、宗教信仰,以至年龄、职业因素的影响和制约,在鉴赏过程中会产生不同的感受、体会和意见。因此,即使参照上述盆景评比标准,不同观赏者对同一作品也会褒贬不一。同一观赏者,也会随着人生阅历的增长,文化修养、审美能力的提高,产生不尽相同的欣赏感受。

6.4.2　树桩盆景的艺术欣赏

1) 欣赏内容

（1）整体效果

整体效果包括构图、取势、造型、题名、神韵、创意、制作难度7个方面。首先,作品的外轮廓要有吸引力,要生机勃勃;构图、取势要与树桩本身的形态相符合,要充分展现桩材的个性、特点。其次,题名与作品的整体效果所表现出的神韵、气质要一致,内涵、意韵要有思想、有主题、有时代气息。最后,看作品有无创意,判断制作时间的长短、技艺的难易程度。对整体效果的把握属于主观性较强的欣赏,与欣赏者的技艺、修养有密切关系,也是欣赏时最容易出现偏差的内容。

（2）根盘树干与枝爪布局

对根盘树干的欣赏包括头根、爪根、头干、中干、尾干5个方面。对头根、爪根要求与造型相符,要自然美观、强健有力;头干要有坑、有稔、有筋、有骨;中干、尾干与头干顺接自然,健康壮硕,要有该造型的态势。这些是由桩材的先天条件决定的,是树桩本身所固有的,属客观性条件。

枝爪布局包括布托位置、出枝角度、配枝多少,枝线的力度、节奏、韵律、空间变化,枝线的争让、章法布局,顶枝的形、态,全树的叶、芽状态,作品的成熟程度5个方面。枝托的出托位置要符合造型的要求和美学规律;出枝角度、整体枝线的布局要给人亲切感,要争让合理、疏密相宜、布局适法;枝线要强调多种线条并用和自然承接,软、硬角相济,线条曲折多变、节奏强烈,神韵生动、造型自然,即有力度美、节奏美、韵律美、空间美;顶枝与尾干要自然而不牵强,要起到加强造势的作用;作品要成熟,突出年功,叶、芽要协调统一、恰到好处,要为主题和意境的表现服务。这些属于后天培育的硬功夫,是作者技艺、修养的体现。

（3）配盆装饰与几架组合

配盆、装饰、几架组合是盆景创作的最后一环,在大小、质地、造型、色彩方面均需选用得当,统一协调。

（4）养护管理

树桩盆景植物株应长势良好、发芽旺盛、叶色正常,枝叶应剪理整洁,无病虫为害,卫生情况良好。对于花果类树桩,花果期应开花繁盛、结果丰硕。

2) 作品赏析

（1）看命题创作的全过程——黄光伟雀梅盆景《登高望远》赏析

"意境"是作者的主观思想感情与客观的自然景物充分融合而产生的一种思想境界。作者借用自然景观来蕴蓄、抒发自己的情感,使流动的不可见的转瞬即逝的情绪蕴含在意象中,并变成可把握的、可见的、可以慢慢品味的"实体",这是一种"精神变物质,再由物质变精神"的过程。盆景的命题创作就是根据选定题目的内在要求用盆景的形式去表现其形象和意境。

"独在异乡为异客,每逢佳节倍思亲。遥知兄弟登高处,遍插茱萸少一人。"这是唐朝诗人、

画家王维的《九月九日忆山东兄弟》。远方游子孤寂的浓郁的思乡思亲之情浓缩于这首七绝诗之中,成为千古绝唱。怎样用盆景去表达这一意境?如何去进行命题创作?黄光伟作品《登高望远》(图6-4)正是一实例。

图6-4   黄光伟《登高望远》

作者在创作主题明确后,首先进行了选材与配色。选用培育10余年的双斜干雀梅进行重剪后剔叶,仅留少量黄叶表现秋意,脱盆,修根,作为旱景组合的主景树;选用一大三小红褐色的泥石加强秋景的色彩焦点;配50 cm×90 cm的黄褐色浅盆;另配以少许黄苔。在组合方面,作者将主景树植于盆的左侧,紧靠较大的泥石成为视线焦点;近邻附小石并做成下斜山坡状;右盆面让出大量空白,境界开阔,虚灵脱俗。饰景方面,盆面植黄苔,大石上安置远瞻古人,登高望远的主题得到很好的再现。红、褐、黄亮丽的色彩紧扣深秋萧瑟寂寥的主题气氛。

至此,作者利用一造型并不完美的双斜干雀梅村桩和几件配器完成了作品的创作,使《登高望远》的主题意境活灵活现。可见,因意选材,因材造境,因境生象,由象生情是命题创作的最好方法。

(2)宁心净目,神清气爽——冯龙生两面针盆景《吹箫引凤》赏析

雄、秀、清、奇是盆景造型中的四大"树相"。雄:干、躯矮霸,根板爪立,枝粗托密,亭亭华盖,有如相扑力士、霸王举鼎,大气、磅礴。秀:干、躯挺秀清丽,根板配合桩型,粗枝大托,枝繁叶茂,有如引以为翩翩公子、妙龄少女,文静秀丽。清:干、躯清瘦简约,根板爪立清奇,枝叶扶疏,不繁不简,超凡脱俗,有如文人雅士、得道高僧,宁静致远。奇:干、躯、根怪异突兀,鬼斧神工,不守成法,出人意料,枝叶随意,气韵神奇、诡谲,有如侠士高人。冯龙生作品《吹箫引凤》(图6-5),得清字诀,亮丽动人,实为可贵。

图6-5   冯龙生《吹箫引凤》

《吹箫引凤》的原桩是一十分普通的桩材,干高50 cm,正、反三大弧段基本相等,顶段短截后干偏粗,缺少特色,而可取之处仅在于树干龟甲嶙峋、纹理深现、根板左拖、干身逆立这些特点。为寻新意,作者特在造型上下功夫。在干顶采用硬角与软弯互换的方法培育一枝"半飘半跌"枝作为左向的要枝直垂盆面,清新、出奇,极具视觉冲击。干身右向留一点枝互补,后枝隐现,顶枝右昂,全桩仅枝四托,不多不少,简洁明朗。配用长径70 cm椭圆形特浅盆,树桩植于盆右,让出左向大量空间布置成溪涧浅滩状,境界开阔、空明。滩头石矶上置一吹箫古儒,画龙点睛,突现"弄玉吹箫引凤凰"的主题。黄色的盆身、石矶,浅黑色的树干,绿色的枝叶、草地,白衣的古儒,构成色彩明丽的画面,使观者宁心净目、神清气爽。

（3）独具匠心，小中见大——陈尉豪雀梅盆景《鹤舞燕翔》赏析

古人对盆景向有"高不盈尺，宜厅堂室内摆设为佳"之说。现今社会不断进步，居室多高大宽敞，盆景的尺寸要求也相对放宽，但还是以 1～2 人能搬动为宜。陈尉豪先生的雀梅盆景《鹤舞燕翔》（图 6-6）飘长 80 cm，属中小型桩，造型精致，做工细腻。

图 6-6　陈尉豪《鹤舞燕翔》

《鹤舞燕翔》是典型的提根式半悬崖造型桩景。原桩只有 S 形的前半段干身，其精华在于横卧盆面的头根部第一曲以及裸露呈软弯流动状的粗根，形成飞扬舞动之势。此桩通常会被认为桩型虽好，但过于小格，难成大器。但作者独具慧眼，审桩度势，在充分发挥原桩个性特色的基础上，确定"鹤舞燕翔"为创作主题，再依题布势、出枝、造型。现今所见的后半段干身应是作者后天蓄养培育的，紧接原干横平飘出，其间硬角与软弯互换，与原干势神韵相统一，使全干刚柔相济，奠定了"翔"的造型基调。为了进一步加强"翔"的效果，作者有意将三托左展枝全部塑造成横展平枝，枝流、势韵统一。干顶二枝取右展逆势，与主枝流相反，顺逆相配，变化灵活，得鹤舞之态。中部二前枝成点枝态势，协调、过渡。全桩气势统一，神韵超然，终成佳作。

（4）年功，作品成熟的标志——江锦荣福建茶盆景《迎客》赏析

福建茶盆景《迎客》（图 6-7）是江锦荣的得意之作。直干高耸的大树造型，历来在盆景界被视为难度最高的造型。原因是其干身通直，不合乎国人以曲为美的欣赏习惯；而干身中直，一览无余，缺少变化，难出新意。但作者独具匠心，有意将其塑造成迎客式，并在造型与枝法上苦下功夫，赋予作品时代的气息，终成直干造型之佳作。对比 1992 年［图 6-7（a）］与 2001 年［图 6-7（b）］作品造型之变化，前者只具盆景雏形，分枝布托合理，枝展到位，筋骨已成但羽翼未丰；后者则脱胎换骨，玉树临风，英姿勃发，可见作者之苦心经营。

①定托准确、桩高合理。作品成型后桩高 120 cm，右第一托为右前枝，正好在桩高一半偏下的位置，稳重、大方；左第一托为左前枝，落在桩高的黄金分割位上，灵动、活泼；右第二托为右后枝，在顶托与第一托之间。全桩仅枝四托，清疏、高洁、正气、磊落、大方。

②飘泻结合、新颖别致。作品右一、二枝托取双飘枝造型，长揖迎客，直朔主题。左第一枝为泻枝造型，即与右飘枝互补，起稳定重心的作用，又补左干下之空白。飘枝在盆景造型中运用相当普遍，但双飘枝在同一造型中出现就比较少见，双飘枝与泻枝在同一造型中出现则是少之又少。右飘左泻，气势非凡，搭配合理，求新求变，足见作者独具匠心。

（a）　　　　　　　　　　　（b）

图6-7　江锦荣《迎客》

③努力追求、尽善尽美。十年间作者的造型重点是强化重要枝、加密幼枝。对比图6-7(a)与图6-7(b)可见：作品年功显现，形神兼备，神完气足。双飘枝与泻枝十分醒目突出，顶枝与各枝托密集雄厚，疏与密对比强烈，全桩布白合理，气势统一，神韵超然。

④桩、几、盆配合和谐统一。蓝、白釉相隔的蛋形浅盆色彩亮丽，配上长方形矮几，视高适度，空灵稳固；桩身植于盆中偏左位置，让出盆面空间配合右飘枝，恰到好处，让人百看不厌，回味无穷。

（5）英姿勃发，意境高远——叶铭煊榕树盆景《古木雄风》赏析

叶铭煊是岭南盆景界老一辈的盆景艺术家，他的榕树作品《古木雄风》（图6-8）充分展示了岭南盆景"截干蓄枝"造型技法的艺术特色。整个作品树相雄浑、躯干劲健、细枝繁密、布托出色、布白虚灵，造型夸张得势，榕根深钳扭曲，"古木雄风"的命题准确，意境高远，无一不显露出作者精湛的技艺和深厚的艺术修养。

图6-8　叶铭煊《古木雄风》

①因桩造型、取势夸张。该桩拖根右展，按常规造型应配左展飘枝，但作者却反其道而行，在高位配右展上扬飘枝而取逆势。取势险、造型奇，思路别致，印证了岭南桩景造型灵活、法一形万的主导思想。

②布托合理，得三维空间变化之妙。A、B、C、D四托骨架要枝与干身成45°出枝，搭配合理。A与B、C与D互补并成对角线状，尽得三维空间艺术效果。俯视面呈半月形，吸纳观赏者视线，特现枝托精华。印证岭南桩景注重出托位置、角度、要枝变化，且空间饱满的造型特点。

③枝线极具力度美、节奏美、韵律美、空间美。该桩所曲子枝线皆为后天蓄剪而成。硬角短剪肥厚而极具力度美；其间翻滚扭动，长短互换的节奏美；布白不一，疏密得宜，井然有序的韵律美；要枝发达，顶枝前、后、左、右三维扭动，立体感、空间感十足；横角枝繁密、上扬、全势右展、态

势统一、年功特现。这些无不充分展现了岭南桩景蓄枝后表现枝线骨架的艺术优势,突出了线的神韵魅力。

④配盆得体,修饰得宜。白釉长方中深盆,中正大方;桩立正中,结顶正中,平稳中求特色求变化,磊落雄奇;盆面青葱、新芽点翠、生机勃勃;深褐色的矮架,边长与盆长、桩展横长几乎一致,厚实稳重、协调统一。

(6)霓裳一曲如天籁,靓影多重尽欢怀——吴成发雀梅盆景《神仙舞曲》赏析

吴成发创作的《神仙舞曲》(图6-9)是过桥连干丛林式盆景,集丛林式、过桥式两造型的优点于一身。该作品的11干样式多变而又统一,态势各异而又各自精彩,实是一树成林的不可多得之佳作。

图6-9　吴成发《神仙舞曲》

①整体效果。丛林式造型多干,即要求整体统一,又要各干各具风采,造型难度较高。《神仙舞曲》构图呈流动状的S形,主干穹卧、昂首、趋前统领全队,十位仙子环绕两侧,翩翩起舞。婀娜的舞姿、缤纷的靓影、律动的音符在观赏者眼前流淌。作品命题准确,意境幽雅。

②根盘树干。连干林也叫筏生林,各丛生干都由同一主干或同一主根派生出来。该桩由一主干和十小干组成,主干和部分小干有自己独立的根系,生长健康壮硕,极得连干林树相之美。右侧主干左弯高耸环抱各小干,左侧各小干各具个性但又团结、统一,集中在主干周围形成舞动的韵律,直朔塑主题。作品态势舒展,如轻歌曼舞,妙趣横生。

③枝爪布局。全桩特别注重各干的空间分布,大小不等的空间突出了各干的个性神态。枝线曲折有致,疏密组合得宜。左展枝加强取势动感、神韵,右展枝外展扩张,统一中求变化。枝线如钉似铁,瘦硬精干,动感十足。

④配盆装饰。朱砂釉中深长方盆色彩艳丽、喜庆、吉祥,熟褐色的矮几、枝干,嫩绿的新芽、翠绿的草地,色调冷暖对比强烈,对主题的深化和树格的提高都有进一步加强的作用。

6.4.3　山水盆景的艺术欣赏

1)欣赏内容

(1)立意与意趣

作品应立意好、格调高,所反映的思想情趣积极健康。意境需深远,以有不尽之意和无穷之味最佳,但无隐晦难寻之病。题名需精练、准确。

(2)形象与构图

作品应形象鲜明、有独创性、不落俗套,生动、逼真,不违背自然法则,能小中见大。具抽象

艺术特点者其形象可以不要求逼真和小中见大,但要能以形体之美吸引人。

构图需均衡、和谐、生动、简洁、新颖、完整。结构上宾主分明,有较强的形式美表现,形式与内容相互统一。

（3）技艺与盆架搭配

制作应手法灵活多样,运用恰当,并有创造性;技术制作精细,人工痕迹少。盆架的大小、形状、质地、色彩与景象内容相称。

2) 作品赏析

（1）大型山水盆景《群峰竞秀》赏析

大型活动山水盆景《群峰竞秀》(图 6-10)高 120 cm、宽 270 cm,在 1985 年中国盆景评比展中,以立意深远、构图精巧、形式新颖,荣获山水盆景一等奖最高分,成为"为时而作"的艺术珍品。《群峰竞秀》立意深邃,它颂扬了党的十一届三中全会以来,百业俱兴,盆景艺术之花迎春怒放,如群峰竞秀、百舸争流,欣欣向荣,也象征中华振兴,富有时代精神。

图 6-10　贺淦荪《群峰竞秀》

《群峰竞秀》在艺术形式上也是一种创新。这件山水巨作由《巫峡晨曦》《雄伟的巴东垭》《高风图》《宋洛奇峰》《美丽的洛溪河》《层峦耸翠》《千里江陵一日还》《云深不知处》等 25 件单独造型完整的山水盆景组合而成。它像积木一样,千变万化,随心所欲,即能摆出《三峡之险》,又能布成《武当之奇》《至若》《昆仑横空出世》《漓江玉簪叙插》,均能依创作者之意挥手而就。它打破了长期以来山水盆景创作中"一石一式"的常规模式,开创了"组合多变"的新径。其优点在于三法并用(高远、深远、平远)、三景一体(远、中、近)、多式综合(孤峰式、主宾式、对峙式、重叠式、环抱式、疏密式、峰岩式、谷潭式等)和布景多彩、气势磅礴。

《群峰竞秀》的石料选择是就地取材,因材制宜。它采用湖北盛产的芦管石,石料高耸笔挺,最适合表现巍峨险峻的雄峰。然而将 25 盆山石汇聚一处,讲求格调统一,就需要作者大量收集素材,深入钻研纹理,精心选用石色相同、石质相仿、石纹相似、轻重相宜的材料,还要见机取势,因势利导,方能收到预想的效果。素材选定后,作者熟练地应用形式美法则进行造型,达到了和谐统一、平中求奇、高下相成、轻重相衡、主宾相应、顾盼有情、疏密相间、聚散合理、藏露有法、虚实并举的艺术效果。

该作品师法造化,力求表现自然万物的各自特征和内在联系。峰状石虽以峰为统调,但力求有峰、岭、坡脚、洞、谷、台、溪、路……引人入胜。

石因材而活,树因石而灵。《群峰竞秀》在植物配置上也是成功的。山石上栽植了植物,赋山石以生机,形成了山清水秀的景色。远山间植小半枝莲,给人以云雾缭绕之感,恰到好处。

《群峰竞秀》的作者贺淦荪先生是一位美术教师,他曾遍游祖国名山大川和园林胜景,这对于他从事盆景创作无疑是大有益处的。在谈到创作经验时他讲道:"要胸有丘壑,因材制宜,见机取势,以形传神,以达到源于自然、高于自然的艺术境界。"这即是对盆景艺术的真知灼见,又是《群峰竞秀》功之奥妙所在。

(2)靖江山水盆景赏析

盖凡谈论山水盆景,莫不谈及靖江。靖江山水盆景是我国盆景园艺中的后起之秀,但其独树一帜的艺术风格却格外受到关注。靖江近海,承南衔北,既得小桥流水、躬耕自足的生态,又有大江东去、追潮逐浪的胸襟,兼收并蓄的包容性,使靖江山水盆景充满了特有的人文韵味。

我国山水盆景之鼻祖人物殷子敏大师对靖江山水盆景的评价是"用料大胆,创意新颖"。中国地域辽阔,地质构造复杂,石料品种非常丰富。靖江的盆景艺人搜寻奇石,下太湖、上黄山,钻山洞、临深渊,使得靖江山水盆景的石料从单纯的斧劈石、砂积石,发展到松化石、雪花石、灵璧石、钟乳石、英石、海母石、芦管石、龙骨石、千层石、鸡骨石……靖江山水盆景的石谱已有 30 多个品种。这些石料色泽鲜艳、纹理清晰,经过巧手点化,顿成壁立千仞、峻峭挺拔之势,山峦连绵、景深意长之幽,水穴洞天、玲珑剔透之奇,配以汉白玉浅盆和红木几架,相得益彰,别具风韵。

靖江山水盆景布局多用偏重式与开合式,画面简洁大方、有主有从、层次清晰、统一均衡、比例协调、富有韵律,完全符合美学规律。此外,在植物配植和配件使用上也十分注意整体艺术效果,上下呼应、左右顾盼,一切为主题思路服务,达到了完美的艺术形式与高深的思想内涵的统一。中华人民共和国邮电部于 1996 年 4 月 18 日发行《山水盆景》特种邮票,一套 6 枚(图6-11),均取材于靖江山水盆景。原作品现均存放于江苏省靖江市人民公园内。

图 6-11　特种邮票《山水盆景》

第1图《漓江翠影》，作者钱东。采用木纹石制作。作品巧妙地将甲天下之漓江山水风光浓缩在长100 cm、宽60 cm、高46 cm的盆景之中。秀山峻峰耸立，奇草异木葱茏，一叶小小的竹排在清澈的漓江之中泛游，如诗如画。有诗赞曰："江作青罗带，山如碧玉簪。"

第2图《神峰争晖》，作者许江。采用红斧劈石制作。作品长130 cm、宽55 cm、高68 cm。海边奇峰壁立，雨后的彩霞把峰巅映得通红；远方礁石点点，忽隐忽现，近处植物披翠，亭台点缀。整体有虚有实，虚实呼应，色彩斑斓，格调明快。

第3图《雪融江溢》，作者朱文博。采用名贵的雪花石制作。作品长220 cm、宽72 cm、高148 cm。利用雪花石天然形成的黑白相间的纹理，人工雕琢出相应的画面，构成一幅冰雪消融的北国春光景色。春暖花开，大地复苏，阳光普照，雪化冰消，山上白雪皑皑，山下流水潺潺，真是雪融江溢，百川归海。

第4图《鹰嘴奇岩》，作者钱建港。采用灵璧石制作。作品长120 cm、宽40 cm、高48 cm。灵璧石为石谱中的上乘石料，叩之有声，玲珑剔透。作品用料不多，布局简练合理，主题鲜明突出，一泓清池碧波涟漪，一只雄鹰欲吻大地，小中见大，别具一格。

第5图《岁月峥嵘》，作者盛定武。采用千层石制作。作品长120 cm、宽50 cm、高50 cm。茫茫沙漠，山岩斑驳，层层迭现，姿态万千。作品展现出人迹罕至的大漠之中古朴深沉的戈壁风光，其中活泉潺潺、草木点绿，为这浩瀚沙海增添了生气，经过多年风沙的冲刷留下了岁月无奈的印迹，赋予了峥嵘岁月以更深刻的含义。

第6图《云山叠彩》，作者钱建港。采用五彩石制作。作品长120 cm、宽50 cm、高55 cm。运用五彩石料色彩斑斓、光泽柔润的特征，通过丰富的想象，巧妙地勾画出海市蜃楼如诗如画的梦幻景色。波光岛影隐现在碧水蓝天之间，聚散得宜，错落虚幻，宛若云山叠彩，实为人间仙境。

（3）水旱盆景《八骏图》赏析

在中国传统绘画中，曾有不少以八骏为题材的作品，扬州盆景艺术大师赵庆泉受此启发成功创作了长180 cm、宽50 cm的水旱盆景《八骏图》（图6-12），此作品在1985年全国盆景评比中获得一等奖，受到同行们的一致赞许。

《八骏图》创作意在笔先，是先根据表现题材及初步构思，选好配件、植物、山石、盆钵，经过苦心设计、巧妙布置、精工制作而成的艺术珍品。作品意境深邃，静静的山林、清清的小溪、悠悠的骏马……一片和谐幸福的景象，含蓄地表达了作者酷爱大自然和对未来美好生活的追求，也表达了人民追求和平、自由、幸福、安宁的共同心声。用含蓄而非直述的手法表达作者的思想感情和作品主题，是盆景艺术最突出的特征之一。《八骏图》在这一点上运用得非常出色，达到了完整的艺术形式与高深的思想内涵完美结合的理想境界。

《八骏图》采用水旱盆景形式，既栽种树木，又布置山石；既有水面，又有旱地、驳岸，加上配件，表现内容十分丰富，并具有浓厚的自然气息。所用植物材料，以多年培育加工而成的几株主干虬曲、枝繁叶细的六月雪为主，苍老雄浑，自然流畅；配以较小的六月雪植株和雀蝉等做远景陪衬，层次清晰，对比强烈。植株高低与骏马大小比例协调，合乎规范。山石材料选用四川产的龟纹石，形态自然，色泽古朴，恰到好处。八马配件为广东石湾的陶土制品，造型逼真，神态各异，但没有动势感太强的跃马、滚马和奔马，而以静态的卧马、立马、饮马为主，使整个画面幽静感更加突出。表现内容丰富是水旱盆景的一大特点。

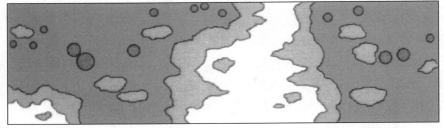

布局平面图

图 6-12　赵庆泉《八骏图》

　　《八骏图》布局合理：小溪近宽远窄,树木近高远低、左高右低、主次分明、前后呼应、疏密有致、繁简互用、虚实相生,整体统一均衡。八马位置有聚有散,两马相依,三匹一群,一马独卧,或饮水或站立,避免了呆板生硬。树木、配件处为繁,山石、水面处为简;旱地为实,水面为虚。水面较空处则添了几块小石,即所谓虚则实之,实则虚之。如此布局,使画面达到了多样统一的艺术效果,从而有助于诗情画意的表现。

思考与练习

　　1.试分析盆景中"景、盆、架"三者的关系。

　　2.盆景陈设的基本要求有哪些?

　　3.盆景展览的布置有哪些要求?

　　4.树桩盆景和山水盆景评比的标准有哪些?

　　5.如何欣赏与评价一件盆景作品?

第二部分　插花艺术

7 插花艺术的发展史

目的与要求：通过本章的学习，主要了解中国插花、日本插花、西方插花的不同发展时期及其特点。

插花，是将花朵、叶片、枝条、果实等观赏植物材料，按照一定的艺术构思和技术加工、组合并插于容器中，使其成为造型优美的花卉装饰品。插花是一门古老的艺术，形成了东方和西方两种不同的风格，随着东西方文化的交流，插花艺术的两种风格也在相互渗透和融合。

7.1　中国插花艺术的起源和发展

中国的插花艺术源远流长，伴随着中国几千年的文明史而发展，钟自然山川之灵秀、寓世间万象之精华，在五千年悠久文化积淀的基础上，经过与姊妹艺术（绘画、书法、工艺美术、造园等）的交流切磋，撷英取华，开拓创新，逐渐形成了独具中华民族文化特色的中国传统插花艺术，在世界插花艺术中独树一帜。

7.1.1　插花艺术原始期（先秦时期）

早在先秦时期，中国民间已有用花祭祀、借花传情和插花装饰仪容的习俗，但当时的形式较为简单，并没有对其刻意进行加工，主要为手拿的秉花、插于头上或襟前的佩花，以及放置在神座前的花束。人们以花传情，借花寄相思，《诗经·郑风·溱洧》中写道："维士与女，伊其相谑，赠之以芍药。"

此时期中华先祖已有了原始插花制作的意念，并形成了多种表现形式。虽然这些表现形式无明显艺术造型和章法，但是极具实用性和浪漫情趣。以花传情，借花抒怀，将自然美与人文之美融为一体，不仅体现了"天人合一"的自然观，而且充满了浪漫神奇的文化内涵，这为以后中国传统插花艺术独特风格的形成奠定了坚实的基础。

7.1.2 插花艺术发展期(汉朝—南北朝时期)

随着审美意识的提高,先民们已不满足折枝花的直接应用,而是希望将美丽的花草树木、大自然的风光引入居室,融入生活,保留在身边,故而萌生用器皿插花的意念。汉代的插花艺术构图对称、形象生动、朴实浑厚。东汉末年(220年以前)印度佛教汉文译本问世,佛前供花及佛教教义的影响促进了我国插花艺术的发展。如《修行本起经》(东汉,康孟祥译)中写道:"须臾佛到,知童子心时,有一女持瓶盛花,佛度光明,彻照花瓶,变为琉璃……"(瓶花供佛)《道行经》记有:"其像端正姝好,如佛无有异,人见莫不称叹,莫不持花、香、缯来供养者……"《南史·晋安王子懋传》记:"……有献莲华供佛者,众僧以铜罂盛水,渍其茎,欲华不萎。"民间插花通过与佛事活动相结合而增添了宗教色彩,佛前供花渐兴,寺庙插花得以发展。

三国至南北朝时期(220—589年)受战事频繁、政局动荡之影响,人们的思想表现出超脱世俗、追求怡然自得的境界,以山水花草为友,吟诗作画,痴迷于花事活动,留下不少脍炙人口的插花诗和画。南北朝陆凯《赠范晔》:"折花逢驿使,寄与陇头人。江南无所有,聊赠一枝春。"该诗描述了在江南的陆凯摘一枝梅花托驿使送给在长安的好友范晔,以表达深切的友情和思念。北周庾信《杏花》诗中写道:"春色方盈野,枝枝绽翠英。依稀映村坞,烂熳开山城。好折待宾客,金盘衬红琼。"春天杏花盛开之季,采折一枝,盛放在金黄色的铜盘中款待宾客,表达主人好客的盛情和礼貌。

中国传统插花,因文人雅士的积极参与,文化内涵和品位极大丰富。而在佛教和道教的双重影响下,汉魏六朝时期插花的类型主要以宗教插花为主,其特点是追求清静恬淡,庄严肃穆。花材也多以与宗教有关的莲、牡丹、灵芝、果实等为主;花器主要是各种质地和颜色的瓶、盘,类型上以瓶花和盘花为主要花型;结构上以对称式的构图为主;色彩讲究艳丽,无明显的层次感,总体上以富丽、华美为主。

7.1.3 插花艺术兴盛期(隋唐时期)

隋唐时期国家的统一带来了政治、经济、社会的稳定发展,花卉栽培的园艺技术发展到了新的高度,为赏花、插花的广泛传播提供了丰厚的物质基础。隋唐时期赏花风气昌盛,插花艺术也愈加盛行。插花的形式由佛前供花发展到了宫廷插花、民间插花。唐时,插花艺术在宫廷中风靡,皇亲国戚、达官贵人均爱插花。如唐花蕊夫人所作《宫词》中对宫廷插花的描述:"小雨霏微润绿苔,石楠红杏傍池开。一枝插向金瓶里,捧进君王玉殿来。"与此同时,民间也开始流行插花。唐朝诗人窦叔向有诗:"命妇羞藏叶,都人插奈花。"窦库的《酬韩愈侍郎登岳阳楼见赠》中写道:"野杏初成雪,松醒正满瓶。"这些诗句多描绘的是民间插花。

在这种背景下,唐代的插花艺术更加注重形式美。盛唐主导"势壮为美""文质彬彬""尽善尽美"。在花材的选取上,讲究雍容华贵的气势,主要以花形硕大的牡丹、芍药为主,此外,还经常选用一些富含吉祥的花材,如用梅、竹、松、柏、山茶、水仙、瑞香、月季、天竺、剑兰等十种花材,寓意"十全十美"。在插花的花型上也是以富贵壮丽的风格为主,故此时期的主要类型为宫体花。

宫体花,主要流行于隋唐时期的宫廷中,花材以牡丹、芍药为主,体现富丽之感。此花形体

硕壮,色彩艳丽,花枝繁盛,结构严谨,装饰味浓,充满宫廷煊赫堂皇的气势,庄严大方。此种花型要求衬托平衡,避免过疏过密,花枝长度约为花器高度加花束半径之和。

隋唐时期插花的盛行,不仅涌现出大量的诗歌来描绘插花艺术的魅力,更重要的是产生了中国历史上第一部插花理论著作——罗虬的《花九锡》。九锡,是古代帝王尊礼大臣所赐的九种器物,是尊重、庄严的象征。花九锡,也就是赠予花卉九种美好、贵重的事物,更增加了花之华美,深化了花卉文化的内涵。所谓《花九锡》即"①重顶帷——障风;②金错刀——剪折;③甘泉——浸;④玉缸——贮;⑤雕文台座——安置;⑥画图;⑦翻曲;⑧美醑——赏;⑨新诗——咏"。花的这九种美好贵重的事物就是:①用来挡风遮雨的帷幔;②用来剪枝叶的剪刀;③用来浸养枝叶的泉水;④用来插贮花卉的容器;⑤用以放置插花的台座;⑥描绘插花的图画;⑦歌唱插花的歌曲;⑧赏花之酒;⑨为插花所作诗咏。《花九锡》不但是我国插花历史上最早的插花专著,同时还清晰地反映了隋唐时期插花艺术发展之迅速。

将"九锡"用在插花上,可见隋唐时人们对插花的喜爱和尊重。隋唐时期,插花已经发展到了艺术的高度,瓶、盘、缸等艺术形式均已出现,各种风格、内涵的花卉艺术作品较之汉魏时期更加丰富,插花的技艺方面也有了很大的提高。花材的种类增多,虽以牡丹为主,但其他的花材如芍药、菊花、山茶、桃花等也被用来插贮。花器受到贵族插花风气的影响,大多选用制作精美、质地良好的器皿。《花九锡》一书的出现为中国古代插花艺术的理论化发展奠定了基础。隋唐时代正值中日文化交流之最盛期,也是日本传统插花艺术萌芽时期。此间,日本天皇曾多次派出遣唐使者到我国长安和洛阳全面学习和考察中国文化艺术,中国的赏花习俗和佛前供花对日本传统插花艺术的萌生、发展具有重要影响。

7.1.4　插花艺术成熟期(宋朝—元朝时期)

宋元时期,中国再一次进入统一,历史文明进入新的里程,园艺事业也有了新的起色,栽培、嫁接技术跟进,插花艺术也继续得到发展。宋元时期,宫廷插花规模很大,千枝万朵,蔚为壮观。插花形式也不断丰富,不仅有瓶插、盘插、缸插,还有以竹筒插放、壁挂、吊挂、柱式装饰、结花为屏、扎花为门洞等。这些新的插花形式以及技艺散见于一些文集中。如南宋张邦昌在《墨庄漫录》中记录道:"西京牡丹闻天下。花盛时,太守作万花会,宴集之所,以花为屏帐。"描写了当时花开时节赏花之盛。又如南宋的周密在《武林旧事》一书中也记载了当时南宋宫廷插花的情景:"遂至锦壁赏大花,三面漫坡,牡丹约千余丛,各有牙牌金字,上张大样碧油绢幕。又别剪好色样一千朵,安顿花架,并是水晶玻璃天青汝窑金瓶。就中间沉香卓儿一只,安顿白玉碾花商尊。"珍奇的花器与国色天香的牡丹互映,显得极尽豪奢,寓意祥瑞。

文人插花,顾名思义就是文人雅士的插花作品,为此时期的主流。文人们把哲思与花木、自然联系起来,既穷通物理,又在花木中寻找逍遥之乐,以拂红尘之污。文人插花不受岁月之限,四季均选花插瓶,从自然之花中有所感悟。如南宋诗人黄界的《春暮》"沉水香销梦半醒,斜阳恰照竹间亭。戏临小草书团扇,自拣残花插净瓶。莺宛转,燕丁宁。晴波不动晚山青。玉人只怨春归去,不道槐云绿满庭",描写了文人插花的惬意。文人义士常以花卉影射人格,在花材的选取上喜用松、竹、梅、柏、兰、桂、山茶、水仙等寓意深刻的花材,表达人生抱负、理想等。表现在插花花型上,就是理性内涵加清丽外形,自有纯美意境的插花花型——"理念花"。

理念花:以瓶花居多,以理为表,以意为理,或解说教义,或阐述教理,或影射人格,或嘲讽时

政。花材多用松、柏、竹、梅、兰、桂、山茶、水仙等素雅者。结构以清为精神之所在,以疏为意念之依归,注重枝叶的线条美(图7-1)。

元朝的统治者为巩固其统治,极为注重吸收以儒学为主的思想文化,继承了宋代的理学思想,同时,在艺术领域也继承了宋代的传统,尤其是花卉文化继承宋代之风流,同时又不乏时代特色。该时期汉族文人受到元统治者的歧视,多落魄不得意,也更追求闲适自在、不屑为官的闲情生活。所以,元代的艺术中有着一种闲散、淡雅的味道。另外,还受到文人画和花鸟画的影响,插花多为借花消愁或表达个人心中的追求,花材多以梅、竹、菊、兰等名品表现文人清雅、闲韵、伤逝等情感,从而出现了——"心象花"。

图7-1 理念花(任燕 绘)

心象花:为文人借花消愁以舒心中积郁所做,作品偏于狂怪孤傲或荒寒冷僻,表现出浪漫、无拘无束、轻巧秀丽和潇洒,表达个人内在之冥想。花型不定,多种多样,花器也古灵精怪,有瓶花、吊花等形式,纯属作者心里的表达,他人不易领会其中之含义。这种花型与院体花恰恰相反,常人多不采用。

总之,宋元时期的插花遍于宫廷官府、文人、民间、寺观等社会各阶层,连公共场所的园苑、茶楼酒肆也有陈设插花。如卢挚的《沉醉东风·重九》"题红叶清流御沟,赏黄花人醉歌楼"就描述了作者赏菊饮酒之乐。不但如此,在宋元时期还出现了花市,元代文人张可久在其《小梁州》中就描绘了柳营花市的热闹景象,"柳营花市,更呼甚燕子莺儿"。

宋元时期插花之风较隋唐更为盛行,由于插花风格各异,插花艺术呈现了几个不同的流派且各具特色。宫廷插花以富贵、华丽胜;文人插花,以清雅、飘逸胜;民间插花以素朴、淡雅胜;寺观插花则以简寂、仙韵胜。

7.1.5 插花艺术完善期(明清时期)

步入明朝,花事及插花活动虽已不如唐、宋普及和盛行,尤其是宫廷不提倡插花,仅限于重要节庆日插摆而已。但由于受商品经济的影响、科技进步的促进,花卉种植业得到空前迅速的发展。文人雅士积极参与插花活动,推动了插花艺术的进步,文人插花盛极一时,成为代表。

明朝插花最主要的特点是在形式上以瓶花为主流,技巧成熟精练,构图布局、比例、尺度皆有严谨的章法与美学原则;对花材、容器的选用以及对作品的观赏、环境的要求都注重品位和高雅的艺术效果。在创作上内容重于形式,具浓厚的理性意念,追求天然神韵与书画情趣,注重作者思想情意的表达,以清、疏、淡、远为主要风格。

该时期插花主要类别有堂花和斋花。

堂花,指陈设于厅堂和殿堂中的插花,盛行于明朝初期。作品形体高大,花材种类繁多(达十余种),以格高韵胜、富美好寓意者为主,造型庄重、稳健而华美。以《岁朝清供》的"十全瓶花"最为典型,此造型与日本池坊流1488年创立的"立花"极为相似,内容以表达人生美好之愿望、社会和谐之理想等哲理教化为主题,十分理性化。

斋花,亦称室花,即陈设于书斋、闺房中的插花,盛行于明朝中期,尤受文人钟爱,也是明朝文人插花的主要表现形式及特点。其形体较小而巧,花材少(1~2种为宜),多选用小型瓷瓶类容器,构图随意而疏松,不重色彩,随意点插,颇有清新俊逸之气。

至明朝晚期,插花理论成熟,多部专著问世,涉及内容广泛,论述系统全面而精辟,从不同角度、不同侧面总结了中国古代各朝插花的经验秘法,极为宝贵,对中外插花艺术皆有很大影响。尤以袁宏道的《瓶史》最具影响力,后传入日本,备受花道界推崇,被奉为经典并形成"宏道流"。此间主要插花专著有高濂《瓶花三说》,张谦德《瓶花谱》,袁宏道《瓶史》,屠东竣《瓶花月谱》《瓶花月表》,屠隆《考盘余事》《仙斋请供签》。

清嘉庆以后中国国势衰弱,战乱频仍,花事和插花渐趋萧条,这种情势大体延续了140多年。但少数爱花文士学者时而玩赏研究,在插花技巧上有诸多创造与革新,较突出的为瓶花固定法中"撒"的发明、盘花固定器——剑山雏形的发明以及提出"起把宜紧,瓶口宜清"的插花法则。这些都为中国传统插花技术的革新进步与理论的完善做出了重要贡献。

7.1.6 近现代中国艺术(20世纪80年代以后)

20世纪80年代以后,随着改革开放的发展,国内插花在沉滞百余年后如枯木逢春绽放新芽般快速复苏,茁壮成长。官方和民间的插花机构相继成立,全国各地专业花店2万余家,各类插花培训班和学校数百个。插花大赛、展览表演等活动被列入国家级花事展会中,插花员被首次列入国家的职业工种之内,《插花员国家职业标准》公布,也相继出版全国插花员职业培训教材。国内插花虽恢复起步较晚,但在政府重视和支持下,在业内同仁的积极参与和群众热情鼓励下,在港澳台及国外业内朋友传经送宝的帮助下,中国插花艺术必将再现辉煌,再领风骚。

7.2 国外插花艺术的发展史

7.2.1 日本插花

1)日本插花概述

日本传统插花又名日本花道,花道是日本插花艺术的升华。日本花道的主要形式有立花、生花、盛花、投入花和自由花等,以立花和生花最富有日本花道的特色。

立花即竖立的花,表现了草木自然生长的样子。其追求天、地、人的调和,每一盆插花均由天、地、人三个主要花枝组成。主花枝中最高的一枝象征天,最低的象征地,中间的象征人。由7~9支花材构图,分成上、中、下三段,成为一种左右对称并竖立的花型,根据三个主枝的形状可分为直态、斜态、横态、垂态等。

生花即生长着的花,以三主枝为骨架,组成半月形及不等边三角形的不对称花型。三主枝也分别代表天、地、人。盛花是用浅盆花器和插花器插置花材的一种形式,表现自然景观之美。投入花的容器一般颈较高,以便花材投入,且不用插花器固定花材,仅依靠容器内壁和底部来稳

定。自由花则主张表达个性,表达各种花材自然之美和基本特性,其风格有自然式和抽象式两种。日本插花艺术按照时代的需要,产生了各种各样的形式,今天仍保持生命力的有盛花、生花、立花、投入花(图7-2)。

图 7-2 日本常见的花道形式(任燕 绘)

日式插花以花材用量少,选材简洁为主流,常以花的盛开、待放、含苞分别代表过去、现在、将来。日本人强调花与枝叶的自然姿态之美,展现生命的过程。若常以宽宏意境和深邃内涵从事插花艺术的表达,则能更好地体会到园艺家对植物的尊重。

2)日本插花艺术简史

日本和中国是一衣带水的邻邦,一贯来往密切。日本的插花深受中国文化的影响,其风格和形式都留有佛教插花艺术的印迹。为防止西欧殖民主义的渗透,日本曾于 17 世纪颁布一项"锁国令",既禁止本国人出海,也禁止西方人到日本贸易、传教。这造成日本长达 200 多年的封闭状态,使其文化意识保留了浓重的中国色调。为了便于了解日本的插花艺术,现把其兴衰分为几个阶段,并把左右其发展方向的主要流派做一简述。

(1)日本花道的起源

日本花道的历史可以追溯到日本飞鸟时代。遣隋使节小野妹子于 607—609 年先后三次到访中国,他吸收了中国佛前供花精髓,并结合日本习俗制定了祭坛插花时花材配置的规则,同时创建了日本插花艺术中的第一流派——池坊流。有人说,池坊的历史即日本插花的历史。

日本花道创立 500 多年,吸收了中国文化的博大精深,同时结合日本本土文化特有的对生命和季节的敏感,形成独特的日本插花艺术风格。

(2)萌芽期

8 世纪初,日本花道开始萌芽,但没有规律和形式可言。佛教的传入和发展促进了日本插花的兴起,形成了花道的雏形——寺庙祭坛插花。最初的插花花型严谨而对称。9 世纪中叶,日本人开始将花卉置于花瓶内观赏,这与中国唐代兴起的瓶插关系很大。

894年,日本终止了遣唐使节的派遣,日本文化逐渐走上本国化的道路。10世纪前后,人们将瓶插花放在居室最为显著的位置——壁龛内观赏,龛内有一张狭窄的木桌,用于摆放香炉,墙上挂画像卷,这种方式后来演化成一种传统的赏花方式。

平安后期(1096—1185年),日本插花脱离其完全模仿中国插花的形式,开始寻求与本土文化相结合的道路。在日本民俗信仰中,认为自然界之树木、花草皆有灵性,尤其是常年碧绿繁茂的树种,如松、杉、柏等。因此,他们最早祭祀的是树木神,是栖居在树木上、依附在树木上显灵的"仰依"。日本插花正是根植于这样的民俗信仰的土壤中,与从中国传来的佛前供花相结合,并发展为最初的形式——立花。

（3）形成期

随着日本插花由极富宗教色彩的佛前供花向观赏花转变,产生了日本插花的初期形式——立花。"随着佛教的传来,供花作为佛前供养之一兴盛开来。不久,由于佛教的庶民化,供花作为庶民切身的功德而融入日常生活之中。"(大井《来自生活插花历史》)而这样的供花之风,到了镰仓时代,已经成为日常生活固有的模式。镰仓国宝馆所藏嘉元四年(1360年)的板碑中央刻有阿弥陀三尊,其下方是一对花瓶,花瓶中立着莲花蕾和叶。这种供花很明确地显示了佛前供花的庄严形式,花瓶左右对称,沿用了从中国传来的五供系(中央摆放香炉,花瓶与烛台各一方,左右均匀、对称配置)。这种形式的板碑之所以在镰仓时代出现得很多,是因为当时"五具"十分普遍。

室町时期,插花开始由之前的宗教性转向观赏性,而"唐物装饰"(用中国文物装饰房间)与"七夕花会"(在七夕举行插花竞赛)正处于两者之间的交接点。自13世纪末开始,日本与中国元、明朝频繁贸易往来,大量的中国器物流入日本,新兴的武士阶级凭其财力获得了大量的进口器物(他们称之为唐物),贵族们为炫耀威势与财富,通过频繁举行"花瓶合"(竞争花瓶的优劣)进行展示。

随着唐物装饰之风的高涨,在宫廷、寺院举行的活动中,花的装饰性开始受到人们的关注。人们在欣赏唐物花瓶的同时开始关注插在花瓶中的花,因而花的观赏性倾向不断高涨,促进了插花的发展。随着新样式的出现,产生了初期的立花。初期的立花力求"心"(主枝)与"下草"(草本花卉)的平衡与协调,插的顺序为:先插"心",然后从右至左添加"下草"。"心"为松枝,高度是瓶高的1.5倍,"下草"取三种或三种以上的花材插成直立的样式,意为竖立着的花。立花体现了佛教的虔诚与庄严,其所强调的装饰效果具有了实用性与观赏性。

日本插花自成立之初,其创作的主体就是僧人,正因为他们的参与和传承,日本插花才能有今天的成就。

日本插花形成时期的重要标志是诞生了《仙传抄》和《池坊专应口传》两部著作,这也是日本插花史上非常重要的史料。《仙传抄》为初期立花传书,由于是手抄本,原文完成的时间及作者不详。书中包括仙传抄、古川流、奥辉之别纸三部分,记叙了插作立花、装饰之花、季节之花、节气之花等的方法及花材等,共53条,是日本传统插花的百科全书。

综上所述,日本插花不断受到中国插花的影响,在佛前供花的基础上发展为立花,具有了初期形式,其在脱离纯粹的宗教意义的同时具有了一定的观赏性,而插花书传的出现,为日本插花后期的发展奠定了理论基础。

（4）发展与兴盛期

此时期插花的特点:插花形式丰富,立花进一步发展,并在江户初期随着经济发展得以普及。受投入花与"茶花"的影响出现了新的插花形式——生花,受中国插花专著《瓶史》的影响产生了文人花。

当时立花造型有了发展,将花枝的动势比喻为人体,真为头,副请为手,流枝与前枝为脚等,而将真以外的枝集中的部分称为胴。此时的立花,花形巨大,色彩艳丽,形式舒展赋有创意与装饰性色彩。投入花也称抛入花,最早在《仙传抄》中有"抛入花,乃插于舟中之花"之说明,将山野小花以简素、轻便形式投入"船花入"(船型花器),"竹花入"(竹笼),"挂花入"(竹筒)之中。室町后期,随着茶道的形成,这种小花很适合装饰茶室的小客厅,因而被用于茶室做"茶花"。换言之,"茶花"充分利用投入的特点,相对于立花的豪华显得更为简洁、轻盈,因而受到人们的喜爱,特别是从江户初期茶道流行,茶花开始受到人们的青睐。在元禄(1687年)前后,伴随着人们对立花定型化的厌倦,渴求自由插花的气势高涨,"茶花"终于走出茶室,独立而成投入花。

顺应这种形式的要求,人们开始寻求将立花简略化,吸收投入花自由表现形式的新花型。到了18世纪后期,终于产生了作为壁龛花的生花。生花形式简洁,基本为三角构图,操作起来也较容易,因而被当作壁龛花受到大众的喜爱。特别是由于女性插花的普及,在文化文政期(1804—1829年)前后迎来了生花的兴盛期。生花样式得到逐步调整,确立为"天、地、人"的花型。在此期间,插花者不断增加,各派为了吸收更多的人员,家元制度(师徒秘传的方法和嫡系相承的形式,继承人只能是长子,代代相传)开始确立。

江户幕府以儒教为基本的文治政策,决定了在相当广泛的社会阶层中兴起尊崇中国文化的热潮,在这股热潮中,出现了一个由儒学者、汉诗人、书画家、歌人陶艺家等组成的特殊群体,他们向往中国文人潇洒、超然的生活方式,极力效仿中国文人沉醉于"琴棋书画""文房清玩"之中。在此背景下,江户中后期文人花(也称文人生)兴起。袁宏道《瓶史》中的插花理念、插花方法、花材与花器的选择等理论对日本文人花的形成与发展产生了重大的影响。

（5）现代插花的兴起

19世纪中叶,明治维新使传统的日本花道一度陷入低潮。明治维新后,外国文化大量输入,受西方园艺植物和插花影响,日本花道酝酿了一次变革,各种流派应运而生。1897年兴起"盛花""文人花"等,1926年出现"自由插花"。1927年草月流的诞生以及由其开创的"前卫花"正式揭开了现代插花的帷幕。

1965—1992年,日本成为经济大国,插花艺术也日臻成熟。"池坊流""小原流""草月流"成为日本最具影响力的三大流派。作为东方插花的代表,日本插花在世界范围内广泛传播,受到世界人民的喜爱。

日本花道的发展受中国插花影响很大,但也深受日本民族、社会、文化的影响,形成了独具特色的形式和风格。

3）日本插花主要流派

（1）池坊流插花

经过几百年不断的发展与完善,日本最富传统的插花艺术流派——池坊流形成了。池坊流的历史就是日本插花的历史。500年前日本插花始于池坊,虽然在漫长的岁月中其他流派脱离池坊流自成一派,但是池坊流一直被公认为日本插花的本源。池坊流的发展过程中,池坊的插

花虽不断创新,却始终保持着庄重、严谨的传统创作风格,使日本插花成为日本传统文化的重要组成部分,在世界插花艺术中独树一帜。

池坊的插花包括立花、生花、盛花、投入花、自由花(目前有些学者将盛花和投入花归入自由花)等形式。不论哪种形式,都是以传统的阴阳五行学说为理论基础,讲究花材之间、花材与花器之间的和谐之美。

立花是池坊插花中最古老的形式,它包括立花正风体(其中又分为传统立花、现代立花)和立花新风体。传统的立花正风体由7或9个基本部分加辅助枝构成,作品端庄、华丽,充分表现自然界千变万化的景色之美。由于立花正风体制作烦琐,造型较大,不太适合现代家庭应用,因而通常只有在插花展览和大型传统仪式中才能看到。立花新风体是2000年新发表的形式,目前尚未广泛宣传,但形式有所简化。立花也是池坊独有的插花形式,它代表着池坊的传统。

池坊插花注重花器在插花中的作用,讲究材料与花器之间的搭配。池坊插花所用的花器非常考究,制作精美,大多为手工制作,可以说每个花器都是艺术品。

透过池坊插花的历史,可以看到古老的民族艺术如何保持旺盛的生命力。

(2)小原流插花

小原流发展至今已有105年的历史,是日本插花艺术中较现代的一支流派。创始者小原家元,起初跟着父亲学习(其父为池坊的教授)。早期他的兴趣在陶艺,直到20世纪初期才专于插花。此期正逢日本对西方世界的开放,引进了西方丰富的花卉与色彩。

小原流精神为不断地奋斗,不断地改善。除保有传统的精神外,还要应时代而变。小原流的特色是先认识自然,再表现自然,重点在于表现自然的意境,展现典雅清新的气息。不论何种形式的作品,插花者先把自己对花的感受透过作品表现出来,再引起观赏者的共鸣,从而产生对自然的热爱之心。

小原流较具特色或变化的插法有:

写景:以植物自然生长形态为插作依据。

琳调派:小原流中独具绘画风格的插花手法。

文人花:源自中国唐宋时代的文人画,借此表达个人意念与思想,常搭配古朴器皿,具有质朴典雅之气息。

花意匠:1991年最新花型,是四面可观赏,较立体的装饰性花作,突出表现形态与配色之美。

花舞:现代手法,以舞动的姿态表现作品立体美感,再运用枝茎的依偎、依靠来塑造植物线条动感。

(3)草月流插花

草月流是日本式插花现代化、大众化的代表。1926年由河原苍风创立。草月流的主要特点是以反映新生活为主,崇尚自然,且花材应用广泛。其强调美是夸张的、富于想象的,不是简单地模拟自然,而是追求自然中难寻的美;形式上以三主枝构图,多变中保平衡,多向中求统一。

草月流花型分基本花型和应用花型。基本花型是花型构成的原则,分为纵长插法的"立真型",横长插法的"倾真型",水平插法的"平真型",低于水平插法的"垂真型"四种。应用花型是由基本花型中花枝位置与角度变化所得,要考虑花材、花器、摆放位置及装饰环境的调和。应用花型是插花者表现自己个性与构想的重要手段。

草月流插花中以三枝主枝构成花型轮廓的主体,第一主枝为"天"(或称"真"),第二主枝为

"地"(或称"副"),第三主枝为"人"(或称"控")。"天"是主枝的中心,也是决定其他主枝及作品大小的基准,"天"的长度依花器口径加高度而定(通常大型花型是口径加高度的 2 倍,中型是 1.5 倍,小型则相等)。"天"决定后,"地"是"天"的 3/4 长,"人"是"地"的 1/2 或 3/4 长。主枝以外的花枝通称从枝,能起到辅助主枝的作用,使作品趋于完美。

7.2.2　西方插花发展简史

西方插花起源于古埃及和古希腊。早在公元前 2500 年,古埃及就有将植物材料用于装饰的做法。在古埃及滑雪者法老贝尼哈桑的墓壁上有瓶插睡莲的壁画。睡莲在古埃及被尊为祭祀司育女神的圣花,是幸福、神圣的象征。它是宫廷插花的首选花材,插入花瓶或其他容器中,用作餐桌桌饰或礼品,表示友谊和幸福;也常作丧葬用花,表示对死者的哀悼之情。古希腊人常在落地的大花瓶中插花,用之装饰结婚的新房,烘托喜庆气氛;在喜庆的场合也用鲜花做成的花环作为装饰;鲜花还被制成花圈,用来欢迎胜利归来的战士;或把花环作为情侣之间互赠的礼品。古罗马人则惯用蔷薇花的花瓣撒在宴会桌上或地板上。后来,这些插花装饰的形式随着贸易往来、文化交流乃至战争,逐渐从古埃及、古希腊和古罗马传到意大利、英国、法国和荷兰等国。西方插花大致经历了以下几个阶段。

1)宗教束缚期

公元初期到中世纪,西方各国先后进入封建社会,各国的文化艺术都被封建教会所垄断,是文化艺术的低潮时期。封建神学统治了人们的思想,一切文化艺术形式都表现出深厚的宗教色彩。插花也不例外,多以宗教为主题,连花材也被赋予了宗教的含义,如百合、鸢尾、雪钟花象征圣母玛利亚,楼斗菜象征圣灵,粉色石竹象征神的爱等。当时的插花构图简单,仅是把一种或数种应时的自然花枝混合插入容器中,还没有考虑造型和色彩的搭配。但是,插花的容器种类繁多,有贵重的金、银质花瓶,也有陶器、玻璃容器,还有生活用器具,如壶、罐、碗、碟、酒杯和盘等,这为插花艺术的普及和发展提供了充分的物质条件,起到积极的推动作用。封建宗教束缚了人们的智慧和创造力,但是扼杀不了人们热爱自然、热爱生活的本性。即使在动乱的年代,意大利、英国的一般家庭中也多建有小花园,种植许多带香味的花卉和其他观赏植物,如香石竹、紫罗兰、蔷薇、桂竹香、香豌豆等,用这些花卉来插花,既美丽又芳香,不仅可以美化环境,还能净化空气。选用有香味的花卉作为插花的花材逐渐成为英国等国家插花的传统习惯。

2)自由发展期

14—16 世纪是西欧各国的文艺复兴时期,人们逐渐从封建宗教的束缚下解放出来,开阔了眼界,增强了自信,发挥了主观能动性,开始勇于探索和创新,文化艺术快速发展起来。此时,插花艺术也获得了新生,采用瓶花、篮花、果盘等插花形式,使用花材种类多、数量大、色彩艳丽,洋溢着旺盛的生机和蓬勃的活力,充满了欢快喜悦的气氛和对新生活强烈的热爱之情。

3)兴盛期

到了 17 世纪,随着荷兰、英国航海业的发达,连通世界各地的商业贸易迅猛发展,大大促进

了东西方文化艺术的交流和科学技术的进步。欧洲从世界各地引入大量的花卉新种在插花中广泛应用,插花艺术也日趋普及,逐渐成为人们生活中的重要内容。插花丰富了日常生活,增加了自然情趣,作为居家室内的花卉艺术品,受到人们的广泛欢迎。此时以插花为主题的绘画也大量出现。在文艺复兴以后,西欧各国,尤其是荷兰、比利时、英国和法国的插花艺术发展很快,插花水平迅速提高,已经不再是简单随意的花束形式,在造型、色彩、花材和容器的选择等方面,都进行了精心的构思和创作,其主要特点是:选用花材种类多、数量大、色彩丰富,形成花朵分布均匀而较密集的大花束状插花造型;外形成规则的形状,如三角形、卵形、椭圆形等;着力表现花材群体的色彩美和造型美,十分强调装饰性和烘托气氛的效果;初步形成西方大堆头式插花的雏形。

4)鼎盛期

18—19世纪,西欧各国资本主义大发展,殖民势力不断扩张,经济迅速发展,文化艺术步入繁荣发展时期。使用富于自然情趣的插花美化居室已成为当时人们普遍的生活需要。这时的文化艺术主要是为皇室、贵族、富商和绅士们服务的,追求富丽堂皇和精美典雅。为了使插花与雄伟的宫殿在体量上相称,插花必须大型化,具有造型大、容器大、花材种类多、花材用量大等特点。

5)创新进展期

当前,西方插花艺术又有显著的变化和发展,形式上既有传统的大堆头式插花,又有现代的大堆头式插花,但更多的是具有强烈时代气息的自由式、组合式、抽象式插花。花材应用更加广泛,常选用一些非植物的材料,如尼龙丝、金属网、铝、铜、铁、塑料、砖、石等,和鲜花一起构成插花作品,更富于表现力与装饰性。另外,架构式和非架构式现代花艺设计兴起,插花向商业化发展,室外大型花艺、舞台花卉装饰和大型橱窗花艺等甚为流行。

思考与练习

1.试叙述中国插花艺术的各个发展时期及其特点。

2.叙述日本插花发展史并分析其艺术特点。比较日本插花不同流派的特点。

3.西方插花大致经历了哪些阶段?各阶段有何特点?

8 插花艺术的基本原理

目的与要求: 通过本章的学习,主要了解插花艺术的含义与作用、插花的艺术特点与分类,掌握插花艺术的基本原理和构图形式。

插花是通过一定形象来展现美的造型艺术,插花也是具有生命的艺术品。人类在长期造型活动中,不断研究、总结、归纳出一些美的共性,只要符合这些条件,就能令人产生美的感觉。一件艺术插花作品能否做到完美,立意和构图至关重要,具有决定意义。因此,应先掌握一些造型的基本理论,以减少插花创作时的盲目性。

8.1 插花艺术概述

插花艺术跟人们的生活质量有较大关联。插花艺术的创作者可以通过作品表达思想,传递情感,暗示哲理。通过欣赏插花作品,享受者可以陶冶情操、改善心情、缓解疲劳,为生活增添情趣。插花艺术极大地满足了人们精神生活的需要。

8.1.1 插花艺术的含义与作用

1) 插花艺术的含义

插花艺术是以植物器官为主要素材,通过一定的技术和艺术加工,将自然美与人工美融为一体,创作出充满诗情画意、反映生活情趣、展现个人风格的作品,表现其艺术美和生活美的一门造型艺术。插花艺术所用的主要材料,不只是鲜活的植物,还包括干燥的、人造的植物;不只是植物的花朵,还包括植物的所有器官,如根、枝、皮、芽、叶、果实等。技术加工主要是指对植物材料进行修剪、整形、弯曲、固定等技术处理;艺术加工主要是指对整个作品进行命题、选材、造型、配色等方面的构思。

2）插花艺术的作用

插花艺术对改善居住环境、美化公共场所、提高人们的生活质量起到越来越重要的作用。

（1）丰富生活、美化环境

插花艺术作为花卉最重要的应用方式，已成为人们日常生活的重要组成部分。花艺作品可使环境变得高雅、浪漫、温馨、舒适、和谐、宁静。用各具特色的插花作品点缀居室、商业空间、文艺演出场所、宾馆酒店、会场等都会收到又快、又好的美化效果。

（2）传递情感、增进友谊

在现代生活中，花不仅是美的象征，还是传递情感的使者。如玫瑰是爱的代言，康乃馨送给伟大、慈祥的母亲，菊花代表健康、长寿，天堂鸟寓意幸福、吉祥，百合花象征甜美、和谐，满天星暗示清纯、高雅。在欢庆佳节、祝贺生日、庆贺开业、探望病人时，花已成为人们首选的时尚而浪漫的礼物。

（3）陶冶情操、提高素质

插花不仅能美化环境，还可以净化心灵。一个插花爱好者为使自己的作品更富内涵、更具感染力、更能体现意境美，必然会不断提高自身的文化素质和艺术修养，以获得更多的创作灵感。因而，插花可诱导人们更多地去追求高尚的精神生活。

（4）促进生产、推动经济发展

插花艺术是介绍花卉、展现花卉、提升花卉价值、普及花卉生产的最好方式。目前，我国已成为世界最大的花卉生产基地，花卉种植面积和产量均居世界第一位。鲜切花生产已成为许多地方农业生产中的支柱产业，为地方经济带来可观的效益。插花艺术的普及不仅推动了生产花材的鲜切花种植业的发展，也促进了干花、包装材料、花泥、花器、相关工具、相关配件等一系列行业的发展。

8.1.2 插花的艺术特点

插花是一门高雅的造型艺术，它接近生活环境，容易被人们所接受。插花实践性很强，必须经常练习才能不断提高插花创作水平。

1）时间性强

由于花材不带根，失去了根压，吸收水分和养分会受到限制。同时，植物种类和所处季节不同，水养时间的长短也不同，最短 1~2 天，一般在 3~7 天，最长也只能达到 20 天左右。因此，插花作品供创作和欣赏的时间较短，要求创作者抓紧时间插作，欣赏者珍惜时间品味。

2）随意性强

（1）随意选择花材和容器

在选用花材和容器上，档次可高可低，形式多种多样，取材广泛而随意，常随场合和需要而选用。高档的气生兰、鹤望兰、红掌、百合固然很美，不起眼的狗尾草、蒲草、车前草同样可用；番茄、豆角、辣椒、萝卜及各种水果，也是家庭和饭店插花的良好材料。

（2）随意创作和表现

插花的构思、造型可简可繁,可根据不同场合的需要以及作者的心意灵活创作和表现。可以说,插花艺术在选材、创作、形式、陈设上都十分灵活和随意。

3) 装饰性强

集众花之美而造型,随环境而陈设的插花作品,艺术感染力非常强,美化效果非常快,具有画龙点睛和立竿见影的效果,这是盆景、雕塑等艺术无法与之相比的。

4) 独具自然姿色

插花作品独具自然花材绚丽的色彩、婀娜的姿容、芬芳而清新的气息,给人以优美、高雅的享受。

8.1.3　插花艺术的分类

插花有着悠久的历史和传统,受地理环境、风俗、民情和时代等诸多因素的影响,形成了众多的艺术类别。

1) 按花材性质分类

（1）鲜切花插花

鲜切花插花是指用可供观赏的鲜活的植物材料做主要素材制作的插花作品。鲜切花插花作品具有花材自然的色彩、姿韵和芳香,能让人感到自然的脉动。由于花材脱离母体后难以更好地吸取水分,因此观赏期较短。

（2）干燥花插花

干燥花插花是指用经过脱水、保色和定型处理而制成的具有持久观赏价值的植物材料制作的插花作品。干燥花花材有人工栽培的植物加工而成的,也有野生植物加工而成的;有人工染色的,也有保留植物固有色泽的;有人工组合而成的,也有保持植物自然形态的。

（3）干鲜花混合插花

鲜切花和干燥花材料可混合在一起进行插花。

（4）人造花插花

人造花插花是指用经过人工加工而制成的仿真花材（包括绢花、涤纶花、塑料花等）制作的插花作品。近年来,随着人造花制作工艺的发展,人造花的仿真程度越来越高,已经达到以假乱真的效果。

2) 按用途分类

（1）礼仪插花

礼仪插花又称生活插花。礼仪插花是指用于各种社交、礼仪场合中的插花,包括各种庆典仪式、祝贺新婚、迎送亲友、祝福生日、探望病人、丧礼祭祀用花,还包括用于装饰宾馆、酒店、剧院、礼堂和会议室等场合的插花。生活插花要求造型整齐、花色鲜明、体量较大、花材较多、插作紧密。

（2）艺术插花

艺术插花是指以为人们提供艺术欣赏和艺术享受为目的的插花。这类插花作品多用于家居装饰、茶室插花、花卉展厅布置和插花艺术比赛。艺术插花在选材、构思、造型与布局等方面都有较高的要求，其形式更加多样化、自由化，更能表现创作者的意图和情感。

3）按艺术风格分类

（1）东方式插花

东方式插花起源于中国，代表国是中国和日本。东方式插花崇尚自然，注重表现花材姿态的自然美，采取自然界中优美生动的植物材料，顺其自然之势，或直或曲或仰或俯，巧妙地搭配，使花草安详、自然地活跃于花器上，模仿其生长在自然界之中的状态，展现充满生命活力的精、气、神，展现造型生动的自然情趣。

（2）西方式插花

西方式插花起源于古埃及，以美国和荷兰等欧美国家为代表。西方式插花以色取胜，喜欢采用外形优美、色彩艳丽、多姿多彩、花朵较大的花材为主花，以浓重艳丽的色彩达到五彩缤纷、雍容华贵的艺术效果。西方式插花与西方式建筑、雕塑、绘画等艺术有许多相似之处。

（3）自由式插花

自由式插花融会了东西方插花的特点，在选材、构思、造型上不拘一格。

4）按艺术表现手法分类

（1）写实性插花

写实性插花崇尚自然，以现实具体的植物形态、自然景色特征进行艺术再现。写实性插花的形式有三种：

①自然式。主要表现花材的自然形态。根据主要花材的形态又分为直立型、倾斜型、下垂型。

②写景式。写景式也称盆景式插花，是把富有诗情画意的自然景色再现出来。

③象形式。象形式是以动物或其他物体为特征进行创作的插花。

（2）写意性插花

写意性是东方式插花所拥有的特点，利用花材的属性、品格或形态、谐音，赋予其意境、情趣、寓意，并配以贴切的命名，耐人寻味。

（3）抽象性插花

抽象性插花是运用夸张和抽象的手法来表现客观事物的一种插花创作形式。抽象性插花不以具体事物为依据，只把花材作为点、线、面和色彩素材来进行造型。抽象手法可分为理性抽象和感性抽象两种。

①理性抽象插法。属装饰性插花，不注重情感表达，强调理性。用几何的方法进行构图设计，具有对称、均衡的图案美，注重量感、质感和色彩。花型主要有三角形、半球形、扇形、新月形等。

②感性抽象插法。无一定形式，也不受任何约束，根据创作者的灵感任意发挥，随意性强，变异性大，较难被人理解，不易产生共鸣。

5）按时代特点分类

（1）传统插花

在古典的传统插花中,东方式插花与西方式插花各有很明显的特点。传统东方式插花多以木本花材为主,以清、疏结构为主,常以花材的寓意或象征意义来影射人的品格、述说宇宙哲理,以花材自然风韵的流露来表现人间真、善、美的意境,以达到寓教于花的目的。传统西方式插花则多用草本花材,以规则对称的几何图案为主流,结构较紧密丰满,色彩艳丽,也称大堆头插花。

（2）现代插花

现代插花艺术融合了东西方插花艺术的精华,既有优美的线条和寓意无穷的意境,也有明快艳丽的色彩和较为规则的造型。现代插花艺术渗透了现代人的意识,设计大胆、造型随意、花器多样、花材不限,追求变异,更具创意。现代插花艺术吸收了现代雕塑、绘画、音乐、建筑等艺术造型原理,更能表现现代人的伦理、情趣和心态,更具时代感。

6）按插花容器分类

①瓶花。用高型花器的插花。

②盘花。使用浅身阔口的花器。因像盛放着的花一样,日本称之为"盛花"。

③花篮。用各种篮子插花。

④钵花。用各种盆钵插花。

⑤壁花。贴墙的吊挂插花。

⑥其他。另外还有竹筒花、缸花、桌饰等。

8.2   插花艺术的基本原理

插花也是通过形的组合、布局以及色彩搭配来展现美的造型艺术,遵循造型美的一般规律及原理。插花艺术是以花卉的自然美经过艺术加工构成装饰美的造型艺术,是以一定的技法为基础,配合使用的场合、时间及用途,根据一定的审美意识,按照艺术的构图原则和色彩搭配进行创作与设计的。

8.2.1   插花造型的基本要素

1）形态要素

在视觉艺术中,色与形是密不可分的。康德在《判断力批判》中认为,绘画、雕塑,甚至建筑和园艺,只要是属于美术类的视觉艺术,最主要的一环就是图样的造型,因为造型能够给人带来愉快的形状,进而奠定趣味的基础。形态不仅是构图的表现形式,也是作品内涵的媒介,作品的意境可通过花材和花器组成的形象来表达,形象与意境和谐统一形成了插花的艺术美。

"形"是花材的基本形状,"态"则为姿态。形象包括各种视觉要素及其组合,点、线、面是构

成造型的基本要素。点的连续排列构成了线,线的连续排列形成了面,线的中断则趋向于点。点容易形成视觉的中心,线构成造型的骨架与纹理,面构成造型要素的背景。

点状花材是指面积较小的花材,如勿忘我、满天星或一些叶片很小的花材等。点的连续排列形成线,点的聚合则趋向于面状和团状。点的感知与其所处的特定背景框架有关,如在大型作品中,月季、康乃馨、非洲菊等可作为构成点的要素。

线状花材是指形状为线性或近似线性的花材。其花材种类十分丰富,草本植物有剑兰、晚香玉、文心兰等;木本花材更是多不胜数,几乎所有枝条均可视作线材,最常见的有柳枝、桑枝、松枝、竹类等;叶材中也不乏线条,如水葱、新西兰麻、肾蕨等。传统的东方式插花十分重视线条的表现,现代插花也离不开线条,线状花材可使花型挺拔、伸展、飘逸,展现出优美的姿态。

面状花材通常是指花朵或叶片较宽大的花材,是适合用作背景的花材,常见的有龟背竹、春羽、荷叶等。有的花材表面比较平整,有的则有皱纹起伏或缺裂;其形状也各有不同。平整的表面经过加工,使之变形可产生意想不到的效果。

花材在造型要素中的角色不是固定不变的,许多花材既可作点也可作线或面。如天堂鸟、散尾葵、苏铁等,正面摆放为面,侧放则成线,往往以线示人比以面展现更动人、更优美。因此,插花时要从不同的角度审视花材,以表现其不同的形态。花艺师不仅要熟识各种花材的自然形态,必要时还可改造花材,通过修剪、撕裂、卷曲、曲折、弯曲、捆绑等技巧,改变花材的原有形象以满足创作的需要。

2) 色彩要素

色彩是表达视觉艺术的语言、塑造视觉艺术形象的关键要素。花材自身色彩鲜艳丰富,若想通过搭配体现艺术的美感,则需要掌握一些色彩的基本原理。

（1）色彩的构成

色彩分为无彩色系和有彩色系。无彩色系是指包括白色、黑色以及由白色与黑色调和形成的不同程度的灰色。无彩色按照一定的变化规律,由白色渐变到浅灰、中灰、深灰再到黑色,色度学上称之为黑白系列。有彩色(又称彩色系)是指包括光谱色彩中的各种颜色,即红、橙、黄、绿、青、蓝、紫等。彩色系的色彩根据其混合规律可分为原色、间色和复色。原色是指能混合生成其他色彩而本身不能由其他色彩混合而成的,也称第一次色。国际照明委员会(CIE)将色彩标准化,确定颜料的三原色为红(品红)、黄(柠檬黄)、青(湖蓝)。两种不同原色的混合产生间色,也称第二次色。间色与间色混合或复色与间色混合称为复色,也称第三次色。有彩色系的颜色具有三个基本特性:色相、纯度(彩度)和明度。色相是有彩色最大的特征,由波长决定;纯度是指色彩的纯净程度,表示颜色中所含有色成分的比例;明度是指色彩的明亮程度。三要素不可分割,在认识和应用色彩的时候,必须同时考虑。

（2）色彩心理表现

由于共同的生理机制和对环境的适应,不同地域的人们对色彩的感受和认知是趋同的,主要表现为冷暖感、轻重感、强弱感、远近感以及情感的感知。

①色彩的冷、暖感。不同的色彩会产生不同的温度感,这与人们对色彩的认知和感受有关——由不同的色彩与具象的事物相联系而归类色彩的温度。红、橙、黄属暖色系;蓝、青、蓝紫属冷色系;绿与紫属不冷不暖的中性色系。无彩色系的白色、黑色、灰色是中性色。暖色可具有

热烈和欢乐的效果,但也可让人烦躁不安;冷色可使人平静,但灰暗的冷色容易让人感到沉重、忧郁;只有适宜的冷暖配色才能给人以轻松愉悦的感受。高明度的色彩明朗而华丽,低纯度的色彩含蓄而朴素。插花需要根据不同的场合、用途来选择不同的色彩。

②色彩的轻、重感。色彩的轻重感主要取决于明度和纯度。明度越高,色彩越浅,感觉越轻盈;明度越低,色彩越深,感觉越重;白色为最轻,黑色为最重。色彩纯度越高,感觉越重,反之则轻。插花时要善于利用色彩的轻重感来调节花型的均衡、稳定,如颜色较深较暗的花材宜插于低处,而飘逸的花枝可选用高明度的浅色。

③色彩的强、弱感。色彩的强弱取决于色彩的知觉度,凡是知觉度高的明亮鲜艳的色彩具有强感,知觉度低的灰暗的色彩具有弱感。纯度越高,色彩的感觉越强,纯度越低,感觉越弱。色彩的强弱与色彩对比有关,对比鲜明则强,对比微弱则弱。有彩色系中,红色最强,蓝紫色最弱;有彩色与无彩色相比,前者强,后者弱。在插花中,可以通过强弱的配色表达热烈、轻松、幽静、恬淡的情感。

④色彩的远、近感。红、橙、黄等暖色,波长较长,看起来距离有拉近感,故称为前进色;蓝、紫等冷色,波长较短,看起来距离有推后感,故称为后退色。黄绿色和红紫色等,距离感中等,较柔和。明度对色彩的远近感影响也很大,明度高者感觉前进而宽大,明度低者则远退且狭小。插花时可利用这种特性,适当调节不同颜色花材的大小比例,以增加作品的层次感和立体感。

⑤色彩的感情效果。视觉色彩会引起人们的心理反应,不同波长的光作用于人的视觉器官产生色感的同时,必然导致某种情感的心理活动。因此,色彩能够影响人们的情绪,也能表达一些情感。人们对色彩的感受实际上是多种信息的综合反应,包括对过去生活经历的体验和理解。在长期的生产实践和社会实践中,人们逐步形成了对不同色彩的不同理解以及产生感情上的共鸣。如中华民族的尚红意识,即对红色的偏爱,用红色表现欢庆热烈的气氛和表达喜悦的心情。一般常见的色彩情感有以下几种:

红色:强有力的色彩,可表达热烈、兴奋、活力、喜庆等。

橙色:最暖的颜色,可表达明朗、活泼、温暖、成熟等。

黄色:明度高、可视性强,可象征光辉、高贵、活力等。在我国古代明黄色是至高无上的帝王专属色彩。现代插花有将黄色的菊花用于丧礼中,寄托哀思和缅怀之情。

绿色:明度适中、富有生机,具有健康、和平、希望的象征意义。

蓝色:具有宁静、清澈、遥远、质朴、沉默、理智、博大、永恒等象征。但从消极一面来看,也有阴郁、冷淡之感。

紫色:华丽高贵,神秘感强。淡紫色给人以柔和、娴静之感。

黑色:既可表达庄重、力量、刚正之感,也可产生罪恶、恐惧之感,还可有沉默、神秘等象征。

白色:有全色光之称,可象征光明、正直、无私、纯洁、忠贞等。

灰色:是黑与白调和后的中间色,给人以柔和、平凡、含蓄、中庸、消极、稳定的印象。

色彩的情感特征是一个复杂的心理反应,受到历史、地理、民族、宗教、风俗习惯、时尚流行等多种因素的影响。在插花时其只能作为色彩运用的参考,还要根据题材内容和观赏对象进行色彩设计。

（3）色彩的设计

色彩搭配的美感来自对比与调和、变化与统一，即要符合色彩构成基本法则。一件插花作品的色彩不宜太多太杂，配色时不仅要考虑花材的颜色，同时还要考虑所用的花器以及周围环境的色彩和色调，只有互相协调才能产生美的视觉效果。常用的插花配色模式有以下几种：

①同色系配色。即用单一的颜色搭配。这对初学者来说较易取得协调的效果。利用同一色系的花材，重点需要把握的是花材排列的高低层次感，以造型的优势弥补单一配色的不足。例如，可以将花材按一定方向或次序组合，形成有层次的明暗变化，产生优美的韵律感。

②类似色配色。利用色环中相互邻近的颜色来搭配，如红—橙—黄、红—红紫—紫等。应选定一种色为主色，其他为配色，可通过数量的多寡，按色相逐渐过渡产生渐次感，或以主色为中心，其他在四周散置也能烘托出主色的效果。

③对比色配色。对比色配色是将明暗悬殊或色相性质相反的颜色组合在一起。色环上相差180°的颜色称对比色或互补色，如红与绿、黄与紫等。由于色彩相差悬殊，产生强烈和鲜明的感觉。高纯度的对比配色会显得过于生硬，可以通过降低对比色的纯度达到调和的目的，如用浅绿、浅红、粉红等。绿色是植物尤其是叶片的基本色，插花时要善于利用。对比的配色除了通过调整主次色的数量（面积）和色调达到和谐统一的效果外，还往往选用一些中性色加以调和。无彩色系以及光泽色系对于对比色的调和可以起到很好的过渡和衔接作用，因此，可用黑、白、灰、金、银等色进行调和、装饰。如加插些白色小花可使色彩更明快和谐；而花器选用黑色、灰色或白色较易适应各种花的颜色。当环境较暗时，宜用对比性稍强的颜色，而在明亮的环境中，则可用同色或近似色系列。

④三等距色配色。在色环上任意放置一个等边三角形，三个顶点所对应的颜色组合在一起，即为三等距色配色。如花器是红色，花材选用黄色和蓝色，或紫色的矢车菊和橙色的康乃馨加上绿叶等。这些色彩配出的作品鲜艳夺目、气氛热烈，适用于节日喜庆场合，但同样应以中性色调和，如加插白花或用白（黑）色的花器等。

3）肌理要素

肌理是设计中重要元素之一，是指物体表面的纹理及质感，如光滑、粗糙等。插花艺术所用的材质是植物，植物种类繁多，质感各异，有刚柔、轻重、粗嫩等差异。插花时选用不同材质插出的作品风格迥然不同、情趣各异。花材除了具有天然的质感，经过人工处理，还可表现出特殊的质感，如：剥除了粗糙的树皮，就会呈现光滑的枝条；鲜嫩的叶子风干后也会变得硬挺粗糙；表面光滑的竹子，锯开后其截面呈现的是粗糙的纤维断面。同一种花材，不同部位会有不同的质感，如小麦的麦穗表面粗糙，而麦秆则光滑油润。所以，必须细心观察和掌握各种花材的质感特性，加以灵活运用。

插花作品要表现花材质感的相互配合、协调，从而产生自然流畅的效果，配合不当则显得牵强、生硬而失去美感。如松枝配菊花比配康乃馨协调，高山旱地植物与水生植物相配则不协调，这是自然式插花需要遵守的法则。除此之外，现代花艺设计有时会以表现质感为主，通过不同质感的对比产生强烈的视觉效果。

8.2.2 插花造型的基本原理

1)比例与尺度

作品的比例主要指作品各个部分之间以及局部与整体之间的比例关系,也包括插花本身与环境的比例关系。花材造型的比例要适宜,花型大小也要与所用的花器尺寸成比例。"大率插花须要花与瓶称,令花稍高于瓶,假如瓶高一尺,花出瓶口一尺三四寸,瓶高六七寸,花出瓶口八九寸乃佳,忌太高,太高瓶易仆,忌太低,太低雅趣失。"尺度的把握则关乎整个花艺造型大小的确定,与其使用场所密切相关。因此,插花时要根据作品摆放的环境大小来确定花型的大小,所谓"堂厅宜大,卧室宜小,因乎地也"。只有恰当合适的比例与尺度才能体现插花作品的美感。花艺中常用的比例主要有以下两个方面:

（1）花形与花器之间的比例

花艺中的比例与花器单位密切相关。花器的高度与花器的最大直径(或最大宽度)之和为一个花器单位。花形(花枝)的最大长度为1.5~2个花器单位。花材少、花色深时比例可增大,S形插花造型比例可增大。

（2）黄金分割及等比分割

黄金分割比率的基本公式是将一条线分成两段,分别为 a、b,假如其中一段长线段为 b,则 $b:(a+b)=0.618:1$。根据这个比例设计的造型美丽柔和,这也是公认的最美比例,花形的最大长度为1.5~2个花器单位即体现了黄金分割原理。黄金分割原理在插花中的应用还体现在三主枝构图中,一般三个主枝之间的比例取8:5:3或9:5:3。

此外,按等比级数截取枝条的长度,如2、4、8、16等使枝条高差距离渐渐拉大,也可产生韵律和渐变的强烈效果。

2)均衡

均衡包含平衡与稳定两个方面的内容,它是插花造型的首要条件。

（1）平衡

平衡是指事物或系统处于一种相对稳定的状态。在造型学上,平衡是指保持图形的平衡关系,则保持了视觉及心理感受上的平衡。平衡给人平稳、安定、庄重、完整的感觉,有对称的静态平衡和非对称的动态平衡之分。

对称平衡的视觉简单明了,是一种绝对的平衡,既可有庄重、高贵之感,也容易有严肃、呆板之感。传统的插法是花材的种类与色彩平均分布于中轴线的两侧,完全对称。现代插花则往往采用组群式插法,即外形轮廓对称,但花材形态和色彩则不对称,将同类或同色的花材集中摆放,使作品产生活泼、生动的视觉效果,这是非完全对称,或称为自由对称。

非对称的平衡需要保持重心的稳定,无论是形状还是色彩等方式的组合,都能给人以心理上不失重心的均衡感。与对称平衡相比,它显得更加自由且富于变化和神秘感。非对称平衡没有中轴线,左右两侧不相等,但通过花材的数量、长短,体形的大小和重量,质感以及色彩的深浅等因素使作品达到平衡的效果。

（2）稳定感

稳定感是均衡的重要因素,当造型未稳定之前,谈不上均衡,这是关系着所有造型要素的综合问题。如上所述的形态、色彩、质感、数量乃至环境空间等都对稳定性有影响,虽然均衡原理偏重于形式方面,但心理感觉也是影响因素之一。一件作品如表现出头重脚轻、摇摇欲坠、行将倾塌之势,必令人情绪紧张,何来之美。所以,稳定也是形式美的重要尺度之一。

一般来说,重心越低,越易产生稳定感。因此,花艺构图遵循上轻下重、上散下聚、上浅下深、上小下大等规律。深色有重量感,故当作品使用深浅不同的花材时,宜将深色的花置于下方或剪短插于内层;形体大的花尽量插在下方焦点附近,否则不易稳定作品的重心。

此外,插法方面讲究"起把紧,瓶口清",即插口集中紧凑也能起到稳定的作用。所以瓶插时,各枝条的插口应尽量集中,使之如出一杆之势,不要杂乱无章地塞满瓶口。

3）多样与统一

多样指花艺作品是由多种类型的花材搭配构成,并配以不同的花器、几架等。统一指构成作品的各个部分应相互协调,形成一个完美的有机整体。

多样与统一是矛盾的两个方面:一个作品,无论由多少部分组成,都必须表现出统一性,否则就不是一件完整的艺术品,不能产生美感,因此,统一是第一位的。但过分统一,不注意多样,又会使作品显得单调呆板,故应在统一中求多样。

实际操作中常常是多样易作,统一难求,可通过主次搭配、呼应、集中等形式来求得统一。

（1）主次

众多元素并存时,需要一个主导来组织控制造型的主题,主导处于支配地位,其他处于从属地位。一个作品,主导只能有一个,否则多主即无主。如一个十分漂亮、五彩缤纷或很特殊的花器,其主要功能是供人欣赏,则插入的花只能作陪衬,色彩和数量都不宜过艳过多,从而让视觉能集中在花器上。而以插花为主要用途的花器则需选用线条简洁的单色系花器,最好是黑、白、灰色等中性色彩。选用花材时,也应以某一品种或某一颜色为主体,过多的花材和色彩会显得杂乱无章。作为"主"的部分不一定要量大,或华丽、强烈、特别,或占领前方位置,或配合主题起点睛作用,虽数量不多,只要安排得当,都可起主导作用。一旦确定主体后,其他的一切都要围绕主体、烘托主体,不可喧宾夺主。

（2）集中

集中即要有视觉焦点、有核心。有焦点才有凝聚力,例如一朵花,花蕊是其焦点,花瓣以焦点为核心向外扩散。焦点一般位于各轴线的交汇点,可在 $1/5 \sim 1/4$ 高度附近靠近花器处。焦点处不能空洞,应以最美的部位示人。焦点花一般以 $45° \sim 65°$ 向前倾斜插入,将花的顶端面向观众,各花、叶的从焦点逐渐离心向外扩展,这样才有生气。大型作品可做焦点区域设计,利用组群技巧做出焦点区。

（3）呼应

花的生长是有方向性的。插花时必须审视花、叶的朝向,正所谓俯仰呼应才能统一。如彼此相背各自一方,则花型必散,失去凝聚。除了注意花材的方向外,重复出现也是一种呼应。尤其是一个作品通过两个组合表现时,则两个组合所用的花材、色彩必须有所呼应,否则不能视作同一整体。当一个大型展位需分别摆放几个不同命题的作品时,亦可考虑彼此的关联性,使整个展位有统一感。

4) 对比与调和

对比与调和是一组相对的概念,在造型设计中表现的技巧也是相对的。对比是差异性的表现,调和则是共性的表现。在弱对比的调和中,调和表现为差异性的补充;在强对比的调和中,调和表现为共性的表达。广义上的对比与调和的最终目的是达到和谐的状态,让各种形态的构成因素最终取得一种安定、完整、舒适的感觉,各个元素、局部与局部、局部与整体之间相互依存,融洽无间,没有分离排斥的现象,从内容到形式都是一个完美的整体。

（1）对比

对比是通过两种明显差异的对照来突出其中一种的特性。如大小、长短、高矮、轻重、曲直、直折、方圆、软硬、虚实等都是一对对矛盾体。例如本来不是很高的花材,因在其下部矮矮地插入花朵作对照,则显得其高昂;又如一排直线,中间夹一条曲线则显直线更直,这也是对比的效果。还要注意对照物不能太多太强,否则会喧宾夺主,失去了对比的意义。

对比还能提高造型情趣,增添作品的活力。如一件作品,要有花蕾、微开的花和盛开的花,各形体大小不同才好看;如果所有花都大小一样、形体单一,或令其一律面向前方,则十分呆板乏味。硬直的花材,加入一些曲枝或软枝可使之柔化;圆形的花、叶加入一些长线条的花材,画面会更生动。这就像中国国画原理中的"破"——能产生一种跌宕起伏、平中出奇的效果。

（2）调和

花艺中的调和一般指花材之间的相互关系,即花材之间的配合要有共性,每一种花都不应有独立于整体之外的感觉。调和可通过选材、修剪、配色、构图等技巧达到。相同或类似元素是常用的调和的手法和技巧,当互不相干甚至反差悬殊的元素合在一起时,就不容易协调,这时要从中找出它们之间的关系,或色彩,或形态,或加入某些中介物等,使其发生新的关系。如形体差别大时,在对比强烈的空间加入中间枝条,使画面连贯,对比色彩强烈时加入中性色加以调和,使视觉流畅。

5) 节奏与韵律

节奏原指音乐中音响节拍轻、重、缓、急的变化和重复,这里借指在视觉上有规律的动感。其在形式上的表现特征是反复和渐变,在视觉上形成有规律的起伏和有秩序的动感。

韵律就是音韵和规律,是节奏与节奏之间相对运动所表现的姿态,一定的节奏和韵律结合形成一种运动形式。造型设计中,通过造型构成特征如高低、粗细、大小等的排列,利用形与形的方圆对比和图形空间分布上的高低起伏、前后连贯,产生如音乐般的韵律感。插花艺术也一样,它通过有层次的造型、疏密有致的安排、虚实结合的空间、连续转移的趋势,使插花作品富于活力与动感。

（1）层次表现

高低错落、俯仰呼应造就层次的产生。《瓶史》中有"夫花之所谓整齐者,正以参差不伦,意态天然,如子瞻之文随意断续,青莲之诗不拘对偶,此真整齐也"之说,所谓"不齐谓之齐,齐谓之不齐",画面要有远景、中景和近景,插花也要插出立体层次,要有高有低、有前有后、有深有浅。一般初学者易看到左右的分布,不易看到前后的深度。应建立透视的概念,使作品有向深远处延伸之势。因此,花枝修剪要有长有短,一般陪衬的花叶其高度不可超过主花;此外,深色

的花材可插得矮些,浅色的花插得高些,这是通过色彩变化增强层次感。

（2）疏密有致

疏密有致指构图上有疏有密,最密或最疏的地方可成为整个设计的视觉焦点,形成视觉张力,使作品具有节奏感。插花作品中,花朵的布置忌等距,也要有疏有密才有韵味。如四朵花则三朵一组间距小些,另一朵宜拉开距离插到较远处;五朵花则三朵一组,另外两朵相对拉开距离。

（3）虚实结合

中国国画的布局多有留白之处,书法也讲究布白当黑。"空白出余韵",可见空白对韵味的作用。插花作品中,空间是指花材的高低位置所营造出的空位。中国传统插花之所以讲究线条,就是因为线条可划出开阔的空间;过去西方传统的插花以大堆头著称,如今也注重运用线条了。插花作品有了空间就可充分展示花枝的美态,使枝条有伸展的去处,空间还可扩展作品的范围,使作品得以舒展。各种线材,无论是弯弯曲曲的枝条,还是细细的草、叶,都是构筑空间的良材,善于利用即可使作品生动、飘逸、有灵气,韵味油然而生。现代插花十分注重空间的营造,不仅要看到左右平面的空间,还要看到上下前后的空间。空间的安排适当与否也是衡量插花技艺高低的标准之一。

（4）重复与连续

重复可以通过一个基本形的反复出现,形成强烈的秩序感和统一感,从而达到调和的目的。花形的重复出现不但有利于统一,还可引导视线随之高低、远近地移动,从而获得层次的韵律感。花、叶由密到疏、由小到大、由浅到深,视线也会在这种连续的变化中转移,也可获得节奏感。

以上各项造型原理是互相依存、互相转化的,只有认真领会个中道理并应用于插花作品中,才可能创作出优美的形体。优秀的艺术造型,更要透过形体注入作者的情感,表达一定的内涵,意境和造型交织、融合才更加动人心弦。

8.3 插花艺术的基本构图形式

构图即创造形式,安排艺术形象（造型）,也就是将已经构思好的主题内容进行形象化的过程。用什么样的形式和造型来表达作者的意图,这一过程就称为构图。构思是表现艺术品的内容美,而构图则是表现艺术品的形式美,只有两者完美地结合才能使艺术品产生无穷的魅力。

插花艺术品的创作也不例外。插制造型的过程就是构图,即根据已构思的主题将各种花材巧妙地组合、布置在一起,形成一定的优美造型的过程。然而,构图并非简单地将花材组合布置,而是必须使造型传递出构思的主题并表现出作者的审美情趣与个性。

构图在插花创作中十分重要,它能够决定插制出的造型（形象）是否优美,它是插花艺术作品形式美的直接表现。

构图的基本形式是指作品造型的基本样式或作品外形轮廓的模样。如前所述,它是造型艺术表现形式美的主要要素和重要的审美特性之一。所以,了解掌握构图的基本形式,在此基础上创造生动新颖的造型,是艺术创作成败的关键,插花艺术的创作也不例外。

1）几何形构图的基本形式

几何形构图的作品的外形轮廓均由各种规则的、固定的几何图形所构成,其特点是外形轮廓清晰、整齐,内部结构紧密、丰满,层次分明、立体感强。因其外形不同,又可将它分为两类。

（1）对称式几何形构图形式

对称式几何形构图形式又称整齐式几何形构图形式,即通过几何图形的中心点假设一个中轴线,在此中轴线的两侧或上下的图形是等形、等量(视觉上的等量)的。这些作品的外形整齐,对称而均衡,以常见的圆球形、半球形、扇形、等腰三角形、椭圆形、塔形、倒 T 形等为典型的代表图形(图 8-1)。

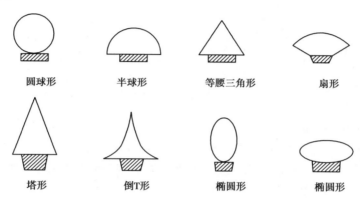

圆球形　　半球形　　等腰三角形　　扇形

塔形　　倒T形　　椭圆形　　椭圆形

图 8-1　常见的对称式几何构图形式

（2）不对称式几何形构图形式

不对称式几何形构图形式又称不整齐式几何形构图形式,即在假设的中轴线两侧或上下的图形是不等形、不等量的。这类作品的外形呈不对称、不均衡的各种几何形状,如 L 形、S 形、新月形和各种不等边三角形等(图 8-2、图 8-3)。

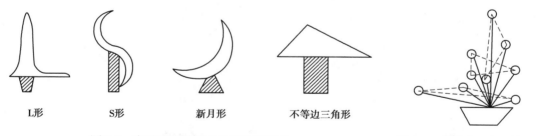

L形　　S形　　新月形　　不等边三角形

图 8-2　常见的不对称式几何构图形式　　　　**图 8-3　不等边三角形构图**

几何形构图插作基本形式详见 10 章西方式插花基本花型的插作技艺。

2）非几何形构图的基本形式

非几何形构图形式又称线形构图或三大主枝构图形式,该类作品的外形轮廓呈现多种多样、自由变化的各种非几何形,构图自由、无定型,但十分讲究章法,注重布局,造型活泼自然。

构建这类基本造型,首先由主枝构成一个最简单的立体骨架,然后在骨架内及其周围填补辅助花枝、衬叶,依次逐步丰满和完善造型。假设三大主枝为 A 枝、B 枝、C 枝,三枝中以最长最优美的 A 枝最为关键,它既决定作品的高度,同时也决定了构图的形象及基本效果。所以常依据 A 枝在花器中的姿态与位置的不同,划分出直立式、倾斜式、水平式、下垂式四种基本构图形式。

直立式构图着重表现花材挺拔向上的气势和端庄稳健的阳刚之美。倾斜式构图意在表现花材自然弯曲、舒展活泼的动态之美。水平式构图意在表现花材横向平伸的静态之美,可展现出幽静、祥和的气氛。下垂式构图意在表现花材飘逸、流畅的线条美或跌落、低垂的动态美。非几何形插作形式详见 10 章东方式插花基本花型的插作技艺。

思考与练习

1.什么是插花? 叙述插花艺术的特点以及插花艺术的功能及应用。

2.插花艺术如何分类?

3.简要说明插花造型的基本要素。

4.举例说明不同形态对视觉有何影响? 在插花中如何利用形态的视觉感?

5.插花造型的基本原理包括哪些内容? 如何运用基本原理进行插花造型?

6.结合实例说明插花艺术的基本构图形式。

7.举例说明色彩的心理表现。在插花造型中如何利用明度进行花材的选择?

9 插花艺术的基本知识

目的与要求：通过本章的学习，主要了解不同季节、不同形态花材的选择，花器的种类及选择，插花的应用形式。掌握花枝的修整和固定方法，插花的创作步骤，插花作品的命名。

插花艺术是一门造型艺术，需要根据构思进行选材，并遵循一定的创作法则。插花作品要求以形传神、以情动人，再现自然美和生活美。因此，插花不是花材的简单组合，而是对花材进行技术加工（修剪、弯曲等）和艺术加工（立意构思、选材造型等），从而形成生动自然、富有诗情画意的艺术品。插花工作者需要认真学习了解花材的文化内涵和观赏特性、花器的种类与特征、插花创作步骤、命名等基本知识。在掌握了这些基本知识的基础上，才能在创作插花作品时游刃有余。

9.1 花材的选择

插花所用的植物材料统称为花材，包括植物的花、枝、叶、果、根等。随着园艺栽培技术的发展，能够用于插花的花材种类和来源越来越丰富，可供选择的花材层出不穷。作为插花工作者，往往需要在立意的基础上对花材的种类和搭配进行必要的选择，以尽可能地发挥花材的作用，满足插花作品创意与表达的需要。在中国传统文化中，非常注重花材的寓意，插花时应合理利用花材的外观和内涵为插花作品服务。

9.1.1 不同季节的选择

不同的观赏植物有自身的生长发育特性，往往都有最佳观赏期，用作花材的最佳季节也各不相同。在中国插花艺术的不断传承中，形成了一些季节性花材的选择模式，如兰桃迎春、荷榴庇夏、菊桂护秋、梅竹斗寒等，这使得作品富有鲜明的现实感和即时性，增强了作品的感染力。在一些以四季为主题的插花作品中，也往往利用这些季节感比较明显的植物来表现主题。随着季节的变化，植物的季相特征也在变化。春季主题多表现万物复苏，生机、活力与希望，常选用的花材有桃花、梅花、玉兰、迎春、牡丹、杜鹃、丁香、水仙、石竹、金鱼草、金盏菊、鸢尾、郁金香、香石竹等;初夏可选用唐菖蒲、百合、美人蕉、月季、鸡冠花、非洲菊等;盛夏可选用唐菖蒲、荷花、睡莲、水葱、非洲菊、紫薇等;秋季主题主要表现多彩和收获,可选用红枫、火棘、菊花,以及各种彩叶植物和硕果等;冬季主题若表现峥嵘、刚毅,可选用水仙、梅花、香石竹、南天竺、一品红、蜡梅等。温室栽培技术的广泛应用,使得一些季节性花材能够全年供应,这一方面增加了花材的应用空间,同时也弱化了花材反映自然变化的媒介作用。因此,在插花中要合理地搭配各种花材,表现花材原本的季节性,呈现出自然的和谐。

9.1.2　不同形态的选择

1) 圆形花材

圆形花材也称团块状花材,这类花材外形呈较整齐的圆团状、块状,花形美丽、色泽鲜艳,通常花型较大,是插花中常用的花材,常见的有香石竹、玫瑰、月季、菊花、牡丹、大丽花、非洲菊等。这类花材在构图中常作为主体花材,可插在骨架轴线的范围内完成基本造型,也可以与其他花材配合作为焦点花材。除了花以外,还有团块状的叶材,可以是绿叶也可以是彩叶,通常叶片面积较大,具有重量感和光泽感,多放在花与花之间起衬托作用或用作背景,常见的有龟背竹、绿萝、八角金盘、鹅掌柴等。

2) 线形花材

这类花材外形呈长条状或线状,包括各种木本植物、蔓生植物和具有长条状的枝叶、花絮的草花。常用的花材有唐菖蒲、蛇鞭菊、金鱼草、飞燕草、银牙柳、竹、迎春花、连翘、紫罗兰、香蒲、蜡梅、桃花等。常见的叶材有针葵、散尾葵、虎尾兰、熊草、苏铁、天门冬、一叶兰、肾蕨、巴西木等。在构图中,线形花材主要用来构成花型轮廓和基本骨架,也常是决定作品比例、高度的主要花材,这在东方式插花中应用非常广泛。线形花材可分为直线、曲线、粗线、细线、刚线、柔线形等多种形态,各具不同的表现力。例如直线、刚线表现阳刚之气和旺盛的生命力;曲线、柔线则有摇曳多姿、轻盈柔美之感。在艺术插花,尤其是东方式插花中,许多线形花材常常起到活跃画面的作用。插花创作者需要用心去观察和体会,感受花材的风格和神韵。

3) 散点式花材

散点式花材是指由整个花序的小花朵构成,外形上呈星点状蓬松轻盈状态的花材,如满天星、情人草、勿忘我、小菊、文竹、蓬莱松、天门冬等。这类花材常散插在主要花材的表面或空隙中,起烘托、柔化、陪衬和填充作用,以增加层次感,并起到结构过渡、平衡中心、缓和色彩冲突的作用,又被称为填充花材。

4) 特殊形状的花材

这类花材外形不规整,结构奇特、别致,形体较大,常见的有红掌、马蹄莲、鹤望兰、蝎尾蕉、百合以及各种热带兰等。由于其特殊的形态,往往具有独特的构图表现力和艺术感染力,在构图中常作焦点花用,或作为观赏的主体部分。为突出和保持其独特的形状,通常会和其他花材之间保持一定的距离,以体现出其对作品的主导作用。

9.1.3 常用插花的植物材料

常用插花植物材料如表 9-1 所示。

表 9-1 常用花材一览表

名　称	观赏部位	名　称	观赏部位	名　称	观赏部位
山茶	花	桃花	花、果	香石竹	花
金缕梅	花	石榴	花、果	紫罗兰	花絮
梅花	花	棕榈	花、果、叶	麦秆菊	花
迎春	花	广玉兰	花、叶	香豌豆	花
蓬蒿菊	花	凤尾兰	花、叶	百日草	花
杏花	花	十大功劳	花、枝叶	金鱼草	花
李	花	夹竹桃	花、枝叶	芍药	花
紫荆	花	石楠	花、枝叶	桔梗	花
紫玉兰	花	凌霄	花、藤	蝎尾蕉	花
玉兰	花	紫藤	花、藤	香蒲	花序
贴梗海棠	花、枝	佛手	果	石斛兰	花
郁李	花	油松	果	一枝黄花	花序
榆叶梅	花	柑橘	果	一叶兰	叶
探春	花	枇杷	果	矢车菊	花
紫丁香	花	厚皮香	果、叶	银叶菊	叶
洋丁香	花	枸骨	果、叶	飞燕草	花
牡丹	花	胡颓子	果、叶	文心兰	花
海棠花	花	南天竹	果、枝叶	一品红	花、叶
玫瑰	花	火棘	果、枝叶	龟背竹	叶
蔷薇	花	珊瑚树	果、枝叶	大花蕙兰	花
杜鹃花	花	云杉	果、枝叶	郁金香	花
金钟花	花	银柳	芽	百合	花
金丝桃	花	大叶黄杨	叶	马蹄莲	花
樱花	花	枫	叶	荷花	花
刺桐	花	八角金盘	叶	绿萝	叶

续表

名　称	观赏部位	名　称	观赏部位	名　称	观赏部位
含笑	花	桃叶珊瑚	叶	金盏菊	花
棣棠	花	星点木	叶	洋桔梗	花
绣球	花	红叶李	叶	雏菊	花
白兰花	花	海桐	叶	观赏辣椒	果
象牙红	花	红桑	叶	观赏南瓜	果
毛茉莉	花	苏铁	叶	千日红	花
蜡梅	花	变叶木	叶	菊花	花
扶桑	花	棕竹	叶	鸢尾	花、叶
吊钟海棠	花	常春藤	叶	火炬花	花
三角梅	花	朱蕉	叶	非洲菊	花
花叶丁香	花	凤凰棕	叶	鹤望兰	花
凤仙花	花	散尾葵	叶	红掌	花、叶
木芙蓉	花	鱼尾葵	叶	满天星	花
桂花	花、枝叶	瓜子黄杨	叶	花毛茛	花
紫珠	花	柽柳	枝叶	蛇鞭菊	花序
米兰	花	罗汉松	枝叶	虎尾兰	叶
茉莉	花	竹	枝叶	蝴蝶兰	花
月季	花	柳杉	枝叶	卡特兰	花
八仙花	花	鹅掌柴	枝叶	向日葵	花
栀子	花、枝叶	黑松	枝叶	文竹	叶
紫薇	花	柏	枝叶	唐菖蒲	花
狗尾红	花	雀舌黄杨	枝叶	大丽花	花
九里香	花	银杏	枝叶	香雪兰	花
木槿	花	垂柳	枝叶	中国水仙	花、叶
垂丝海棠	花	桑树	枝叶	蕨类植物	叶
棕榈	花、果、叶	山麻杆	枝叶	洋常春藤	叶

9.2　花器的选择

插花所用的器皿称为花器,它主要用来盛放花材、支撑和保养花材,同时也是插花作品构图重要的组成部分。插花造型的构成与变化,在很大程度上与花器的搭配有关。花器的外形变化影响整个插花作品,既可限制花体,也可烘托花体。在艺术插花中插花通常是与花器、几架构成一个整体供欣赏。在正规的插花大赛中,插花作品是按照花材、花器、构思三部分进行评价的。在艺术插花和传统的东方式插花中,花器的选择更是举足轻重。

9.2.1　花器的种类与式样

花器的种类很多,形状多样(图9-1):按形状可分为阔口浅盆型花器、花钵类花器、狭口高身花瓶型花器、半月形和圆月形花器、异形花器等;按材质可分为陶瓷花器、塑料花器、玻璃花器、竹篾藤编类花器、金属花器等;一些生活用品如碗、盆、碟、杯、罐、酒瓶、饮料罐等也可用作花器。

图 9-1　各式花器

9.2.2　花器的选择

花器通常与花材一起形成一个整体,因此花器的搭配也要按照美学原则进行选择,主要根据插花的环境、使用的花材、表达的意境以及构图的需要等因素而定。

1) 花器的形状

花器的形状多样,有规则形状的如长形、方形、柱形、椭圆形、长圆形、半圆形等,以及各种不规则形,如流线型、贝壳形、现代异形花器等。作为初学者最好选择造型简洁的花器。花器外形应简洁大方,比例合适,重心位置适当。通常可根据花材和叶材的形状选择花器的形状:例如长

方形的花器配合长方形的插法,重点在于两端,使高低花枝仰俯有势;圆形的花器宜放置中央,如放置在桌面上的,应插得低一些,需照顾四面八方;竖直或高耸的三角形插花,常用各种形状高深的花器,如花瓶等。

2)花器的质地

不同质地的花器产生不同的质感。小型的、纤细的插花应选用质轻、光滑的容器,如瓷器、玻璃材质的花器;大型的、粗线条的插花作品应选择外观轮廓清晰,质感厚重结实的花器,如陶瓷、金属类花器。质地细腻的花器常搭配现代插花,清新自然;质感粗糙的花器常用来表现田园野趣,返璞归真。

3)花器的颜色

花器的颜色要和插花作品整体风格协调一致,还要与花材的色彩相协调。一般来说,花器宜选择明度不高的色彩,如黑色、白色、灰白等中性色,浅蓝、奶油色等柔和的颜色,茶色、土黄、暗绿等朴素的颜色以及金色、银色等,这些颜色的花器易与各色花材搭配,较好地衬托花材。反之,过于复杂或鲜艳的色彩,容易喧宾夺主。色泽鲜艳明快的花器,适宜插作具有现代感的花材和花型。花材和花器的搭配上要正确运用色彩配置原理,以体现花器对插花作品的衬托作用。两件花器组合时色彩感重的花器应放在后方或下方,色彩感轻的要放在前方或上方,以达到整体和谐的效果。

4)花器与花材和环境的关系

花器应与周围环境相协调。花器的大小和空间的大小相适应,矮小的空间不宜采用过高的花器,宽敞的空间不宜采用过小的花器。花器还要与室内的装修风格、格调一致,如现代居室宜选用塑料、玻璃、仿金银等现代花器,以突出时代感;中式古典风格的室内空间宜选用陶瓷和仿古花器,以突出传统。深色的家具或背景可选用浅色花器,浅色家具或背景可选用深色花器,以达到相互映衬的目的。

9.3 花枝的修整和固定

9.3.1 修整

购买或采摘的花材通常未经加工,不宜直接进行插作。在插作之前应根据造型的需要对花材进行适当的修剪、弯曲、加固等技术处理。

1)修剪

修剪是插作中最常用的技术手段,对花材进行修剪整理也是插花创作的关键环节。在修剪整理花材时,应遵循以创作需要为目的,以顺其自然为主导,做到"当剪则剪,当留则留"。

（1）除刺、去残

花材的除刺和去残是对花材最基本的修剪处理，主要目的是保证花材的最佳使用状态。例如玫瑰、月季等花材，需要先除刺，便于后来的插作；一些花材在生长过程中有叶片或枝条出现病虫侵害、干枯发黄，这部分枝条和叶片有损观赏价值也要先剪去；另外，变形、边缘焦枯等的花瓣也要小心地剥离。

（2）取舍枝条

保留过多的枝叶容易使插花显得臃肿和繁杂。对花材修剪不仅要考虑花材自身的条件，还应考虑到整体效果，要对花材的各个组成部分进行合理的取舍。通常，取舍花枝从以下几个方面进行考虑：位于同方向上的平行枝条只留一枝，其余的剪去，以避免重复；重叠枝、交叉枝要适当地剪去，使之轻巧且有变化、活泼而不繁杂；要顺其自然，花枝的长短、去留要根据构图的需要边插边剪不断调整和完善。在整个插作过程中，要多角度仔细观察审视，凡是影响构图、创意表达的枝条一律剪除。

（3）修剪方法

不同种类的花材修剪略有不同。通常，木本花材基部修剪时要斜剪，使得花材切口部位易插入花器且易吸水；草本花材基部修剪尽可能在节下，以保证花材基部较结实，插作时容易固定和支撑。枝条修剪的长度主要根据花型的大小和构图的需要来确定，通常插花中不同位置的花材长度不一。

2）弯曲

为了特定的造型，需要利用各种线条来搭建，而花材的自然姿态往往达不到造型的要求，这就需要对花材进行适当的弯曲变形处理。尤其是在现代插花中将花材制成各种形状，形成抽象夸张、富于变化的线条以展现形式美最为常见。花材的弯曲造型在插花中运用广泛，特别是枝叶的弯曲造型应用普遍，枝条弯曲的造型方法和叶片弯曲所用的有所不同。

（1）枝条的弯曲

东方式插花中，常用各种方法对花枝造型加工，以满足构图与立意的需要。枝条的弯曲是东方式插花中常采用的方法。不同植物的枝条的韧性和粗细各不相同，应采取不同的方法加以弯曲。柔韧纤细的枝条，弯曲造型较为容易，弯曲的幅度可以大些，形成的曲线流畅自然。有些植物的枝条容易折断，特别是一些木本花材，这就需要耐心和技巧才能完成，弯曲的幅度也不能太大。通常节间和芽的部位，以及交叉点处都较易折断，弯曲的部位应选择在两节之间，并且压弯时可稍做扭转。一些粗大的枝条可用刀锯出 1~2 个切口，切口深度为枝条直径的 1/3~1/2，然后嵌入小楔子，使其弯曲。一些较硬不容易弯曲的枝条，要慢慢用力使其弯曲，否则容易折断。韧性很差的枝条，可将弯曲的部位放入热水中（也可加些醋）浸烫，取出后立刻放入冷水中进行弯曲定型。花叶较多的树枝，需先把花叶包扎遮掩好，然后把弯曲部位直接放在火上烤，每次烤 2~3 min，重复多次，直到枝条柔软，足以弯曲成所需的角度为止，然后放入冷水中定型。软枝（如银柳、连翘等枝条）较易弯曲，用两只拇指对放在需要弯曲处，慢慢掰动枝条即可。较细软的木本枝条一般采用揉搓、绞扭等方法进行弯曲造型。草本花枝如文竹等纤细的枝条，可用一手拿着草茎的适当位置，一手旋扭草茎，即可弯曲成所需的形态，要注意动作轻缓，以免破坏花材。利用金属丝的可塑性对花枝进行弯曲造型也是常用的方法，尤其是一些细软的花材，缠绕金属丝后可进行自由的弯曲造型。

（2）叶片的弯曲

叶片的弯曲往往比较容易，弯曲成的形状也很多样。通常柔软的叶子可夹在指缝中轻轻抽动，反复数次即会变弯，也可将叶片卷紧后再放开即会变弯，或用手撕裂成各种形状，经过这样处理的弯曲叶片往往线条流畅自然。有的时候需要把叶片弯曲成一些固定的特定形态，通常会利用大头针、订书钉或透明胶纸加以固定。此外，运用细软的金属丝进行组合或弯曲造型也是常用的方法。

9.3.2　花枝的固定

经过修整弯曲造型的花材，按照构思所确定的布局，在适当的位置按一定的角度固定插入花材的过程称为花材的固定。花枝的固定是插花中重要的技法。要使得造型优美，花材稳固、不易变形。插花工作者只有经过反复的实践才能很好地掌握花材的固定技术。插花时根据插花类型、花材性质、花器等选择不同的固定方法。

1）瓶插

瓶花通常开口小，一般不能用剑山和花泥进行固定，常常借助花枝末端与花瓶壁各部分相互支撑而固定，讲究技巧。对于瓶口较大的花器可采用稍大于瓶口直径的枝段分隔瓶口，形成一字、十字、井字、Y 字、米字等形状加以固定，也可以在花瓶中加入花泥、卵石、铅丝团等加以固定。通常根据花器形状大小、花材性质和插花花型的不同，选用不同的固定方法。

（1）弯枝固定法

利用花枝自然弯曲和枝杈，依靠弯折处固定花枝。无自然弯曲的花材可将花材的茎枝弯曲，利用花枝弯曲部位产生的反弹力靠紧瓶壁得以固定，应注意不能使花枝折断（图 9-2）。

（2）添木法

用一根较粗的枝条，上端剪开，再把花枝夹入或绑于其中，或在花枝上绑缚其他枝条，使其与瓶壁和瓶底构成 3 个接触点，限制花枝摆动（图 9-2）。

图 9-2　瓶插固定示意图

（3）铅丝团支撑法

在枝条的下部捆裹铅丝，放入花器中，利用铅丝空隙固定花材。

（4）瓶口隔小法

用比瓶口直径稍长的短枝压入瓶口，把瓶口分隔，或将细短枝条做成插架进行固定，如一字形、十字形、Y 字形、米字形、井字形等（图 9-3）。

（5）金属丝网眼固定法

把铁丝网卷成筒状或绕成疏松的乱团放入瓶内，利用铁丝网空隙插入花材，起到固定的作用。

图 9-3　瓶口支架示意图

2）盆插

（1）剑山固定法

剑山是中国传统艺术插花中常用的固定工具,由重金属加工定型,上面密布金属针,具有体积小、重量大,便于平衡和稳定的特点。剑山有各种不同的规格,其大小、形状、针的长短、疏密不同,应根据花材的特征选择适宜的剑山来固定。一般插木本花材的剑山针短而稀,插草本花材的剑山针长而密。

用剑山插花前必须先向容器中注入水,水位要高过剑山的针座,以便花枝插上后能吸到水。主要的技术要领包括:如果插直立枝条,将枝条基部剪平,垂直方向插入即可;如果要倾斜造型,应先斜剪,再直立插入,然后按构图需要将其压至所需的倾斜角度;太细的花枝难以固定时,可在花材基部绑附一小段其他枝条或套插于其他短茎中,以扩大花材与剑山的接触面(图 9-4);插较粗硬的木本花材时,可将花枝基部竖向剪成十字形或一字形裂口,以利于枝条插入花针;花材过重时,可用 2~3 个剑山组合在一起,以增加稳定性,使作品不易倾倒。剑山固定法对于插花工作者技艺的要求很高,需要积累一定的经验才能很好地加以利用。

图 9-4　剑山固定示意图

（2）花泥固定法

花泥固定花材是最简便的方法。花泥是由酚醛塑料发泡制成,具有吸水性强、吸水后变得沉重,质地松软、便于插入等特点。花泥的颜色有多种,通常选用绿色,便于和绿色植物的颜色协调。花泥固定法是现代插花制作中最常用的方法,也常用于花篮和宽口容器内的花材固定,尤其在西方式插花中更为常见。花泥固定十分方便,花枝可以从不同的角度随意插入定位。使用花泥固定花材时,先将吸足水的花泥按花器的大小切成块,一般花泥应高出容器口 3 cm 左右,其厚度可视花型需要及下垂枝干的角度而定。为稳定花泥,可用防水胶带将花泥固定在花器上。当花器较深时,可在花泥下面放置填充物。若花器为编制的花篮等不盛水时,可在花泥下面包塑料纸等,以防花泥漏水。口径较大的容器插粗茎花材时,可用铁丝网罩在花泥外面,以增强支撑力。花枝插入花泥的深度,一般在 3 cm 左右。使用花泥固定花材时,应先仔细观察构思,确定好插的位置与角度,争取一次插置好,尽量避免反复。

9.4　插花创作步骤

插花作品创作包括立意构思、选材、造型插作、命名、清理现场等过程。初学插花应该按照插花创作的步骤有序地完成。

1) 立意构思

进行插花创作时,在明确了制作的目的、用途以及要表达的思想内容以后,再根据一定的艺术创作原则和方法进行创作,这一创作的过程就是立意构思。立意就是在插花创作过程中确立插花的主题思想,包括所要表现的内容、情趣和意境。通常可以从植物的传统象征意义、植物的谐音和花语、植物的季相景观变化、容器和配件、插花作品的造型等方面来立意。如中国传统中松、竹、梅寓意岁寒三友;梅、兰、竹、菊寓意清高圣洁四君子;玉兰、海棠、牡丹搭配寓意玉堂富贵;苹果、石榴和桃搭配寓意福禄高寿;桃、李、迎春表现春的主题;枫、菊、桂展现秋的意境等。

插花主题确定以后,需要思考如何来表现主题,包括选什么花材、花器,怎样构图、造型等,这些都称为构思。构思使得作品艺术升华,遵循一定的原则:①插花作品构思要结合所处的环境进行整体考虑,做到协调和衔接;②插花作品构思要充分利用立体空间进行立体的构思,形成艺术的氛围;③插花构思要新颖独特,采用多种艺术表现手法来反映主题思想;④插花构思要结合美学原理,通过美的形象来反映美的内涵。

2) 选材

立意构思之后需要选择相应的花材和花器。在插花作品中插花材料是表达主题、决定插花作品水平高低的主要因素。随着插花艺术的发展和提高,插花的材料更为丰富,同一主题可供选择的材料很多。在正式插花之前,必须对插花的材料进行科学而严谨的选择。立意构思是影响花器和花材选择的主要因素。首先,要根据插花作品摆放的位置及花器的形状、色彩选择适宜的主体花材,主体花材确定了作品的基本造型。主体花材以外的其他花材构成作品的背景和点缀,在选择上应注意与主体花材和花器协调自然。

3) 造型插作

造型插作是把构思转化为现实作品的关键步骤,它考验着插花者对插花技巧的运用和把握。插花造型时需要心、眼、手同时运用,边插边仔细观察,把对花材和主题的理解展现出来。基本造型完成之后,要进行修饰和完善,审视作品是否把想要表达的主题表现出来了,力求完美。

4) 命名

东方式插花和现代自由式插花制作完成以后,通常需要给作品命名。插花作品命名的作用在于点题,好的命名能够起到画龙点睛的作用。

5）清理现场

插花完成以后，对多余材料要进行清理，留下一个清洁干净的环境。尤其是一些插花比赛中，对插花现场的清理使插花作品有一个干净的展示平台和背景。

9.5　插花作品的命名

插花作品的名字也是作品的一部分，命名的作用在于点题。好的命名可以加强和渲染作品的主题思想，有助于传递作品意境、加深作品内涵、引起观者共鸣。艺术插花的命名方法广泛、自由，命名方式无一定成规，灵活丰富、不拘一格。一般要求插花作品名称要贴切、含蓄并富有新意，名字简练。可借鉴传统的命名方法。

1）点睛命名法

命名对插花作品有画龙点睛的作用，这也是中国传统插花引人入胜、余味无穷之处。点睛命名法是在创作完成之后，根据表现的题材、主题及意境等内容进行命名，采用精练的文字描述作品的美态、美感和神韵，高度概括作品的主题思想。

2）名句命名法

在中国的传统文化中有很多人们熟悉的诗词、名句，其文字凝练而富有内涵。利用这些名句为作品命名更富有诗情画意，如"梅影横窗瘦""起舞弄清影""留得残荷听雨声""春江水暖""野渡自横"等。

3）借题命名法

借题命名法指借用其他艺术形式作品的题名作为插花作品的命题，如词牌名《蝶恋花》、小说名《艳阳天》、电视剧名、流行歌曲名等。

4）典故命名法

典故命名法指用典故、成语、俗语等给插花作品命名，如"小杜遗踪""诗仙欲飘""嫦娥奔月""天女散花"等。这类命名纵越历史，以古托今、借古抒怀，常能产生别开生面、意境深刻的艺术效果。

5）象形命名法

还可根据插花作品的外部造型命名。命名时依形写神，运用形象思维展开联想，比拟真景，但不必完全写实，往往追求似是而非的艺术效果。例如用作品的主体由巢蕨竖立插成山峰状，该作品可命名"无限风光在险峰"等；还可根据作品形象，以各种著名景观、动物名称等来命名。

9.6 插花的应用

插花应用的场合很多,既可以装饰于居室,也可以应用于各种公共场所,社交礼仪活动中往往也要用到。

9.6.1 居室插花

居住空间主要有客厅、卧室、书房、厨房、卫生间等。不同空间宜选用不同的插花作品,且与居室内的环境相协调。一般来讲,中式风格的居室使用东方式插花,西式装修风格的居室使用西方式插花,现代简约风格的居室更倾向于现代式的插花。

客厅是居室插花的主要场所,适宜的插花不仅能美化渲染客厅的氛围,还能体现主人的文化修养和生活品位。平时客厅的插花布置最好是形式上雅俗共赏的作品,如沙发几上的直立型插花、茶几上的水平型插花等。传统节日可根据节日的用花习俗,选择适宜的主题插花,如春节可选择一些有祥瑞之意的植物制作的插花。有客人来访时,可以选择一些色彩亮丽、花朵繁密的花材制作的插花,营造热情、温暖的氛围。好的插花作品还能增进主人和客人之间的交流。客厅空间较小时也可以选用一些低矮的果蔬花篮,增添自然的气氛。宽敞的客厅还可以在角落处放置大的落地花瓶,里面插上鲜花或干花,也可以鲜花和干花混合使用。西方式插花也常用于客厅的布置,通过艳丽的色彩、简单的造型营造出热情、友好的待客气氛。

卧室是人们休息的场所,也是一个相对私密的空间。卧室插花主要以增添生活情趣、使人放松、助人入睡为目的。色彩上倾向于以清新、淡雅的浅色系为主,根据季节的变化在夏季选用冷色调,冬季选用暖色调。卧室插花的形式宜简洁、随意,花枝数量不宜多,营造出温馨浪漫、清新自然的气氛。

书房中的插花能让人在学习中感受自然的气息,以营造安静、清新、自然、儒雅的气氛为主。书房插花多采用东方式插花,常选用一些具有积极向上、坚忍不拔等性格特征的植物,如"岁寒三友"、花中"四君子"等花材制作的文人插花。一般书房的插花以简洁明快、色彩朴素为主,花材不宜过多,以青枝绿叶为主,搭配少量的花材加以点缀。

9.6.2 公共场所插花

宾馆大厅、会议室、餐厅、展览馆等公共场所常用插花来进行装饰。总的来说,公共场所的插花布置应首先考虑场所使用功能特征,风格与环境空间装饰相协调,要从形式、意境、造型、色彩、质感等方面来考虑。

高级宾馆特别注意用插花来装饰环境,以渲染高雅、温馨的气氛。服务大厅是迎送宾客的地方,插花十分讲究,主题格调热情、大方、华贵。插花花材要色彩鲜艳,花型整体美观,体量较大,以西式插花为主。客房的插花应亲切自然、色彩淡雅、造型灵活,让人有宾至如归的感觉。此外,在餐厅、过道等空间也可以布置一些统一而有变化的插花。

会议室插花可以布置在会议桌、茶几上。会议桌上的插花采用四面观的半球形、菱形等。

茶几上的插花一般是单面观的三角形、扇形等。花材应新鲜、艳丽,花朵盛开,无异味或浓香,高度不影响交流和发言。

办公室插花可根据工作人员的职业特点和个人喜好,突出清净、优雅、朴素大方的特点。如几枝马蹄莲、玫瑰、郁金香,随意插于花瓶,会让人神清气爽。

展览会上的插花,不仅要考虑每件插花作品的艺术效果,而且要讲究展览会整体的艺术布局。在具体布置时,首先要进行区域划分,分设展区。各个展区可根据自己的特点,在整体安排上要求以个性取胜,主次分明,能够吸引观赏者。在细部布置时,要求高低错落、疏密有致。其次要选择适宜的背景,简单大方,以衬托插花作品。设计时可根据环境的特点,将现代装饰艺术与东方式传统插花相结合。

9.6.3　插花礼仪

不同国家、地区、民族,因文化差异、生活习惯、风土人情、宗教信仰等多种因素的影响,对植物的情感和对其内涵理解也有差异。因此,在礼仪插花的创作中要了解这些差异,特别是一些用花禁忌,以免造成误会。根据具体的时间、对象、场合选用适宜的插花,是插花礼仪的基本要求。常见的礼仪插花包括花束、花篮、桌摆花等形式。

我国不同地区也有不同的用花习俗。例如一些用花禁忌:广东、香港等地因方言谐音关系,探望病人忌送剑兰,因与"见难"谐音而不吉利;忌送茉莉花,特别是对商人,因其与"没利"谐音。在我国很多地区黄色的菊花常用于葬礼中,很多人对其是比较忌讳的。另外,红色的玫瑰常用于爱人之间表达爱情,朋友之间赠送也要慎重,以免引起误会。又如看望病人,忌送白色花。

一些国外的用花禁忌有:日本人讨厌莲花,认为莲花是人死后的那个世界用的花;法国、意大利、西班牙人不喜欢菊花,认为它是不祥之花;德国人视郁金香为"无情之花",送此花代表绝交;巴西人忌讳紫色和黄色的花,认为紫色是悲伤的色调、黄色是凶丧的色调等。总之,一定要了解当地的风俗习惯,以免引起对方的不快。

我国的花文化源远流长,形成了一定的用花特色。例如,在喜庆的场合,多送色彩艳丽、热情奔放的红、橙、黄等暖色花和花名中含有喜庆、吉祥意义的花,如玫瑰、月季、香石竹、热带兰、小苍兰、火鹤、鹤望兰、桃花、金橘等;在丧葬场合,则送白、黑、紫等冷色调的花,如黄、白、紫色的菊花,白色的马蹄莲、玫瑰,紫色的石斛兰、勿忘我、洋桔梗,青松、翠柏等。又如,长辈生日上一般可选用长寿花、牡丹、月季、百合、万年青、龟背竹、常春藤、鹤望兰等制作而成的花篮、花束祝福健康长寿。开业庆典或乔迁之喜,应选择色彩鲜艳、花期较长的花,如月季、唐菖蒲、百合、非洲菊等制作而成的花篮,以象征事业发达、万事如意。

日本人对香石竹、玫瑰花和樱花情有独钟,近年又兴起"洋兰热",石斛兰、卡特兰、文心兰、蝴蝶兰、万代兰等颇受日本人的青睐。泰国人喜欢荷花、热带兰和茉莉花,通常将热带兰、茉莉花串成精美的花环挂在客人的脖子上,以示欢迎。西欧人尤其喜欢郁金香、玫瑰、香石竹、月季、唐菖蒲、百合、非洲菊、紫罗兰等,因为这些花都蕴含"真挚深情的爱"的含义。在北美,人们特别喜欢花期长的玫瑰、香石竹、紫罗兰、白丁香、百合、马蹄莲、郁金香等。

在节日里,人们也喜欢送花来表达自己的情感和愿望。如春节送花要突出吉庆、祥瑞的主题,一般选用色彩艳丽、明快和寓意清晰的花,如发财树、富贵竹、百合、牡丹、水仙等。端午节、中秋节、重阳节等传统节日,则选择与中国传统文化相关的植物(如菖蒲、桂花、菊花等)来营造节日气氛。

9.6.4　花语

花语即花的寓意,花所代表的含义,用花来表达的某种思想感情。花语寓意丰富、深刻,以独特的语言与个性显示了它独特的魅力。了解东西方的花语,有助于正确地选择花材,准确地表达作品的主题或送花人的意愿。由于文化背景的差异,不同国家和地区赋予了花卉不同的象征寓意,形成了不尽相同的花语。下面列举部分花语以做参考。

1)中国花语

康乃馨:慈祥、温馨、真挚、热情、爱慕,母爱、真情、亲情。

菊花:高洁、清廉、长寿、勇于奋斗。

郁金香:爱的告白、荣誉。

玫瑰:爱情,纯洁的爱、真挚的爱。

唐菖蒲:高雅、长寿、康宁,步步高升。

非洲菊:神秘、兴奋、有毅力,追求丰富人生。

百合:百事合心、百年好合,团结、友好。

满天星:思念,纯情,梦境。

马蹄莲:清纯、清秀、高雅、幸福。

红掌:热情、热心、开朗。

金鱼草:傲慢、丰盛,有金有余。

勿忘我:不要忘记我,理想的恋情、真挚的爱、永久的友谊、永远思念。

文心兰:青春活泼、知情识趣。

小苍兰:清新、舒畅。

鹤望兰:自由、幸福、吉祥、快乐,热恋中的情人。

银牙柳:生命光辉,银圆滚滚。

向日葵:憧憬、光辉,崇拜、爱慕。

芍药:惜别。

文竹:文静、有学问。

桔梗:甜蜜的爱。

蝴蝶兰:幸福、美丽、快乐。

鸢尾:热情,适应力强。

兰花:文雅、高洁、朴实、坚贞,美好贤德。

大丽花:祥和、吉利、华丽、优雅。

牡丹:富贵、兴旺发达。

荷花:脱俗、清白、高洁、持久、恩爱,关怀。

睡莲:清纯的心,纯真。

水仙花:幸福、吉祥、如意。

桃花:好运,祝寿。

月季:友情,青春常在。

松:坚贞不屈、健康长寿。

柏:长寿。

竹:坚贞不屈、高风亮节、虚怀若谷,智慧,平安。

梅花:不畏严寒、刚强不屈,意志刚强、坚忍不拔。

蜡梅:慈爱,依恋。

山茶:不变的誓言、美德。

桂花:和平、友好、吉祥。

杜鹃:生意兴隆,爱的快乐,思乡,忠诚。

海棠花:温和、愉快、喜悦。

紫薇花:好运,紫气东来。

茉莉花:幸福、亲切、朴素、清纯,友情。

金橘:有金有吉、大吉大利。

石榴花:多福多寿、子孙满堂,生机盎然。

仙客来:客气、内向、害羞、天真无邪、纯洁活泼。

君子兰:丰盛、高贵、宝贵,君子之风。

鸡冠花:独立、勤奋、痴情。

万年青:健康长寿、青春活泼。

一品红:祝福,美满,心在燃烧。

风信子:胜利、喜悦。

2)欧美花语

橄榄枝:和平、希望。

紫罗兰:爱情。

百合:神圣、圣洁、纯洁。

兰花:热烈、自信、自傲,友谊。

丁香花:纯洁与初恋。

郁金香:喜庆、美好、永恒,爱情。

仙客来:羞怯、缺乏自信。

茉莉:温柔和亲切。

波斯菊:少女的心。

黄色月季:胜利。

紫荆:兄弟团结。

红掌:红红火火、兴旺发达。

玫瑰:爱情。

风信子:喜悦,爱意、浓情蜜意。

小苍兰:纯洁、幸福、清新舒畅。

常春藤:忠诚,友情,白头偕老。

大丽花:优雅、尊贵。
山茶:谦逊质朴。
睡莲:心地纯洁。
一品红:祝福。

思考与练习

1.花材有哪些种类？各有何特点？

2.什么叫花器？花器有哪些种类？如何进行花器的选择？

3.花材的固定方法有哪些？如何根据花器选择相应的固定方法？

4.如何进行花材的修剪、弯曲？如何进行花枝的固定？

5.插花造型的基本步骤包括哪些内容？在插花创作之前为什么首先要立意构思？

6.如何对插花作品进行命名？

10 插花造型技艺

目的与要求:通过本章的学习,主要了解不同艺术风格插花的特点,掌握不同插花的操作技艺。

插花艺术利用具有自然美态的花材等素材,按照美学规律创造性地塑造出具体形象,在一定的空间中以静态的形式展示。插花从艺术风格上一般分为东方式插花、西方式插花和现代自由式插花三类,它们在构图造型上有着各自显著的特点。

10.1 东方式插花造型技艺

10.1.1 东方式插花的艺术风格

东方式插花以中国和日本插花风格为代表。东方式插花起源于中国,有瓶花、盘花、花篮等多种形式。造型上以线条为主,崇尚自然,讲究优美的线条和自然的姿态;构图上活泼多变,讲究情趣和意境,重写意;色彩搭配上注重用色淡雅,清新自然;选材上讲究所用花材不多,追求韵致和高雅。受东方传统文化、习俗及审美观点、造园风格的影响,东方插花艺术风格独树一帜。

1)注重线条美

东方式插花善于线条造型,以花枝为线进行造型,追求自然的线条美,充分利用植物材料的自然姿态,如长短、粗细、曲直、强弱刚柔、虚实疏密等,因材就势,形成或明快简洁,或飘逸典雅,或粗犷不凡等不同的造型特征。不同的线条带给人不同的心理感受,如粗壮有力的线条表现阳刚之气,可用于展示生机与活力;纤细柔和的线条表现温婉秀丽的韵味,可展现婀娜多姿的造型;律动的线条给人以挥洒自如、酣畅淋漓的感觉;排列密集、顺势而下的线条有一泻千里之感。通过花枝自由地构图,展现一花一世界、一叶一乾坤的艺术天地。特别是木本花材,容易整形加工,便于构图造型,在中国传统插花中应用普遍。

2) **讲究意境**

东方式插花讲究意境,注重以形传神,借花传情,借物寓意,从而寄托思想,舒展情怀,表现诗情画意。东方式插花通过对花材形态特征和习性的了解与感受,萃取精华,倾注感情,借以表达作品的意境美。东方式插花具有含蓄细腻而使人回味无穷的魅力,给人留下更多思考的空间,产生丰富的联想,这也体现了东方绘画"意在笔先,画尽意在"的构思特点。

3) **选材简洁**

东方式插花所用的花材数量不多,往往寥寥数枝,以姿态和质感取胜。东方式插花不仅注重花朵、枝叶、果实表现的美,同时还注重花材的寓意及时令性,使得插花作品既不失其自然风姿,又具备高于自然的独特艺术形象。此外,也会巧妙地利用一些青枝绿叶作陪衬,营造浓郁的自然气息。

4) **色泽淡雅**

东方式插花更为追求素雅的色彩,常选用色泽淡雅的花材,所采用的色彩种类也较少。一般一个作品中选用两三种花色,整个插花常采用同色系的搭配,显得协调、朴实、自然。

10.1.2 东方式插花基本花型的插作技艺

东方式插花造型常采用以三主枝为骨架的线条式插法,基本花型一般由三主枝所构成的骨架决定,三主枝的高、低、仰、俯变化构成了各种不同的造型(图 10-1)。在插花过程中,不同花材起着不同的构图作用:主花构成插花骨架,确定插花的高度和宽度;次花构成花型轮廓,是骨架的补充完善和丰富;焦点花形成视觉中心,突出观赏效果;最后用散点式花枝进行装饰,以完善整个花型。

①主花定骨架。三主枝的布置决定了整个插花体的姿态。第一主枝起关键作用,决定整个插花的形式和插花的高度。第二主枝的布置是为了使第一主枝更完美,采取适宜的位置、角度来衬托配合,决定了插花的宽度。第三主枝对第一、二主枝起均衡稳定和呼应作用,决定插花的深度。三主枝的长短比例根据

图 10-1　插花中的三主枝示意图

插花的形式、植物材料性状及所处环境而变化。三主枝有时可以省略其中的一、二枝,或者以一朵花、几片叶将其代替。

②次花构轮廓。次花是相对于主花而言,表示从属于主花的关系。从枝是用来丰富整个插花体的,是对主枝的陪衬。次花的观赏特性次于主花,可以选用与主花相同的花材,也可以选用不同于主花的花材。在选用同种花材时,应注意利用花型的大小来体现主次关系。

③散点花增色。散点花既可以作为空缺部位的填充,把不需要暴露的部分或有碍观赏的部分,如瓶口、固定材料等遮盖起来,也可以利用散点花来增加层次感、丰满花型,使各种花材和谐自然地融为一体。散点花在构图中的作用虽然不是主要的,但对于完善整体造型也起着非常重要的作用。

④突出艳丽花。焦点花往往能形成视觉中心,更好地突出观赏效果。插于焦点位置的焦点花通常或花大色艳或形态独特,在其他花材的映衬下更显艳丽。焦点花也能起到丰富插花色彩和层次的作用。

东方式插花大致分为瓶花和盘花两种。三主枝中以最长最优美的第一主枝最为关键,它既决定了作品的高度也决定了构图的形象及基本效果。根据第一主枝在花器中的位置和姿态的不同,可分为直立型、直上型、倾斜型、下垂型和平卧型等花型。

1)直立型

直立型插花要求第一主枝呈直立或基本直立状插入,所有插入容器的花材,都呈自然向上的趋势,展现植物直立向上生长的形态特征。直立型插花线条的直立性往往表现出或刚劲挺拔或亭亭玉立的优美姿态,给人以端庄、稳定、积极向上的艺术美感。造型时常选择具有直立或基本直立姿态的花材,如月季、玫瑰、马蹄莲、竹等作为主要花材,花型总体轮廓应呈直立的长方形。直立型插花通常用作平视观赏,可用浅盘或高瓶等花器进行插作。

盘插直立型插作要点:第一主枝 10°~15°插于盘的左后方;第二主枝插在第一主枝的左前方,向前倾斜 50°~60°;第三主枝在第一主枝的右后方,向前倾斜 45°~50°。注意第一主枝必须直立,第二、三主枝略带倾斜,这是盛花中的基本形式(图 10-2)。

瓶插直立型插作要点:第一主枝直插在中央;第二主枝插在第一主枝后,向左倾斜伸出;第三主枝在第一主枝前,略带倾斜。要求第一主枝必须直,第二、三主枝略带倾斜(图 10-3)。

图 10-2　盘插直立型

图 10-3　瓶插直立型

2）直上型

直上型插花第一主枝也是直立，其他两个主枝与第一主枝间的角度一般不大于15°，三枝花的基脚均匀地插在容器的中央。这种构图花型展开较窄，给人一种清秀而玉立的美感，宜选用的花材有唐菖蒲、竹子、荷花、银牙柳等线性花材。此种插花宜平视观赏。

直上型插作要点：第一主枝垂直插于花器中央，呈直立状；第二主枝插脚紧贴第一主枝左侧成15°倾斜姿态插于花器的左前方；第三主枝插脚紧贴第一主枝右侧成15°插于花器的右前方。要求三主枝都是直上型（图10-4、图10-5）。

图 10-4　盘插直上型

图 10-5　瓶插直上型

3）倾斜型

倾斜型插花主要利用花材的自然形态，表现植物受环境影响或因生理特性侧向弯曲倾斜的动感美。花型总体轮廓应呈倾斜的长方体形，宜平视观赏。倾斜型插花是以第一主枝倾斜插于花器的一侧为标志，着重体现其倾斜之美。常利用一些自然弯曲或倾斜生长的枝条，表现其生动活泼、富有动态的美感。常用的花材有碧桃、梅花、榆叶梅、松、杜鹃、山茶等。插作时应注意整个作品的动态平衡，对于倾斜的第一主枝这个花型一定要有稳定的基础，不可失去平衡。

盘插倾斜型插作要点：第一主枝以70°倾斜插在水盘花器左前方；第二主枝直插于水盘左后方；第三主枝位置倾斜，与直立型相同。此外，第一、二主枝位置可互相调换，且倾斜角度可以更大（图10-6）。

瓶插倾斜型插作要点：第一主枝插在瓶的左边，向右倾斜；第二主枝插在第一主枝前，直立；第三主枝插在第一主枝前，略倾斜。要求第一主枝与直立型相反，无论其他花枝直立或倾斜，但第一主枝必须有倾斜度，才能满足造型需要（图10-7）。

图 10-6　盘插倾斜型

图 10-7　瓶插倾斜型

4) 下垂型

下垂型插花又称悬崖型插花,是以第一花枝在花器上悬挂下垂作为主要造型特点的插花形式。花型总体轮廓应呈下斜的长方形。枝条要柔软轻蔓,轻疏流畅,使其线条简洁而又夸张,多利用蔓生、半蔓生以及花枝柔韧易弯曲的花材,如连翘、垂柳、常春藤等,表现修长飘逸、弯曲流畅的线条美,生动而富有装饰性。下垂型插花多采用较高的花器,或将花器壁挂、吊挂和置放在高处,仰视观赏为宜。它对使用的花材长度没有明显的限制,可长可短,主要是根据花器大小和摆放位置、环境来决定。

下垂型插花插作要点:第一主枝向左前方插入水平线下 45°的位置,第一主枝插入花器的位置,是由上向下弯曲在平行线以下 30°～120°范围内。一般第一主枝不从花器口直接下降,而是先向斜上方伸出,再以圆滑的曲线向下垂挂更好。枝条可以适当保持弯曲度,保留曲线变化的美感。第二主枝近乎直立或向左前方成 15°左右插入,第三主枝向右前方成 75°插入。第二、三主枝的插入,主要起稳定重心和完善作品的作用,插入的位置可以有所变化,但同样需要保持趋势的一致性,不能各有所向。有时根据造型的需要,第二、三主枝可以互换位置(图 10-8)。

图 10-8　下垂型

5）平卧型

平卧型插花的构图形式主要表现为第一主枝平行伸展,三主枝基本上在一个平面上。其造型如地被植物匍匐生长,枝条间没有明显的高低层次变化,只有向左右平行方向长短的伸缩;但每一支花的插入也是有长有短、有远有近,也能形成动势。一般情况下,枝条在水平线上下各15°的范围内进行变化。各枝条之间应达成一定的平衡关系,但不是绝对的水平。该花型适宜在餐桌、茶几布置,可避免遮挡就餐人及谈话人的视线;它又适合于俯视的装饰环境和受到环境因素限制的地方,给人以平稳、安静的感觉。其常用具有平展姿态的木本花材及质感柔顺的切花花材,如梅花、银牙柳、马蹄莲、非洲菊、龙爪槐、石榴等,宜俯视观赏(图10-9)。

图 10-9　平卧型

10.2　西方式插花造型技艺

10.2.1　西方式插花的艺术风格

西方式插花以欧美各国为代表。受西方传统文化、民族习俗和审美意识的影响,西方插花艺术具有自己独特的风格和特色。

1）崇尚人的力量、人的精神

古希腊人认为健全的精神源于健全的身体,产生人的"自我崇拜",崇尚人类征服自然的威力,追求个性自由,喜欢开敞外露的艺术风格。这与东方插花崇尚自然、讲究含蓄的"藏之愈深,其境愈大"的艺术风格形成鲜明对比。西方哲学影响西方的文化艺术,反应在插花艺术上就是"以人为本",表现人工的数理之美。

2）注重花材的色彩美

相对不讲究花材个体的线条美和姿态美，而强调整体的艺术效果，着重欣赏整体华美的图案和色彩。一件作品中较多采用多个颜色组合在一起，形成多个彩色的面；也有将各色花混插在一起，展现五彩缤纷的效果。

3）构图形式为规则的几何图形

西方插花的主要构图形式是采用各式各样的规则几何图形，如对称式的有等腰三角形、倒T形、扇形、半球形、球形、菱形、椭圆形等，不对称式的有不等腰三角形、L形、S形、新月形等。花材排列密集而整齐，形成丰满规则的各种图形，使其表现出强烈的装饰效果。

4）所用花材数量多、数量大、色彩丰富

西方插花作品为完成色彩缤纷的规整造型，使用花材种类多、数量大、色彩变化多。花材多以草本和球根类花卉为主，花朵硕大、色彩艳丽。作品在用色上十分讲究，搭配而成的色彩给人雍容华贵、端庄大方的感受，装饰效果非常突出。

5）通过外表形式表现作品主题

西方插花作品多直接用外表形式来阐明作品的主题，如用红色的心形作品表现爱情的主题，用十字架形的作品表示哀悼等。

10.2.2　西方式插花基本花型的插作技艺

西方传统几何型插花的每种花型都有相应的格式和章法。遵循造型的基本要求：①外形规整、轮廓清晰，无论花材多少，都不能超出图形的边线；②讲究层次丰富、立体感强，不仅从正面看其轮廓要呈相应的几何图形，从侧面看也要呈规则的形状；③要求焦点突出，主次分明，任何一个花型都有其结构的重心，用于稳定图形，其位置位于各轴线的交会点；④通常采用三轴线的构图，垂直轴、水平轴、前后轴三轴线上骨架花材的长短、位置变化构成了各种花型。

1）三角形

三角形插花为单面观赏的对称构图插花造型，是西方插花中的基本形式之一。花型外形轮廓可以是等边三角形或等腰三角形（常采用后者）。这种插花结构均衡、外形简洁，给人以整齐、庄重之感，适于会场、大厅、教堂装饰，可放置于墙角茶几或角落家具上，常用浅盘或较矮的花器插作。插作要点是用线状花材构成作品的大致图形，然后由后排向前排插入其他花材，整个过程中始终保持三角形构图不变（图10-10）。其操作方法如下：

平面图　　　　立面图　　　　侧立面图

图 10-10　三角形插花

（1）插位于轴线的骨架花

①垂直轴。取一花枝垂直插在花泥中间后 1/3 的位置，可向后稍作倾斜 5°~15°，使整个花体稳定，但不要超出花器边缘之外，其长度约为器皿尺寸（花器的高度+宽度）的 1.5~2 倍。

②水平轴。分别取两花枝从靠近花器口的花泥两侧后 2/3 处左右水平插入，与垂直轴成 90°，其长度为高度（垂直轴）的 1/3~1/2。水平轴决定了插花的宽度。

③前轴。取一花枝从靠近花器口的花泥正中水平插入，其长度一般为 10~15 cm，比水平轴短些，是决定花型深度的轴线，使花型呈立体状态。

（2）插焦点花

焦点花一般较大，重量感强，宜插入整体花型的中下部，这样利于花型稳定。如果只有一枝花，则插于垂直轴与前轴连线的靠下部的 1/5~1/4 处，插入角度约为 45°。

（3）插其他骨干花

按照中线—底边、中线—两腰的补空顺序进行插作，均匀分布在轮廓线的连线上。花头之间要留有距离，花朵不要都插在同一平面上，应高低错落，增加造型的层次感。

（4）补花及补叶

主要是为了突出主花，补花和衬叶的高度一般不超过主花材，同时覆盖花泥，最后完成作品。但有时为了强调梦幻的朦胧感，可用满天星等点状花材稍加遮盖主花。

2) 半球形

半球形插花是以半圆球形状构成造型,比较规整,是四面观花型,适合做餐桌、会议桌或茶几摆设,也是花束和花篮插花的常用花型。插花要点是色彩搭配注意调和及同色不相邻;花型要丰满、圆滑,表面不能凹凸不平;一般选用团块状花材,如康乃馨、菊花等花材;花器选择低矮平盆最合适,可突出半球呈现丰满感。半球型插花所用的花材长度基本一致,插作时垂直花轴应为底边的1/2,从各个方向看高度、宽度均平衡(图10-11)。其操作方法如下:

(1)插位于轴线的骨架花

采用5支花在三轴线上定出轮廓。先取1支较底部花稍长且面向上的花材由花泥中心垂直插入;再将底部圆周四等分,分别沿着容器口与花泥成90°插入侧面4支等长的花材,定出花型的高度与宽度。水平轴要180°平展,或稍向下,切忌向上。主轴的长短视所摆放的空间大小而定。

(2)焦点花

一般可无焦点,只需要注意花型的纵、横、高等长即可。插作时按从上到下的顺序,先插主体花,突出重心,各种花材最好对称插入,均匀分布在弧面上,使花型呈现圆润的圆球状。如有特异形的焦点花,可在垂直轴两侧插入。

(3)填充花

在主花的间隙及周边适当插上补花及衬叶以丰满花型,注意补花、衬叶不要高于主花。

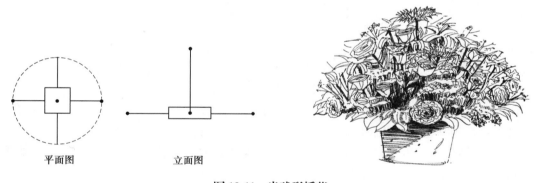

平面图　　　　　立面图

图10-11　半球形插花

3) 球形

球形插花即插花体的外形轮廓为圆形。造型时宜按照从下向上的顺序,先插作主体的花朵,突出重心,然后再在花朵的间隙及周边适当插陪衬花材,这样既可打破单调感,又有助于完善造型。造型中应注意使花朵与花器融为一体,使包括花器在内的整个插花体的外形轮廓呈圆球状(图10-12)。适宜做球形的花材有菊花、非洲菊、月季、郁金香、香石竹、翠菊、满天星、天门冬等。花器宜使用浅盆。

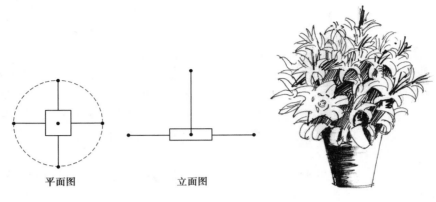

平面图　　　　　立面图

图 10-12　球形插花

（1）插位于轴线的骨架花

一般选择团块状花材插作，由 5 支主轴作骨架，其中垂直的主轴略长于其他 4 支骨架花。可在插主轴前，适当地用衬叶铺底构成一个圆形底面，但应注意衬叶要水平，或略下垂。

（2）插焦点花

如有特异形的焦点花，可在垂直轴两侧插入；如没有特异形花，则把各种花均匀分布于各轴线顶点连线的范围内。各种花材最好对称插入，使花型呈现圆润的圆球状。

（3）插填充花

在各花朵之间插入小花及衬叶以丰满花型。

4）水平型

水平型也是一个四面观赏的花型，多用于会议桌、主席台、演讲台、餐桌、茶几等的布置，是桌饰常用的布置花型。其外形轮廓多为椭圆形、菱形等。

操作方法：先插入 5 个主轴作骨架，主轴花材一般宜选用线性花材。垂直轴不宜太高，以免影响视线；如使用高型花器，则水平轴线可向下稍弯。然后把各种花材对称均匀分布，其花枝的长度以不超过各轴线顶点连线为原则，使花型轮廓呈中间稍高的圆弧形，一般要求左右轴线长于前后轴线（图 10-13）。

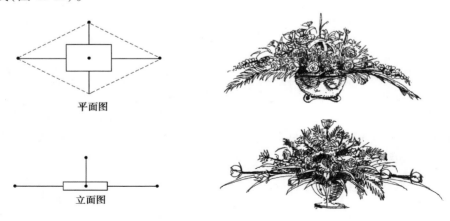

平面图

立面图

图 10-13　水平型插花

5）扇形

扇形插花的外形轮廓犹如展开的折扇，或像孔雀开屏一样，由中心焦点位置呈放射状向外伸展。扇形插花为单面观花型，造型优美，给人以端庄稳重、幽雅大气之感，适用于会客厅、服务台、窗台、酒店等处摆设，也可用于一些大型的庆典活动。插作要点：垂直轴略向后倾斜，前轴水平或略向下方倾斜，左右对称，花材呈发散状布置（图10-14）。

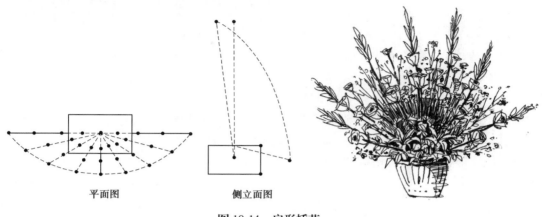

平面图　　　　　　　侧立面图

图 10-14　扇形插花

6）L 形

L 形插花因其造型与英文字母 L 相似而得名，是不对称的花型，为单面观花型，适于摆放在窗台或转角的位置。基本造型要求是：垂直轴在花器左侧后方，左边的横轴和前轴较短，约为垂直轴的 1/4，主要是为了使花型具有一定的立体感；右边的横轴与垂直轴的比例要适宜，一般为垂直轴的 1/2~3/4，只有在此比例范围内才能表现出比较明确的造型（图10-15）。

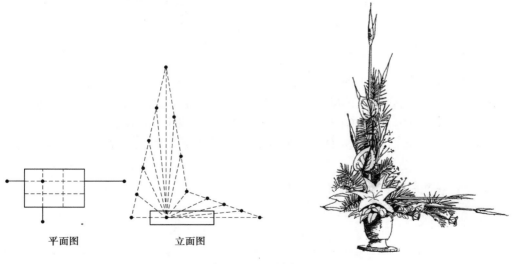

平面图　　　　　　立面图

图 10-15　L 形插花

7）倒 T 形

　　倒 T 形插花造型与英文字母 T 的倒置相同，是一种对称式插花，具有简明而稳重的构图。其为单面观花型，垂直花较高，稍向后倾，水平花轴在容器边缘成 180° 展开。还有一种表现形式是，中央花垂直插入，竖线不变，左右两侧的线略呈下垂状。倒 T 形竖轴与左右的横轴长度比例在 3∶1 或 2∶1 范围内，竖轴过长或过短都会影响作品的整体均衡感。花器以广口较矮为宜（图 10-16）。

图 10-16　倒 T 形插花

8）圆锥形

　　圆锥形插花为四面观赏的花型，造型为底面呈圆形的尖长圆锥体，整体形态呈垂直向上之势，给人以积极向上、挺拔、洒脱的感觉。此花型装饰性强，广泛用于"圣诞树"的设计或大型自助餐桌上的装饰。花器一般用低脚容器（图 10-17）。

平面图　　　　　立面图

图 10-17　圆锥形插花

9）新月形

　　新月形也称弯月形，其外形两头尖中间宽，弯曲成月牙，具有优美的弧度。新月的造型可随着花材的变化而变化，具有强烈的曲线美，因此，成型时需要注意线条的流畅。新月形插花可用于装饰客房、家庭居室等，它与有圆形镜子或圆盘衬托的背景十分搭配。

　　新月形造型属于不对称花型，是单面观花型，主枝在容器中以弧线左右延伸向上呈新月形，构图轻巧柔和。操作要点：一边较长，占弯月长度的 2/3，另一边为 1/3，重心在弯月的 2/3 上。花器不宜太高，口部宽阔者最为合适（图 10-18）。

10）S 形

　　S 形插花是一种柔美、优雅的花型，其线条最具流动感，构图活泼浪漫，具有极强的装饰性，常用于客厅、卧室等舒适空间。S 形插花采用的花材以带有曲线状的较佳。花器适宜选高瓶，用窄腰身的高瓶效果更佳；若是摆放在桌子上，则可用宽口平盆，其主枝以容器口为中心，构成英文字母 S 形,实际上是由左右上下交错的弧形组合而成。如果 S 的末端连续下去,即形成双圆,或类似 8 字形,但上半部的圆必须大于下半部(图 10-19)。

图 10-18　新月形插花

图 10-19　S 形插花

10.3　现代自由式插花造型技艺

10.3.1　现代自由式插花的特点

1)主题内容广泛

　　现代插花的题材自由而广泛。传统插花以表现自然植物景观为主,主要目的是在室内欣赏大自然的美丽。而现代自由式插花不止于把植物材料作为艺术创作的元素,其表现内容得到了极大的扩展。现代插花在继承和发扬传统插花艺术的基础上,其主题不断扩展,既包括对自然的认识、理解、情感,也扩展到与社会息息相关的一些价值观的体现,其中既有艺术表现的成分,也有通过直接或抽象的方式抒发了创作者的见解。

2)传统和现代、东方和西方相结合

　　随着时代的发展,国际文化交流日益增多,使得各种文化相互渗透、融合。现代插花在这种大背景的影响下,审美思想和艺术想象力有了很大的提高。中国的现代插花不仅继承了东方插花的传统风格,也吸收了来自西方插花的传统或现代的一些手法,呈现出传统与现代、东方与西方相融合的现代插花艺术。讲究意境美的东方插花艺术和崇尚理性、装饰美的西方插花艺术相互取长补短,在保留各自优点的基础上,出现了各个花型的现代应用型,使得传统花型焕发出新的活力。在东方现代插花中,人们已打破了东方传统插花重线条、轻色彩、崇尚自然选材的局限,融入了大量现代材料,如不锈钢、有机玻璃及材质众多的装饰材料;而西方传统的大堆头式插花中也逐渐融入了东方插花技艺,花朵数量可减少,同时以优美的线条来表现主题,空间感也

得到重视。如现代的三角形插花,就是西方传统三角形插花吸取了东方传统插花重线条、留空白的表现手法而形成的。

3)造型和形式多样

在不同的历史阶段,插花艺术涌现出不同风格的作品。如今,古典插花的一些固有花型被突破,出现了外形自由的抽象插花,造型种类丰富。顺应现代生活潮流出现了形式繁多的综合性现代花艺,如婚礼中的包括鲜花拱门、婚车花饰、捧花、头花、胸花等多种形式。

4)技巧不断创新

随着现代花材和花器的多样化,以及花材固定和弯曲技艺的发展,插花技巧不断创新。现代构架花艺引入了传统插花的意境和空间表现,手法夸张而大气,具有强烈的时代特色;现代插花的设计方法也得到了极大的丰富,如铺陈、构架、捆绑、组群、编织等众多方式的插花。

10.3.2　现代自由式插花的表现手法

现代插花艺术在花材、花器以及配件的选择与运用方面所受的限制很少;同时,构图造型的手法灵活多变,强调装饰性,追求新颖、自由和趣味性。传统插花中对花材不做过多的加工处理,而现代插花为了使插花作品别具一格、形式新颖,会将花材进行各式各样的处理,并注重表现花材的色彩和质感,如采取组群、铺陈等方式来强调色块的表现和质感的对比,以产生强烈的视觉冲击力。

(1)捆绑或缠绕

把枝条或茎秆一点、多点或全部捆绑成一束,起装饰作用或作为处理手段,可增加花材的量感和力度。捆绑只捆绑一道或几道,而缠绕则需要捆若干道,线圈达到一定的宽度。缠较为紧密,有规则性,干净利落,绕则松散而无序。

(2)编织式

将柔软的可以弯折的材料以合适的角度进行交织组合,创造出具有特别表面的一种表现手法,类似于传统的竹席、毛衣的编织。编织可用同类材料,也可用几种材料混合。经过重复交叠以后的材料可产生厚重的色彩感和线条交织的变化美,并有一定的支撑力度,常用来做一些特殊的造型。

(3)粘贴式

把叶、花、果、枝或非植物材料等用胶直接粘在花器、架构等上面,形成不同肌理的面或体,在自然之中体现手工之美。粘贴时,一般鲜嫩的花材用冷胶,枝条和干燥花可用热胶。

(4)穿刺式

用尖锐的植物、人造材料或铁线穿刺花材、纸张、纺织品等,可以起装饰作用,也可以作为处理手段。

(5)分解与重组

将植物器官分解,让枝、叶、果、花分离或将某一部分解剖开,再以另一种形态重新组合,创造出新的造型素材,产生奇特的效果。

（6）卷曲式

这是将植物器官叶、花瓣等卷曲的一种手法。

（7）群聚或组群式

这是把同类花材聚集在一起插作的一种方法。群聚是将同类花材紧密地集中插在一处，使同一类花形成一个紧密整体。组群是将同种类、同色系的花材分组分区插作，组与组之间留有空间，花材可高可低，可以创造出一种有组织、有计划的感觉。

（8）架构式

这是一种造型手法，又是一种插花风格。它是用一定支撑力度的枝、藤或非植物材料做成各种形状的支撑架，如篱笆状、网状、团状支架等，再将花材插在架上。采用架构的作品往往体量大，且能相对节省花材。

（9）螺旋式

使插入的花材表现出清晰的、单一方向的线条流动，以圆圈方向向上、下、内、外延伸。

（10）铺陈式

把剪短的花材一枝紧靠一枝插在底部，就像是平铺地面一般，可用于掩盖花泥。为求变化，可采用组群式的插法，采用块状、线状、点状、面状花材均可以。

（11）加框式

这也是一种加强视觉焦点的设计技巧，即在造型外面加上框架。框架可用现成画框，也可用枝条、藤条等进行搭建。

（12）透视式

将自然界的素材以镂空的方式相互交错，可表现一种空间上穿透的美感。

（13）平行式

这是把花材以平行方式插入的一种方法，可分为垂直平行、水平平行、倾斜平行、曲线平行等。

（14）阶梯式

用相同的材料，以组群的方法将花材集中在一起，形成平台，平台与平台之间，产生错落的层次感，从而形成阶梯的效果。

（15）重叠式

把平面状的花或叶一层重在一层上（重叠的花或叶要3枝以上），层间空隙较小，表现出花材重叠的美感。

（16）影子设计

运用材料材质相同、大小不一的差异，创作出质感统一的上、下阴影效果，在设计上可增加视觉延伸感和分量感。如用双花材设计，可增加视觉的效果。

（17）遮阴式

用各种材料以层层重叠的方式插作。视觉上较轻的材料在外层，覆盖主视面，以表现朦胧、轻盈的感觉，达到透明的覆盖效果，形成创造空间。

10.4 其他插花装饰品制作

10.4.1 花篮

花篮是把切花经过艺术构思和加工,插作于花篮中而形成的装饰形式。花篮最明显的特点是用花篮做容器来进行插作造型,它具有强烈的装饰效果,是社交、礼仪场合最常用的插花装饰形式之一,可用于开业、庆典、迎宾、会议、生日、婚礼及葬礼等场合。

1)结婚用花篮

结婚用花篮用于婚礼中装饰厅堂的花篮,宜大而丰满。

2)宴会、聚会用花篮

宴会、聚会用花篮多置于桌上用于装饰。其造型宜低矮,插花宜辐射四方,即四面观造型,桌面常配以装饰叶及其他饰物。

3)探亲访友花篮

探亲访友花篮用于相互赠送,有送给老人过寿的祝寿花篮,也有送给年轻人和儿童的生日花篮。应该根据探访者的年龄、性别、喜好、身体状况以及季节选择花材、花型,也可以加入一些水果、糖果、玩具等。

4)庆典花篮

庆典花篮用于音乐会或开业庆典等喜庆场合的装饰或礼品,宜用高腰的大、中型花篮,花材需用茎高、花大的品种,但不宜繁杂。

5)观赏花篮

观赏花篮可用于装饰环境或用作展览。它多根据作者想表现的内容和情趣选择花材,重在创意、技巧和神韵,造型不拘一格。

6)丧仪用花篮

丧仪用花篮用于丧葬场合的花篮,造型与其他花篮无明显区别,差别在于选花和配色。按中国传统,其色彩以素净为主,花色多选用白、黄、蓝、紫色等;造型以单面观赏的居多,多插成三角形、扇形等;花材以菊花、百合、马蹄莲、勿忘我、洋桔梗、青松、翠柏、万年青为主。

10.4.2　花束与新娘捧花

花束是经过一定的艺术构思,将花材捆扎成束并精心包装,用于手持的花卉装饰品。花束制作简易方便,不用容器,没有固定的样式和规格,可根据喜好和档次进行选择。由于花茎绑扎在一起,茎端整齐,容易吸水,可直接放入容器养护。因其携带方便,花束是探亲访友、舞台献花或各种社交礼仪场合中使用最普遍的礼仪插花形式。

花束形式多样,通常应根据应用场合、赠送对象的不同,选择适宜的形式。花束从外形轮廓来分,有四面观的半球形、圆锥形和单面观的三角形、扇形、椭圆形等,也有活泼多变的自由形及小品花束等。

1）四面观花束

四面观花束一般制成半球形、圆锥形,制作的方法为螺旋花材握持法。制作的关键就是将所有的花材以右压左的方式插入,呈螺旋状,花材做螺旋状排列的集合点就是花束上下两部分的分界线,也是制作时的捆绑部位和之后的手持位置。

2）单面观花束

单面观花束一般制成扇形、三角形、椭圆形等,制作的方法是十字交叉法。制作的关键是将所有的花材呈交叉摆放,交于一点,捆扎的位置也就在这一点上。

3）用手托制作花束

手捧花束也有专用的花器,称花托。它由握柄和栅栏罩组成,栅栏内可放置花泥,花泥可更换。用花托插捧花十分方便。

4）新娘捧花

插花应用在婚礼中,可将会场布置得美丽、丰富,烘托出浪漫、唯美的气氛。在婚礼中应用最多的当属新娘手中的捧花,它是专门用于婚庆时新娘手捧的花束。新娘捧花的造型、配色以及包装彩带等,都应与新娘的外貌、气质、服饰等协调一致。

捧花花束的色彩还应与整个婚礼的气氛相协调。西式婚礼新娘穿白色婚纱,捧花可选择白色或浅色等素净的颜色,如任何颜色的洋兰都可用在捧花中。中式婚礼中捧花可选择亮丽、鲜艳的颜色,以烘托喜庆热烈的气氛。如花束中的主花一般用百合、月季、红掌、洋兰等,配花用满天星、情人草、勿忘我等,配叶用文竹、天门冬、巴西木、八角金盘等。常见的新娘捧花造型有半球形、圆球形、下垂形、新月形、S形、特殊形等。

10.4.3　胸花

胸花是指用花材扎成的戴于胸前用作装饰的服饰花。胸花多用于正式场合,如会议、各种典礼、庆典等活动。正式场合中的司仪、特别来宾、颁奖人,婚礼中的新娘、新郎、伴郎、招待、司

仪及新娘父母等都需要佩戴胸花。胸花多用卡子、夹子或别针戴于左胸。一般男士佩戴在西装上侧口袋或领片转角处,女士佩戴在上衣胸前。

胸花不宜过大过繁,大小还应考虑佩戴人的身材。佩戴人的身材高大,胸花可大些,身材瘦小,胸花可小些;男士的可大些,女士的可小些。一般以 1~3 朵中型团状花做主花,配上适量细小松散的衬花和配叶即可。胸花的材质要轻,否则会影响服装。制作胸花的花材要求易保鲜、色彩鲜明、质地轻柔、不污染衣物、花瓣不易脱落。常用玫瑰、卡特兰、蝴蝶兰、石斛兰、香石竹、百合等做主花,以满天星等做衬花,以文竹、石松、蓬莱松、天门冬等作衬叶。胸花的色彩要与服装色彩相协调。服装颜色浅,胸花的色彩也素雅;服装颜色较深,胸花的色彩应鲜亮些。常见的胸花造型有单花型、圆形、三角形、新月形等。

胸花制作步骤:选取新鲜花材,并逐一缠上 20—24 号金属丝,如果做成分叉状,应对每支花材茎部缠上绿胶带,如果做成单柄状,只需将花茎缠紧即可。将主花、配叶和衬花按造型要求组合在一起。组合好后,留 6~8 cm 花柄,将基部剪齐,并将花梗部分用绿胶带包裹。在花柄部分,用丝带花装饰,如需标示身份,在花柄部分粘上贵宾条。

10.4.4　小品花

小品花也称插花小品,是有一定寓意的小型插花,它属于东方式插花的风格,讲究意境。小品花花器和花材相对小巧,花材数量少,看似信手拈来,却能为生活增添不少乐趣。小品花适用于较小的环境点缀,如空间较小的咖啡屋或家庭居室等环境的布置,多摆放在茶几、角落或案头上,以增添浓郁的生活气息。

小品花最大的特点是随意性强。它的构图简单,无须刻意区分主枝和从枝,可以随意造型。花材的选择也很随意,田间的野花野草,盆栽修剪下来的枝叶,家中的蔬菜、水果,都可以拿来作为插花的素材。插花的器皿也可以就地取材,酒瓶、茶壶、碗、碟、口杯、易拉罐等,均可用之,充分体现了生活之美无处不在。

小品花题材广泛,可取意于生活中的点滴情怀,如心心相印、相依相伴、满心欢喜、感叹年轻等。作品往往通过简练造型反映主题,引起观赏者情感的共鸣。小品花外形小巧别致,不仅花器小,花材也要选择小型的种类;花材的数量也较少,一般 1~2 朵花、3~5 片叶即可;色彩也不宜太多,一般 1~2 种即可。如先插第一主枝,随即插第三主枝,省去第二主枝,根据需要,适当加 1~2 支从枝,最后插上几片配叶即完成整个作品,因此造型生动自然。

10.4.5　婚礼花车

婚礼花车装饰的部位包括车头、车顶、车尾、车的两侧、车保险杠等,其中车头是重点装饰位置。婚礼花车可采用多种花材组合,用五彩缤纷来表现喜庆热烈的气氛;也可使用单一花材进行装饰,显得温馨浪漫。装饰婚礼花车时,一般用花车专用胶带、花泥及吸盘固定,如可用塑料纸把花泥包扎起来,再用胶带纸固定,并根据构图的需要做出大致的轮廓。在花车装饰中,要考虑车的颜色和车身的外形尺寸,应注意造型宜低不宜高,以免遮挡驾驶员的视线。制作多组插花时应注意车头、车顶、车尾三组花之间的呼应。

10.4.6　干花及人造花插花

干花是将鲜花经过干燥处理后的花材,是干燥的花、枝、叶、果、根等的总称。干花具有比人造花自然、真实,又能长时间保持,还可以人工改变花色等优点,是现代插花中重要的组成部分。干花自然质朴、花色鲜艳,它的应用形式多样,既可制作成花束吊挂在墙壁、门、橱窗等位置,也可制成花环、胸花、花篮等多种造型来装饰居室。干花瓶插不仅新颖美观,而且经久耐看。此外,干花经过艺术处理制成镜框式立体花,更是优美的工艺品。

随着制造工艺的发展,人造花的品种、造型、色彩也不断变化,用料更广泛,如大胆地运用丝、纱、麻、涤纶、茸毛、无纺布等材料,使人造花更加逼真,艺术效果得到提升。从商店买回的人造花,既可以整束插入容器,也可以各种花材相搭配,根据造型的需要,可进行修剪,用干花泥固定。人造花在立意构思、造型、色彩搭配等方面和鲜花插花的原理相同。

10.4.7　丝带结制作

丝带是插花中重要的装饰材料,在花束、新娘捧花、婚礼花车等的装饰中常做成各种形状,起到点缀或增加动感、烘托气氛的作用。丝带结的样式很多,常用的有花球结、法式结、绣球结、8字结、双波浪结、蝴蝶结等。

思考与练习

1.传统东方式插花有哪些特点？主要花型有哪些？

2.传统西方式插花有哪些特点？主要花型有哪些？

3.现代式插花有哪些特点？主要的表现手法有哪些？

4.比较东西方插花的风格特点。

5.花篮插花最明显的特点是什么？

11 插花作品的鉴赏与评比

目的与要求：通过本章的学习，主要了解插花艺术作品的美学价值，掌握插花艺术鉴赏的主要内容和插花作品的评比标准。

插花艺术是花材自然之美和作品所传达的意境之美相结合的艺术。无论是插花创作者，还是插花欣赏者，接触美丽的插花作品，都可以感受到自然之美或生活之美。从作品中可看出作者的品格情调，欣赏时要细心发掘，要以礼貌的言谈举止来品评。

11.1 插花艺术作品的鉴赏

11.1.1 插花艺术作品的美学价值

插花艺术不仅具有同门类造型艺术如绘画、雕塑等共有的审美特征，而且还具有其独特的审美情趣，具体主要表现在以下几个方面。

1）插花艺术具有较高的审美价值

插花艺术具有很强的可视性与直觉性，易引发人们的美感共鸣。在现代插花艺术设计中，审美价值主要体现在其能传达的自然美、装饰美、意境美、环境美。

2）插花艺术是自然美与艺术美的完美结合

插花艺术以饱含生命意义的自然植物材料为素材，并在创作中以充分展现花材原有的自然美为主导；插花艺术也可以将干燥花、人造花、人造材料纳入素材，创作中更多体现具有装饰性的艺术美。无论自然花材还是人工花材，经过艺术加工后，花材本身美好的外形与内涵又被赋予了艺术性的表达与创意。因此，无论是外在的造型轮廓，还是内在的意境神韵，插花艺术都体现了自然美与艺术美的完美结合。

3）插花艺术是实用性与审美性的有机融合

　　插花作品既有广泛的实用性又有很强的审美性，插花作品既具有物质上的实用功能，又具有令观赏者精神上愉悦的功能。插花艺术的实用性令其更为注重表现性与形式美，并能够将二者有机地结合在作品之中；插花艺术的审美性使其可能具有较为深刻或强烈的思想性或者说是意境。人们在对插花艺术作品形式美的感知中，获得感性的陶冶，通过触发情感和意识的活动，从而完成对美的感知，这是一种简洁的审美活动。

11.1.2　插花艺术作品的鉴赏

1）鉴赏环境

　　陈设环境对于插花作品非常重要。适合的陈设环境更能烘托出作品的神韵之美，也有利于艺术情绪和氛围的形成。中国古代欣赏插花作品十分注重环境布置，陈设的作品必须具有上乘的几架垫座，作品间或作品与陪衬小品间要参差高下，可互相呼应。欣赏时，或有名家字画相衬，配以焚香、抚琴，也可饮酒品茗，或即兴咏诗，从而获得多层次美的享受。而日本传统的欣赏插花的方式则更为庄重和严肃，有专门的和室及壁龛摆放作品，并有严格的拜见规定。

2）鉴赏时间、位置、方法

　　鲜花插花是短暂的临时性的艺术表现形式，花材受水分养分的限制，其寿命少则1~2天，多则10~15天。因此，作品完成后最好在当天或1~2天内欣赏品评，因为在这个时段，花材最清新鲜美，若时间长了，花材就不新鲜了，再好的造型其表现力也会大大逊色。

　　静观插花作品还必须选择合适的视距与视角。通常根据作品大小决定观赏的视距，一般距作品1.5~3 m，面对作品的主视面。最佳角度的选择要根据作品的造型和摆放的位置而定，大多数作品以平视为主，部分下垂式造型作品必须摆放在视线以上的高处，因此须仰视欣赏才能看到作品的最佳观赏面。另有部分水平式造型的作品，适宜摆放在视线以下的低矮处，通过俯视欣赏获得最佳效果。欣赏插花作品时不能随意移动或触摸作品，否则容易变动花材位置或损伤鲜花，影响造型与美观。

　　欣赏插花艺术如同欣赏绘画、书法、雕塑等作品一样，需要有恰当的方法。需要有一定时间的驻足停留，对每件作品细细品赏，静观作品的整体造型、构图、表现手法等，进而揣摩回味其意境之美，体会作者的情感，从而获得愉悦和美感。而走马观花地浏览作品，则难以领略作品全貌和体会作品内涵。

3）鉴赏标准

　　一件好的插花作品，它给人的第一印象应当是美的。这种美感首先是由作品整体形象的美引出的观赏者的视觉感受。整体形象的美包括造型的优美、花色的调和以及构图的合理等，是形式美的综合体现。而一件好的具有吸引力的插花作品不仅以它的形式美而动人，更能让人得到共鸣的是其内涵美与意境美。具体来说，插花艺术鉴赏主要包括以下内容：

（1）整体效果

插花作品在视觉审美上首先给人以强烈印象与感受的是作品的整体效果,即观众常常可通过第一眼的视觉印象来判断作品整体形象(形体)的优劣。作品的造型尺寸是否合理稳定,花材的选择、容器的搭配等是否恰当,整体色彩是否和谐等,这些方面的综合状况构成作品的整体效果。可以说整体效果是品评插花作品最直观的依据,也是首要依据。

（2）构图和造型效果

构图和造型是形式美的主要体现方面。对插花作品构图与造型的鉴赏主要包括造型是否优美生动或别致新颖,构图是否符合基本原理、原则,比例尺度是否合理,主次感是否分明,花材组合是否得体,构图、造型技巧运用(如层次、均衡、韵律等)是否娴熟。

（3）主题表现

主题是作品内涵美、意境美的重要载体。通过主题的解读可判断作品是否有创意,内容题材是否深刻新颖,命题是否贴切,意境是否深邃、隽永,能否引人回味遐想等。特别是在传统东方插花艺术作品中主题的内涵、意境被视为作品的灵魂。传统的东方插花着重意境的铺设,讲究通过花材形、色、姿等的自然美和象征意义来表现内涵美和精神美。通过不同的寓意来体现不同的意境。而现代插花也会通过情与景的交融来体现主题。

（4）色彩效果

色彩效果主要指整体色彩的搭配,包括花材之间的色彩搭配,花材与容器之间色彩的搭配,以及作品与周围环境色彩的关系。要判断其是否协调美观,是否符合色彩学的原理。

（5）技巧运用

技巧方面包括构图中剪截、捆绑、包扎,花材固定,花插、花泥的掩盖等,要判断这些方面是否处理得干净利落及其运用的熟练程度。

11.2　插花艺术作品的评比

11.2.1　插花行业相关比赛

1）展览性的比赛项目

（1）规定项目

大会规定若干个命题,参赛者必须按照命题进行构思和创作,作品的形式(东方式或西方式)、尺寸大小、所用器具、陪衬物的有无等都有严格的规定。

（2）自选项目

作品可自由命题,作品的形式、内容不限。

（3）神秘箱比赛

该项目是考验参赛者临场发挥能力的重要项目。事先将不同花材和插花命题的卡片放置于箱内,由选手临场创作并由评委现场打分并评出优胜。一般由大会统一提供花材、器皿以及命题,密封于箱子内,比赛开始时才开封,在比赛现场由诸位选手随机抽取,通常有 5~10 分钟让选手熟悉材料,然后在 20~30 分钟内完成作品。参赛者事先不知道比赛允许采用何种花材、花器,以及比赛所定的主题,因此,该项目更能真实、完全地体现参赛者的实力,是插花比赛中难度最大的比赛项目。如中国第二届插花艺术展览"神秘箱"比赛参赛者必须是各命题作品一等奖获得者,且比赛从开箱始 30 分钟内完成。

2）花店业的花艺设计竞赛

①规定项目。大会规定命题,参赛者根据命题进行创作。
②自选项目。自由命题,自备花材花器。该项目能很好地体现花艺师的个性和风格。
③双人餐桌设计。
④新娘手捧花、胸花设计。
⑤水果与植物配合的设计或盆栽组合设计。
⑥神秘箱比赛。

11.2.2　插花作品评比标准

1）整体效果

整体效果的评价包括评价作品构图、造型、比例、搭配等方面,具体包括判断作品的造型尺寸是否合理稳定,花材与花器的搭配等是否合理优美,整体色彩是否和谐等,最后将这些方面的综合状况整体考虑。整体效果是品评插花作品最直观的视觉效果。

2）花材的选择及运用

评价花材的选择及其运用,主要看花材的质感与主题意境是否搭配,能否充分展现花材的形态,枝叶的角度是否充分展现花材的特色等。

3）色彩的搭配

插花设色无论是华丽多彩或浅淡素雅,均以和谐为标准。

4）主题和意境

主题和意境的评价包括品评作品主题表达、作品命名以及作品内涵,具体主要看作品主题是否有创意,内容题材是否深刻新颖,命题是否贴切,意境是否深邃、隽永,通过观赏能否引人回味遐想等方面。

5) 创意和技巧

有创意的作品应当懂得挖掘花材潜在的美,并具有别出心裁的独创性,如采用新的花材固定方法,空间运用巧妙或构图上有新突破等。技巧方面包括:传统插花中常用的枝、叶、花的弯曲、绑扎、剪切等(干净利落,不露痕迹);花泥及花插的掩饰以及插口的处理等(花材插得稳固,花泥、花插掩饰巧妙,插口处理自然);分解、构筑、组群、阶梯、粘贴、重组等现代插花常用设计技巧的运用。

以上五条品评标准,基本能够适用于所有插花作品的评比。但因东西方插花艺术各有自己的风格与情趣,侧重点与审美观点也不相同,因此具体评比时,可以根据实际情况加以调整。如在我国第二届插花艺术展览比赛项目中,东方插花艺术评比标准为:①主题表现 30 分,包括有创意、主题突出、具诗情画意、意境深远、命题贴切;②造型 25 分,包括符合构图原则、造型新颖、制作有层次感、花材与花器配合协调;③色彩 25 分,包括植物材料新鲜、色彩协调美观;④技巧 20 分,包括制作干净利落,不落捆绑包扎痕迹,植物的插口要在水里或在充分吸水的海绵里,花泥花插要掩盖,固定技巧熟练。而西方式插花艺术评比标准为:①色彩 30 分;②造型 25 分;③主题表现 25 分;④技巧 20 分。由此可以看出,传统东方插花艺术更重意境美,而西方插花艺术则重色彩美,各有侧重,品评标准也随作品对象类别而灵活掌握。

11.2.3 插花艺术优秀作品欣赏

图 11-1 《逸韵》(作者:丁稳林)

主要花材:金鱼草、月季、百合、巴西木、星点木、天门冬等。

作品赏析:作品为直立型,选用不规则形状的实木花器,以金鱼草和自然飘逸的巴西木构成作品骨架,营造出意态天然的东方线条韵味;生机勃勃的粉月季和白百合在重心处展现浪漫气息,表现出超脱自然、潇洒恣意的情怀;星点木填充空白,丰富了作品层次。

图 11-2　《悸动的心情》（作者：丁稳林）

主要花材：文心兰、富贵竹、红掌、月季、花叶常春藤、熊掌木等。

作品赏析：为现代插花作品，花器选用黑色高瓶，以两组富贵竹的平行线条构架出作品的横向造型，上部的文心兰轻盈明媚、婆娑起舞，红掌用于稳定重心，大胆抒怀，而月季穿插于富贵竹上娇柔旖旎、欲露还羞，尽显温婉，两个中国红的小灯笼均衡整个构图，渲染气氛。

图 11-3　《变脸》

（2001 年第四届中国国际园林花卉博览会获奖作品）

主要花材：剑叶、刚草、白掌、龙柳、蒲葵扇等。

作品赏析：以川剧变脸为题材，将川剧脸谱和插花艺术造型完美结合，采用电动旋转机关营造出变幻的景象，形成一件绚丽多彩、精美时尚的现代花艺雕塑，充满了浓郁的地方民族特色。

图 11-4 《人与自然》
（1999 年昆明世界园艺博览会获奖作品）

主要花材：赫蕉、大花蕙兰、红掌、粉掌、文心兰。

作品赏析：为现代花艺作品，采用了组合的形式、自由的手法，展现了立体的效果、抽象的主题。五只和平鸽簇拥在鲜花和绿叶装扮的地球上，象征着当今世界和平与发展的两大主题，希望人类赖以生存的地球没有战争、没有污染，是一个充满爱的绿色家园。构图上采用多层面结构、立体式展开、穿透性布局的手法，获得了丰富的、全方位的观赏效果；色彩明快简洁，以黄、绿、白为主色调，红色用以降低重心、增添生气。

图 11-5 《西风醉秋》（作者：蔡仲娟）

主要花材：南天竹、菊花等。

作品赏析：用舞动的枝条营造出线条美，喻义萧瑟的西风，用南天竹的红、菊花的黄寓意秋的醉人之美；选用不规则黑色花器，把传统插花的技法与现代的异形花器相结合。作品展现了好一幅"西风醉秋"图，给人画尽情未尽、言尽意无穷之感。

图 11-6 《绿野和鸣》(作者:伍碧凤)

主要花材:竹枝、红兰、天堂鸟、巢蕨、绿掌、满天星等。

作品赏析:选用树叶形铁架作为花器,将龙柳枝条缠绕其上,用以代表龙的形象;又以细细的竹枝围绕在叶片中央,呈半圆形,有高有低,如同烟雾缭绕的云层,给人遐想的空间。将红兰围绕在云层上,象征着初升的太阳,光芒万丈;巢蕨叶和绿掌形象地表现林木葱茏的景象;有天堂鸟从绿色丛林中飞出。整幅作品有着高山大丘、深林巨壑、茂木畅枝,一展旭日东升鸿鸟飞的栩栩如生的景象。

图 11-7 《小塘春水满》(作者:张莲芳)

主要花材:鸢尾、大花飞燕草、马蹄莲等。

作品赏析:为典型东方浅盘直立型组合插花作品。三组挺拔参差的绿色鸢尾叶、深蓝浅蓝色彩不一的大花飞燕草定出主枝,一丛丛洁白清丽的马蹄莲位于重心处,正、侧、背排列,产生明度变化,与蓝紫色的飞燕草对比鲜明,展现出植物特有的生命之美。用色协调得当,三组群仰俯呼应、高低错落,产生韵律与节奏,营造出清、疏、秀的效果,春日里小塘水波粼粼,塘边花草烂漫的美景扑面而来。

图 11-8　倒 T 形插花(作者:丁稳林)

　　主要花材:新西兰麻叶、金鱼花、蝴蝶兰、百合、肾蕨、天门冬、康乃馨等。

　　作品赏析:为典型西方倒 T 形插花作品。将新西兰麻叶弯曲插出垂直线,左侧和右侧分别用金鱼花确定作品骨架;蝴蝶兰位于焦点处,右侧以百合和新西兰麻叶作为补充,增加平衡感,左侧空白处插入康乃馨及革叶蕨;最后以天门冬、肾蕨遮盖花泥,修饰造型。整个作品构图规整、干净利落,色彩明快,极富于装饰性,具有平衡之美。

思考与练习

　　1.简述插花艺术作品的美学价值。

　　2.插花艺术鉴赏的主要内容是什么?

　　3.试述插花作品评比标准。

12 切花保鲜

目的与要求：通过本章的学习，主要了解影响切花品质的因素、切花凋萎的原因，掌握切花的采收、处理及保鲜技术与方法。

切花是指从活体植株上切取的，具有观赏价值的新鲜根、茎、叶、花、果，这类用于装饰的植物材料。切花可用于插花、花篮、花圈、花环、花束、襟花、头饰、橱窗装饰及其他花卉装饰等。切花保鲜是采用物理或化学方法延缓切离母体的花材衰老、萎蔫的技术，是切花作为商品流通的重要技术保证。

切花采收之后，水分代谢失去平衡，输导组织中产生微生物或侵染物，大分子生命物质和结构物质降解，乙烯含量增加，从而造成花材的衰老和萎蔫。切花保鲜就是针对这些问题通过改变贮藏条件、扩大吸水面积及化学药剂的调节作用而使花材延缓衰老，尽可能长时间地保持新鲜状态。一瓶不做任何处理的单纯用清水养护的插花，几天后便能在花的枝梗处发现有黏液状物质，说明花枝开始腐烂变质，接着瓶里会发出臭味，花便枯萎凋谢了。如果在相同的情况下，供插花用的切花经过保鲜处理，瓶养时间就能维持长久一些。

我国古代早有许多延长花卉瓶插寿命的方法。清代《花镜》中提到：梅花、水仙加盐水养；海棠花在切口处缚扎薄荷叶，并在薄荷水中插养；栀子花将切口敲碎，在瓶中放盐干养；将牡丹、芍药、蜀葵、萱草花枝的切口烧灼等。随着花卉生产的日益发展，切花保鲜在近半个世纪以来得到了长足发展，世界各国都竞相研究切花的保鲜方法和药剂，目前正是方兴未艾之际。

12.1 切花品质的影响因素

花卉的品质主要包括外观品质和内在品质两方面，切花品质经常使用的指标还有采后寿命或瓶插寿命。影响切花品质的内外因素多种多样，内因主要指不同种类切花自身的遗传与生理基础，外因则包括采前栽培管理水平、采后储运条件及其保鲜技术等。弄清其内外影响因素，有助于找到提高切花贮藏保鲜效果的有效途径。

12.1.1　切花种类品种对切花品质的影响

不同的切花种类或品种,不仅观赏性和采后水养瓶插寿命差异很大,对预处理的反应以及抗病性等方面也有不同程度的差异。

1)切花种类

不同种类切花的观赏性有差异。目前,在国际花卉市场上最为流行的切花品种为数不多。月季、菊花、香石竹、唐菖蒲被称为世界"四大切花",深受人们喜爱。另外,一些切花种类,如郁金香、非洲菊、百合、花烛和鹤望兰等具有良好的观赏性状,也越来越受到人们的青睐。

不同种类切花,其采后水养瓶插寿命差异很大。通常情况下,大丽花、虞美人和姜花等只能水养1~2天;紫罗兰、石竹、金鱼草可保持1周左右;菊花与兰科植物瓶插寿命可达2~3周;花烛的瓶插寿命在1个月左右;鹤望兰切花在常温下的瓶插寿命为25~35天。

2)切花品种

同一切花种类的不同品种,其观赏性也有差异。例如,人工诱导育成的多倍体金鱼草与二倍体金鱼草相比,前者具有花序增长、花轮加大、花朵着生更密集、色彩艳丽和花瓣增厚等特点,有的还具有重瓣性及芳香性。四倍体非洲菊的花瓣形状及大小均优于二倍体非洲菊。

同一切花种类的不同品种,其耐插性也有差异。同是月季品种,大使品种可水养保持4天;伊丽莎白、万紫千红、黄和平品种可水养保持5天;摩纳哥公主品种可水养保持6天;黑火山品种水养可保持达7天。一般认为,花瓣质地较厚、花型较小的月季品种往往耐插性强,花瓣较薄的月季品种耐插性差些。非洲菊不同品种间的耐插性差异更大,Marleen的瓶插寿命为20.5天,Agnes的瓶插寿命为8.3天。以花褪色、花形改变、硬度丧失、茎衰老变软和折断等指标进行综合评判,这两个品种的平均瓶插寿命分别为15.4天和6.6天。

12.1.2　栽培管理技术对切花品质的影响

1)施肥灌水

一般来说,施肥浇水过量或不适时都会影响切花的品质。浇水过量,切花容易徒长和患病,也不利于土壤中微生物的活动,对肥料的转化与呼吸也是不利的。相对干燥、含水量适当的土壤有利于根际微生物的活动与氧的供应,对于根系的发展也是有益的。一般来说,用水的原则应是土壤有湿有干,至于湿或干达到什么程度,不可一概而论,应根据不同切花品种的要求而定。

使用肥料方面,应注意各种营养物质的均衡供应。氮肥促进茎叶生长,但过多时,常引起茎秆细弱、输导组织发育不良、叶片干物质减少,导致切花品质下降。钾肥通常可使茎秆生长粗壮,磷肥对幼苗的发育也是十分重要的。如开花前,控制氮肥的使用,增施一些磷钾肥,对花及花茎都是有益处的。还应注意,各种切花对肥料有其特殊要求,如郁金香花芽分化时对钙的需求多些,适当补充钙可以提高花的质量并阻止无花序的产生,而硝酸钙的效果远优于硫酸钙的效果。

2）环境条件

影响切花品质的环境条件主要包括光照、温度与湿度。

光照影响到切花光合作用的强弱、色素的形成及植株的生长。光弱,植物因不能合成足够的碳水化合物而生长细弱,茎秆不粗壮,达不到切花的要求标准。花朵因得不到足够的碳水化合物而不饱满,如花瓣层次减少,降低了采后的瓶插寿命和耐贮性。香石竹、菊花、月季、唐菖蒲等切花都有这个问题。光照还与花朵的颜色形成有关,光照不足,会使花的颜色苍白。我们常可看到室内开放的花朵,远不如户外开放的花朵鲜艳,多为这种原因。

温度也是影响开花质量的因素。月季在夏天高温季节形成的花朵比春秋天开放的花朵要小,香石竹及多种切花在高温季节开的花都不如春秋季开的花大。这是因为花的形成与时间和温度有关,即它们开花需要一定的积温,温度高,形成花的时间就短,因而花也开得小。解决的办法是降低温度,如果这一点做不到,就采用强制夏季休眠的办法,让植株度过酷热的夏天,积蓄营养,秋天开花。

环境湿度过高,加快微生物病菌的繁殖,增加植株发病的机会。温室内栽培切花,可适当通气,增加气体流动的机会,以解决这一问题。

3）病虫害

病虫害可以造成切花的产量和品质严重下降。有病虫害的切花,即便很轻微,也是不能出口的。有病虫害的切花,花朵常常开放不好,叶片畸形,并且增加了乙烯的释放,影响切花的运输及贮藏等保鲜工作。

4）修剪

切花种植过程中应适当修剪。一株植物产花能力是有限的,它能开多少花,要结合具体品种而定,要剪除一些多余的枝条,保证所需枝条的正常发育,才能获得高质量的切花。如月季,修剪不当,切花的枝条常达不到优质品的要求;香石竹、菊花都应适时剥蕾,去除不必要的花蕾,减少花蕾发育过程养分的消耗,以保证主花开得硕大。

12.2 切花凋萎的原因

植物在生长过程中,依靠根系从土壤里吸收水分和无机盐,又通过叶片的光合作用,制造出糖和各种营养物质,满足植物各个生长时期的生理需要。当花卉的枝叶被切(折)下,原来水分蒸发与根系吸水之间所建立的水分平衡关系遭到了破坏。枝叶脱离母体后,又失去了营养物质的来源,切花自然难以维持生机,势必凋谢枯萎。

影响切花瓶插寿命的主要因素有:维管束的堵塞,降低了水分吸收;微生物的集合,乙烯气体的积累;呼吸活动,代谢物质的消耗等。

切花的保鲜方法,不论是原始的还是先进的,都需要解决切花的自然衰老、脱水、营养不良和微生物侵蚀等方面的问题。

12.2.1 呼吸消耗

切花衰老的重要原因是离开母体的切花缺乏生命活动必需的能源——糖。由于切花所带绿叶枝少，且离体后各种因素都不利于光合作用正常进行，因此含糖量越来越少，以致影响正常代谢而使切花寿命缩短。

呼吸作用的基质可以是糖类，也可以是蛋白质和脂肪。切花采收后，随着呼吸时间的延长和呼吸强度的增大，呼吸基质逐渐减少，最终将因组织中呼吸基质耗尽而使切花正常的生理机能不能维持而衰败。切花采后呼吸过程产生的能量大部分以热的形式发散出来，由于呼吸热的产生，提高了切花的体温，这样又更加促进切花自身的呼吸作用，消耗体内贮藏的物质，也有利于微生物的活动，加速切花的腐烂。另外，无氧呼吸产生的酒精对切花也是有害的。因此，抑制切花的呼吸强度是切花保鲜的重要措施。

12.2.2 蒸腾萎蔫

当鲜切花的含水量很高时，组织维持坚挺脆嫩的状态，呈现出光泽并具有弹性，而这只有在吸水速度大于蒸腾速度时才能获得。如果水分不足，细胞膨压降低，组织萎蔫、皱缩，失去光泽和弹性，就会失去新鲜状态。切花失鲜，主要是蒸腾脱水过度的结果。

花卉在田间生长发育时，蒸腾作用失去的水分可从土壤或环境中吸收而得到补偿。然而，在切花采收后的堆放、运输、贮藏过程中，蒸腾失去的水分通常不能像在采收前那样得到补充，因而引起切花失重、失鲜和萎蔫，并导致水分代谢失调和一系列生理生化过程的不良反应。

12.2.3 产生乙烯

乙烯是植物自身产生的一种内源激素，乙烯促进切花衰老。植物的衰老器官是乙烯产生的主要器官，如衰老的花、叶片；受伤或病菌感染也会产生乙烯，因此应尽量避免切花染病或机械损伤；乙烯的形成还同温度、空气含氧量有关，氧水平低、低温都能抑制乙烯的形成。

乙烯对切花的伤害其症状各式各样，总的来说可归结为两大类型：一类是花冠卷缩、褪色至凋萎（如香石竹、矮牵牛、兰花、牵牛花）；另一类表现为器官脱落（如月季、天竺葵的花瓣脱落，一品红的苞片脱落，金鱼草、香豌豆的整个小花脱落）。

乙烯对切花的影响取决于乙烯的浓度、作用时间及切花的敏感性。不同种类的切花对乙烯的敏感程度不同：香石竹、金鱼草、兰花、香豌豆、仙客来、水仙、百子莲等切花都属敏感花卉，它们易受乙烯影响而衰败；菊花对乙烯不敏感；有些花如月季、香雪兰、唐菖蒲、郁金香、火鹤芋等，敏感程度介于之前二类之间。

即使是同一种花，也会因其发育程度不同而对乙烯的敏感程度不同，一般说来，蕾期对乙烯不太敏感，花盛开时对乙烯比较敏感。

12.2.4　导管堵塞

切花采收后,本质部的导管部分容易被堵塞,使吸水减少,最终引起缺水而造成切花衰老凋萎。导管的堵塞有以下原因:

①微生物在花茎的切口部位繁殖而造成堵塞。

②插花用水中的微生物代谢产物被花枝吸收而封闭了木质部导管,干扰水分的吸收。

③花茎切口处受伤细胞的分泌物质会引起茎堵塞,这种现象在采后2~3天特别明显,先是靠近切口处,然后逐渐向上。

④在植株水分亏缺情况下剪切花枝,空气容易进入木质部导管而妨碍吸水。

12.3　切花的采收及处理

12.3.1　切花的采收

1) 采收适期

适时采收切花是提高切花质量的重要手段之一。切花最适宜的采收时间因植物的种类、品种、季节、环境条件、特殊消费需要和距市场远近而异。过早过晚采收都会缩短鲜花的观赏寿命。就近直接销售的切花采收阶段比需要远距离运输或需贮藏的晚一些。一般为了便于包装、运输和减少花材对乙烯的敏感性,缩短切花生产周期,节约母株营养和设施成本,延长采后观赏期,在不影响切花开花质量的前提下应尽量早采。

切花采收后的发育和瓶插寿命在很大程度上取决于植物组织中碳水化合物的积累量。因此,一些花卉在夏季采收宜早,而在冬季采收宜晚。

（1）花期采收

花期采收是传统的、也是目前仍然较为普遍的采收方法,即在花卉适合观赏或即将适合观赏的大小和成熟度时采收。有些切花(如中国紫菀、金盏花、火鹤芋、唐菖蒲、大丽花、非洲菊、兰花和某些月季品种)在花蕾发育的早期采收,即使以花蕾开放液催花也不会正常开花,因而必须在花朵开放后采收。

月季和非洲菊如采收过早,则发生弯颈现象。月季弯颈是花颈中维管束组织木质化程度低所致,非洲菊的花颈中心空腔也会导致弯颈。

不同的切花,花期采收的适期标准略有不同。例如,月季的红色或粉红色品种,以萼片反卷、开始有1~2片花瓣展开为适;黄色品种可比红色品种略早采收,白色品种则宜略晚些。菊花的大菊在中心小花绿色消失时采收,蓬蓬菊多在盛开时采收。唐菖蒲以花序基部1~5朵小花初露时采收为优,采收时花茎带上5片叶。香石竹以花朵中间花瓣可见时采收。大丽花一般在花朵全开时采收。

（2）蕾期采收

蕾期采收即花苞期采收，采收后于观赏时或储运后使其在一定条件下开放。在能够保证花蕾正常开放和不影响品质的前提下，宜在花蕾期采收。其优点是可缩短生产周期，提早上市，较早腾出温室或花圃空间；花蕾较花朵紧凑（少占空间），比较耐碰擦（少受伤害），便于采后处理、运输和贮藏，从而大大降低生产经营成本。降低切花采后处理难度和对储运期间遇到的高温、低温、低湿和乙烯危害的敏感性，使对机械性伤害耐受性强。

蕾期采收多用于香石竹、月季、菊花、唐菖蒲、鹤望兰、非洲菊、满天星、金鱼草、鸢尾等。采收时要求香石竹花径达 1.8~2.4 cm，菊花花径达到 5~10 cm，而不宜在发育不充分的小蕾阶段进行采收，否则花蕾距开花所需时间就会延长。

有些切花在蕾期采收后，在清水中不能正常开放，需插入花蕾开放液中或者采后储运前先通过化学溶液预处理才会开花。一些具穗状花序的切花（如乌龙花、飞燕草和假龙头花）须在花序基部 1~2 朵小花开放时采收。

2）采收时间

一天中最好的采收时间因季节和切花的种类而不同。对于大部分切花，宜采用清晨采收，尤其是距市场较近可直接销售的和采收后易失水的种类（如月季等）。清晨采收的优点是可保持切花细胞较高的膨压，即切花含水量高，外观鲜艳。像小苍兰、百合花等清晨采收香气更浓，且不易萎蔫。但因清晨采收露水多，切花较潮湿，采后易受真菌病害感染。因此，清晨采收应尽量在露水、雨水或其他水汽干燥后进行。

下午采收遇高温干燥，切花易于失水。要尽可能避免在高温（高于 27 ℃）和高光照强度下采收。在晴朗炎热的下午，深色花朵的温度比白色花朵可高出 6 ℃ 以上。一般傍晚切割比较理想，在夏季，最适宜的切割时间是晚上 8 点左右。因为经过一天的光合作用，切花茎中积累了较多的碳水化合物，质量较高。需经储运的切花傍晚采收，水分含量较低，便于包装和预处理，有利于保鲜。对带茎叶的切花来说，采收时间午后优于早晨（但只采花葶的非洲菊之类则不属此列）。

对于那些对乙烯敏感的切花，在田间可先置于清水中，转到分级间后用银盐制剂做抗乙烯处理。切花采收之后，应立即放入保鲜液中。尽快预冷或置于冷库之中，以防止水分丧失，保持高的质量。若切花采收后立即放在含糖的保鲜液中，那样采收的时间就显得不重要了。

3）采收方法

采收时要用锋利的刀剪把花茎从母株上切割下来。切花采收的工具一般可用花剪，对于一些木本的花枝，如梅花等可用果树枝剪，而草本的花枝可用割刀采收。切口要光滑，避免压破茎部引起汁液渗出。剪切时应形成一斜面，以增加花茎的吸水面积，这对吸水只能通过切口木质部的切花尤为重要。草质茎类切花除由切口导管吸水外，还可从外表皮组织吸水，因此剪口不那么重要。对一些基部木质化程度较高的切花应选择靠近基部而木质化适中的部位采切。因为，基部切割会导致切花吸水能力下降，缩短瓶插寿命。

折枝法是一种简便的方法，对一些花茎硬脆的花木，不应采用剪刀剪切，而是用手把它折断，这样花梗不致受到压力，其导管能保持正常，瓶插时容易吸收水分。

切花采收时应轻拿轻放，尽量减少机械损伤。如有条件，采收后的切花，可将基部插入装有保鲜液的容器中，避免日晒、风吹造成切花衰老而失去观赏价值。一品红、橡皮树、银边翠和猩猩草等的切口处会流出乳状汁液，并在切口凝固，影响水分吸收，解决这一问题的方法是在每次剪截花茎时，立即把茎端插入85~90℃水中浸烫数秒钟。

12.3.2　切花材料的处理

切花材料剪取之后，要根据它们的各种特性，分别给予如下处理：

1）水下剪切

水下剪切是保证鲜切花维持水分的一种方法。人们平时插花，往往是把花卉修剪后直接插入容器中，然后倒入水。其实当花卉被剪断时，空气早已随着吸水动力进入花茎的导管内，花枝的水线断离，妨碍了花卉的正常吸水。正确方法应该是在采集花卉时，将花枝稍留长一些，及时把花枝放入水中再剪去3~6 cm。如果是从市场上购买来的切花，要视具体情况予以处理：若是植物失水，应结合深水醒花处理，加以水中剪切；若是微生物作用破坏了花茎，则要去除烂腐的茎叶，并做水中剪切。在水中加入适量食盐或防腐剂，对花茎做消毒灭菌处理效果会更好。此法除不可用于乳汁及多浆的花卉外，其他花枝均可采用。

当花枝在水中浸过后提起时，会发现在花枝基部有一颗小水珠存在，这一颗水珠能够维持花枝一定时间的水分需求，虽然短暂，却足以满足制作插花所需的工作时间。这颗水珠保证了花枝插入花器后与水的不间断融合。

2）扩大切口吸水面积

扩大花枝切口吸收水分的面积，有利于水分的供输。扩大吸水面的方法有三种：比较常用的方法是在插花剪枝时，将花枝基部切成斜面；第二种方法是用刀或剪刀将花梗基部剖开，使之呈一字、十字、井字等形，并嵌入木片或石子，撑开裂口；第三种方法是用锤子将花枝末端（约3 cm）敲碎。因木本切花茎质坚硬，不宜吸水，用第三种方法处理效果更佳，如桃花、丁香、玉兰、海棠花等都可采用此法。

3）烧灼或浸烫切口

许多花卉是多浆多汁的，如橡皮树、一品红等，当剪断其枝叶后，切口处会有浆汁流出。浆汁流出过多会造成花枝萎谢，阻止浆汁流失的办法通常是采用火烧和热水浸烫。木本植物和枝干质地较硬的植物施以烧灼法较为合适，如月季、丁香、菊花、芍药、一品红等；草本植物和枝干质地较嫩的植物采用浸烫法处理较为合适，如菊花、晚香玉、香石竹、唐菖蒲、芍药等。

①烧灼法。将花茎的切口放在火焰上烧灼，待切口白色液体烧至呈半透明胶状，不再有浆汁外流时即可。但花梗不能烧焦。经烧灼处理后的花枝要及时放入冷水中保养。象牙红、大丽花、紫藤、芍药、牡丹等枝梗内含有大量液汁，一旦剪取花枝，植物体内的乳汁就会从切口处流出来，从而把切口的导管堵塞，妨碍水分的吸收，使花枝得不到应有的水分供给，造成花朵过早凋谢，为了延长花期，可采用烧灼法。

②浸烫法。把花茎切口插入 80 ℃以上的热水中 1~2 分钟后取出,移至花器中水养。这种处理方法要观察枝梗切口处流汁的情况变化,以流汁凝结为度。浸烫可破坏花梗部分的组织,防止养分倒流,适合草本插花的处理。

烧灼和浸烫法能够促进植物伤口的收敛,也能对伤口起消毒杀菌作用。但在处理时只需留出花枝要处理的部分,其余用纸或其他包装材料包裹起来以防损伤。

4)深水醒花

深水醒花又称深水急救法。鲜花如果水分不足,出现垂头萎蔫或脱水干枯现象,可将花梗末端放在水中剪去少许,再把花枝全部浸在清水里。对于花瓣娇嫩的花朵,要让花头露出水面,利用水的压力促进花枝吸收水分。花枝浸水约 2 小时后,花朵就会慢慢抬起头来,枝叶重新变得鲜艳挺拔。如果采用温水处理,效果则更为明显。

深水醒花对草本和木本花卉都适宜。一般而言,木本花卉的醒花时间较长,恢复的比例较低;草本花卉的醒花时间较短,恢复的比例较高;单枝上少花的恢复比例大于多花的。

5)注水处理

在花茎内做注水处理,是一种辅助切花吸水的方法。有些切花的茎中空或疏松,如荷花、马蹄莲等,插花时容易出现垂头萎蔫的症状。这些植物剪切后的吸水能力较弱,单纯依靠茎秆末端吸收水分满足不了需要。可以将花茎倒过来,在茎内注满水,并用棉球将其孔塞住,就能起到一定的保水作用。对花茎细弱的切花和注水有困难的切花,可用专门的注水工具将水或药液注入花茎。

注水处理使花茎的水分充盈,此时不必担心水分外泄,因为将花枝竖立插入盛水的花器后,受压力制约,花茎中的水不会过多地外流。

6)喷洒高分子膜

切花从母株剪下后,为减少蒸腾作用,可及时对切花整体喷洒易形成高分子膜的成膜剂(醇、蜡),以封闭部分气孔,延长切花寿命。

12.4 切花保鲜

切花保鲜技术运用在包括切花采收后的预处理、分级、包装、贮存、运输、上架、出售和售后瓶插水养一系列过程中,它是为了保证切花品质、延缓衰败和延长切花寿命所采取的各种措施。切花保鲜主要针对鲜切花。其中鲜切花采收后的预处理技术在上一节有详细介绍。

分级包装技术的机械化、标准化,各种花卉保鲜剂的广泛应用,切花迅速预冷技术的发展,新的贮存、运输方式以及贮存和运输条件的精确控制,蕾期采收和催开技术的发展,管理流通中冷链的建立与更广泛的覆盖,等等,都带来切花保鲜技术的突出进步。

12.4.1　切花运输保鲜

鲜切花的运输过程的保鲜一直是个难题。随着国际切花市场的扩大,许多国家都致力于运输保鲜的研究。切花的运输保鲜,主要有以下三个方面:

①提高运输效率,缩短运输时间,充分利用现代化的交通工具,以最短的时间把花送到用户手中。

②改进包装。较理想的包装是采用盒装,最好是在硬纸盒内加一层塑料薄膜,并将切花固定和分层排列,减少挤压造成的损坏。

③使用保鲜液。有些国家的切花分为三期保鲜,即分为贮藏、运输和插花使用三个过程进行保鲜处理。运输保鲜主要是在运输前做保鲜液浸泡处理,有些名贵的花卉要用塑料管灌满保鲜液套在切花茎基切口处以保证切花运输过程的保鲜需要。

12.4.2　切花保鲜技术

1)机械保鲜

机械保鲜是指运用外部的强制手段维持切花形状,达到延长切花观赏期的目的。

如香石竹枝挺花艳,唯独花苞易开裂,影响了插花观赏。可以取一根细铅丝对花苞作环状固定,该环状装置称为花箍或花托。又如对月季花等,操作方法可以是:先将花托上的花萼向上推,然后将一根细铅丝从每一片萼片中央插入,铅丝穿过花萼与花瓣,扎入厚实的子房,如此重复,在每个萼片上都插入金属丝,便能固定住所有花瓣。月季花做了防腐保鲜后其花朵最佳开放的时间仍然只有 2~3 天,而配合运用机械保鲜的办法则能更大地延长花期。

一些花瓣容易脱落的花卉,如郁金香、睡莲和月季等,还可以在盛开的花朵的芯蕊和花瓣基部滴入甘油或熔化的烛液。甘油和烛液具有黏着力,能起到固定花蕊和花瓣的作用。

2)物理保鲜

切花的物理保鲜技术手段主要有低温、减压、气体调节、辐射处理、负离子和臭氧处理等。

(1)低温冷藏

冷藏法是把切花放置在低温环境条件下以达到延长切花寿命的保鲜方法,它包括预冷与保冷。其中预冷是指切花在进入冷库贮藏之前需要进行的预冷,该环节使植物材料冷却到规定温度范围,尽快去除田间热,降低呼吸强度和速率,减少水分蒸发。保冷可通过冷库(制冷集装箱)、蓄冷剂、隔热材料来实现。冷藏温度视各种植物的具体情况控制,热带切花,如兰花不能低于 10 ℃,亚热带切花,如唐菖蒲、茉莉等以 2~8 ℃为宜。

(2)低压贮藏

低压贮藏可促进植物体内气体(乙烯)向外扩散,降低呼吸与代谢。压力一般为 5.3~8.0 kPa。真空冷却月季、香石竹、郁金香等,应对长途运输,保鲜效果良好。

（3）气体调节

在不干扰植物组织正常呼吸代谢的前提下,增加 CO_2 浓度(控制在 0.35%～10%)、减少 O_2 浓度(控制在 0.5%～1%),可减少切花呼吸强度,从而减缓组织中营养物质消耗,并抑制乙烯产生及其作用,使得代谢减慢。一种方法是用聚乙烯塑料薄膜套住花,控制 O_2 进入,让其自发调节。另一种方法是用人工气调,即在包花的塑料套内充进 N_2 或 CO_2 气体取代 O_2,若能结合保鲜剂使用效果会更好。另外,将切花密封在特制的聚乙烯袋内,在袋上开有一定数量的通气孔,上面粘合一层用聚环丙硅烷和聚有机硅氧烷胶制成的通气控制膜,通过气孔有限制地向袋内扩散 O_2 和向外排放 CO_2,从而控制切花的呼吸。

（4）辐射处理

辐射处理是用一定剂量的 ^{60}Co 或 ^{137}Cs 射线辐射切花,通过改变其生理活性(射线穿过活的有机体时,会使其中的水和其他物质电离,生成游离基或离子)从而抑制机体的新陈代谢过程,同时还可抑制病原微生物的生长活动进而抑制由此引发的腐败。

（5）负离子和 O_3 处理

对于植物体的生理活动,正离子有促进作用,负离子有抑制作用。在切花贮藏保鲜方面,也可用负离子空气处理。将发生器放置在保鲜室内,或借风扇将负离子和 O_3 吹向切花产品,使之接受离子淋沐。

3）化学保鲜

在切花采后处理的各个环节,如从栽培者、批发商、零售商到消费者,通常利用保护性化学药剂来调节切花的生理代谢水平,减缓切花体内的生理障碍,达到保持切花良好的采后品质,延缓衰老之效。许多切花经过保鲜剂处理后,可延长货架寿命 2～3 倍。从 20 世纪 50 年代以来,国外的研究者在切花保鲜方面进行了许多研究,筛选出了大量的切花保鲜剂,有些已进行商品化生产。

（1）保鲜剂的种类

根据保鲜剂使用的时间、方法和目的,可将其分为以下三类。

①预处液。预处液是在切花采收、分级以后,贮藏运输或瓶插以前进行预处理所用的保鲜液,其主要目的是促进萎蔫的切花吸水,恢复鲜活状态,补充营养物质以备后期的消耗,降低运输、贮藏过程中乙烯对切花的伤害和灭菌作用。为达到这些目的,常用以下方法进行预处理。

a.吸水处理。切花采后会出现不同程度的失水萎蔫,用水分饱和方法使略有萎蔫的切花恢复细胞膨压,称吸水处理。用符合保鲜的水配制含有杀菌剂和柠檬酸(但不加糖)的溶液,pH 值为 4.5～5.0,加入适量的吐温 20(0.1%～0.5%),装入塑料容器中,加热至 35～40 ℃,将切花茎浸入溶液中呈斜面剪截,溶液深 10～15 cm,浸泡切花茎基部几小时,再将溶液和切花一同移至冷室中过夜,失水即可纠正。对于萎蔫较重的切花,可先将整个切花淹没在溶液中浸泡 1 小时,然后再进行上述步骤处理。对于具有木质花茎的切花,如菊花、非洲菊、紫丁香等,可将花茎末端在 80～90 ℃热水中烫几秒钟,再放入冷水中浸泡,有利于细胞膨压的恢复。

b.脉冲处理。脉冲处理是在切花储运前,将花茎下部置于含有较高浓度的糖和杀菌剂等溶液中浸几小时至几十小时。脉冲处理的目的是为切花补充糖分,以延长切花的整个货架寿命,同时能促进切花花蕾开放,花瓣大、花色更佳。脉冲处理对唐菖蒲、多种香石竹、菊花、月季、丝石竹、鹤望兰等大多数切花都有显著效果。因此,脉冲处理是切花采后处理的一个重要环节,对

于计划进行长期贮藏或远距离运输的切花具有更重要的作用。脉冲处理可分为常规处理和STS 处理。

●常规脉冲处理。常规脉冲处理主要成分是高浓度的糖,高出瓶插保持液糖含量的数倍,在短时间内给切花提供足够的能源物质。不同种类切花脉冲处理的糖浓度也有所不同,如月季、菊花等用2%～5%的糖,香石竹、丝石竹、鹤兰等用10%的糖,而唐菖蒲、非洲菊等需要20%的糖。

脉冲液处理时间和脉冲时的温度和光照条件对脉冲效果影响很大。如果脉冲液浓度过高,处理时间过长,处理时温度过高,均会导致花朵和叶片的伤害,因此应严格控制条件。脉冲处理的时间、温度和蔗糖浓度之间有相互作用,若脉冲时间短些,温度高些,那么蔗糖浓度宜高些。

●STS 脉冲处理。硫代硫酸银(STS)对切花进行脉冲处理,可有效地抑制切花中乙烯的产生和作用。尤其是一些对乙烯敏感的切花,如香石竹、金鱼草、百合、六出花等效果最好。国际上一些花卉拍卖行(西欧所有的花卉拍卖行)要求上市的香石竹、六出花等切花必须预先用 STS脉冲处理,以延长其货架寿命。在荷兰,规定香石竹等售前必须进行 STS 脉冲处理。

STS 脉冲处理方法:先配制好 STS 溶液(银浓度范围为0.2～4 mmol/L),将切花茎端浸入,在20 ℃条件下处理20 min。也可根据切花种类品种和某些需要,调整 STS 脉冲处理时间的长短。如切花准备长期贮藏或远距离运输,STS 溶液中应加糖。

c.茎端浸渗。茎端浸渗又称茎基消毒。为了防止切花茎端导管被微生物生长或茎自身腐烂引起阻塞而吸水困难,可把茎末端浸在1 000 mg/L 硝酸银溶液中5～10 min,这一处理通常在糖分补充之后进行,可延长紫菀、非洲菊、香石竹、唐菖蒲、菊花和金鱼草等切花的采后寿命。硝酸银在茎中移动距离很短,处理后的切花不再剪截。进行茎端浸渗处理后,可马上进行糖液脉冲处理,也可数天后处理。

②催花液。催花液是用于促使花蕾期采收的切花开放的保鲜液。蕾期采收的切花,需要经催花液处理才能开花。目前,花蕾期采收的切花有月季、微型和标准的香石竹、菊花、唐菖蒲、丝石竹、非洲菊、鹤望兰、金鱼草等,今后会越来越多。切花花蕾的继续发育需要外源营养的补充。

催花液的主要成分有3%～10%的蔗糖、200 mg/L 的杀菌剂、75～100 mg/L 的有机酸。由于催花所需的时间长(通常需几天的时间),所用的糖浓度比预处液的糖分低,而比瓶插液的糖分高。催花过程应有较高的室温(20～25 ℃),较高的相对湿度(80%以上)及充足的光照(1 000 lx以上)。较高的相对湿度可防止催花过程中叶片及花朵水分的过分丢失。催花室中应进行消毒,以防微生物在高温、高湿条件下对切花的侵染。催花室也应有适当的空气流通,既可减少乙烯的危害,也可减少微生物繁殖。

③瓶插保鲜液。瓶插保鲜液又称保持液,是切花在瓶插观赏期所用的保鲜液。其主要功能是提供糖分和提供防止导管堵塞的杀菌剂,还可起到酸化溶液、抑制细菌滋生,防止切花萎蔫的作用。瓶插保鲜液含有糖、杀菌剂和有机酸,所含糖分低于催花液,一般为0.5%～2.0%。瓶插液的化学成分最为繁多,不同种类的切花常用不同的瓶插液,即使同种类不同品种的切花,瓶插液也可能会有区别。如果切花的茎基有分泌物,可先放于水中几小时,除去分泌物,然后再转入瓶插液中。

由于一些切花茎基部和部分叶片浸在保鲜液中会分泌出有害物质,伤害自身和同一瓶中的其他切花。因此,每隔一段时间,应调换新鲜的瓶插液。

在切花生产应用中,一般应三剂配套,有时也有将预处理液和催花液合二为一的。在实际

应用中,常将贮藏方法、切取技术与保鲜剂配合使用,形成系列配套保鲜技术,达到最佳效果。

(2)保鲜剂的成分及其作用

保鲜剂的成分常因切花种类不同而有较大差异。国内外花卉市场上有多种通用型保鲜剂,如 Chrystal、Florever、Everbloom 等和在此基础上研制的特用型保鲜剂,如 Tulip-Chrystal、Camation-Chrvstal、Chrystal-AVB、Florissant-100 等。从其成分来看,大部分商业性保鲜剂都是由水、碳水化合物、杀菌剂、乙烯抑制剂和拮抗剂、无机盐、有机酸、植物生长调节物质等组成。

①水。水是切花保鲜剂中最重要也是最基本的成分。水质对切花的影响主要取决于水的含盐量、特殊离子的存在和溶液酸碱度及其相互作用。自来水对切花保鲜是不利的,它易与保鲜剂中的其他有效成分发生沉淀反应,削弱保鲜物质的作用和引起溶液混浊。使用蒸馏水或去离子水可以延长切花的采后寿命。因为去离子水不含污染物,保鲜剂中的化学成分不会与污染物发生反应而产生沉淀,有利于完全溶解保鲜剂中各种化学成分,且保鲜剂活性较稳定。如果没有去离子水,也可用自来水,但使用前应煮沸,冷却后把沉淀物过滤掉。

水的 pH 值最好为 3~4,可以抑制微生物繁殖。

②糖。蔗糖是切花保鲜剂中使用最广泛的碳水化合物之一。在一些配方中还采用葡萄糖、果糖或海藻糖。糖被花枝吸收后先在叶片积累,后转运到花冠。糖对切花有多种效应,它能提供切花呼吸基质,补充能量,改善切花营养状况,促进生命活动,保护细胞中线粒体结构和功能;调节蒸腾作用和细胞渗透压,促进水分平衡,增加水分吸入;保持生物膜的完整性,并维持和改善植株体内激素的含量;另外,有人发现糖能抑制康乃馨花瓣中乙烯形成酶的活性。

一般来说,保鲜液处理时间越长,糖浓度越低。在瓶插液、催花液、脉冲液中,蔗糖浓度依次为 0.5%~2%、2%~10%、10%~20%。糖浓度过高时叶片和花瓣易受损伤,表现为边缘焦化等症状,其中叶片更敏感,因为叶细胞渗透压调节能力差。

不同种类或不同品种切花的保鲜液中糖浓度差别很大。如花蕾开放时保鲜液中最适糖浓度如下:香石竹、鹤望兰和丝石竹为 10%,唐菖蒲和大丁草为 20%,菊花和月季为 2%。

③杀菌剂。采后的切花插于水中,细菌、酵母和霉菌等微生物易大量繁殖,从而阻塞花茎导管,影响切花吸收水分,并产生乙烯和其他有毒物质而加速切花衰老,缩短切花寿命。在切花保鲜剂中添加杀菌剂就是为了控制微生物生长繁衍,降低微生物对切花的危害作用。杀菌剂的种类很多,各种切花保鲜剂配方中一般至少含有一种杀菌剂。虽然已有多种杀菌剂用于切花保鲜液中,但目前应用最广泛的仍是银盐与 8-羟基喹啉盐。

a.银盐。硝酸银与醋酸银是常用的银盐杀菌剂,低浓度 10~50 mg/L 硝酸银或醋酸银(以前者为主)用于瓶插液中,高浓度 1 000~1 500 mg/L 用于储运前茎端浸渗 5~10 min。

b.8-羟基喹啉盐。通常用的是 8-羟基喹啉柠檬酸盐(简写作 8-HQC)或 8-羟基喹啉硫酸盐(简写作 8-HQS),它们都属于广谱杀菌剂,通常使用的浓度为 200~300 mg/L。

c.其他。硫代硫酸银(STS)、硫酸铝、硫酸铜、醋酸锌、硝酸铝、缓释氯化合物、季铵盐(QAS)、次氯酸钠、噻苯达唑(TBZ)、特克多、二氯苯酚等常用于切花保鲜液中。

④乙烯作用拮抗剂与乙烯形成抑制剂。切花在衰老过程中,由植物呼吸作用所产生的乙烯量也急剧增大,释放出的乙烯会促使切花的凋谢。因此,控制乙烯的产生是控制许多切花衰老的关键。目前,普遍使用的乙烯抑制剂和拮抗剂有硝酸银、硫代硫酸银(STS)、氨氧乙酸(AOA)、氨基乙氧基乙烯基甘氨酸(AVG)、顺式丙烯基磷酸(PPOH)、乙醇、二硝基苯酚(DNP)等,它们可以抑制乙烯的产生或干扰乙烯的发生。

⑤植物生长调节剂。切花的衰老同其他生命过程一样,是通过激素平衡控制的。在切花保鲜剂中人为地添加一些植物生长调节物质,能延缓切花的衰老并改善切花的品质。这些生长调节物质可单独使用,也可与其他成分混用。目前,在切花保鲜上应用较广的生长调节物质主要有激动素(KT)、6-苄基腺嘌呤(6-BA)、异戊烯基腺苷(IPA)、萘乙酸(NAA)、赤霉素(GA)、2,4-D、脱落酸(ABA)、矮壮素(CCC)、比久(B_9)、青鲜素(MH)及多胺、油菜素内酯(一种甾醇类激素)、三十烷醇等物质。

⑥有机酸。很多切花保鲜剂中含有有机酸,能降低保鲜液的酸碱度,抑制微生物滋生,阻止花茎维管束的堵塞,促进花枝吸水。目前,常用于切花保鲜液中的有机酸及其盐主要有柠檬酸及其盐、苯酚、山梨酸、水杨酸、乙酰水杨酸(阿司匹林)、苯甲酸、异抗坏血酸、酒石酸及其钠盐、一些长链脂肪酸(如硬脂酸)和植酸等。

⑦盐类化合物。一些盐类,如钾盐、钙盐、镍盐、铜盐、锌盐和硼盐等常用于切花保鲜剂中,这些无机盐能增加溶液的渗透压和切花花瓣细胞的膨压,有利于保持切花的水分平衡,延缓切花的衰老过程。不同的盐类保鲜剂对不同切花的效果会有差别。如0.1%的硝酸钙溶液可延长球根类切花的寿命,钙盐和钾盐混合可阻止康乃馨花茎变软及弯颈现象发生,硫酸铝常被用于月季、唐菖蒲等切花的保鲜液中,铝盐能促使气孔关闭,降低蒸腾作用,从而有利于维持水分的平衡。

⑧表面活性剂。表面活性剂可降低花材表面张力,促进吸水,延长切花的观赏效果。阴离子型的高级醇类和非离子型的聚氧乙烯月桂醚最为有效。另外,吐温20、中性洗衣粉等也常使用。

某一成分对一种切花有益,对另一种切花可能完全无效,因此,并不是任何一种保鲜液都必须含有以上这些成分。保鲜液最基本的成分应包含水、糖和杀菌剂。此外,根据不同切花再适当加入1~2种其他成分即可。

(3)保鲜剂的配方

①几种常用保鲜剂:

a.康奈尔配方:5%蔗糖+200 mg/L 8-HQS+50 mg/L 醋酸银。

b.渥太华配方:4%蔗糖+50 mg/L 8-HQS+100 mg/L 异抗坏血酸。

c.华盛顿配方:4%蔗糖+400 mg/L 8-HQC+300 mg/L 二甲胺丁酰乙酸。

d.以色列溶液:10%蔗糖+300 mg/L 噻苯达唑。

②几种简易保鲜剂:

a.在1 L水中加入20 mL酒精、20 g糖,此溶液每2天换一次。

b.在1 L水中加入20~40 g蔗糖、150~200 mg硼酸(也可用柠檬酸或水杨酸)、100 mg维生素C,另加少许食盐,此溶液每3~4天换一次。

c.在1 L水中加入1片碾成粉末的阿司匹林和2片维生素C。

d.在1 L水中加入0.1~0.5 g明矾(如钾明矾、铵明矾)。

e.在1 L水中加入0.25 g高锰酸钾,配成浅红色溶液。

f.在1 L水中加入20~50 mL的洗洁精。用此溶液不仅用于瓶插,还可喷雾于叶片及花瓣表面,形成一层很薄的膜,减少蒸腾作用,此法对一、二年生草花效果更好。

4）基因工程技术对切花衰老的调控

（1）与衰老有关基因表达的抑制

美国科学家已分离获得与康乃馨切花衰老有关的编码——乙烯形成酶和氨基环丙烷羧酸合成酶基因的互补 DNA，利用反义 RNA 导入技术，这些互补 DNA 的反义 RNA 能有效地阻碍内源乙烯的生物合成，从而有效地延缓花瓣衰老。在 ACC 氧化酶的反义 RNA 突变株上，跃变期乙烯产量降低了 90%，这种花瓣的卷曲被抑制，延长了采后生命。

（2）ACC 的降解

已知 ACC 是乙烯合成途径的直接前体物，因此 ACC 的分解必将导致乙烯合成的抑制，可以通过几种途径取得。植物中，假单胞菌 ACC 脱氨酶基因的表达，可以调节 ACC 水平。ACC 在 ACC 脱氨酶催化下被代谢成为 a-丁酮酸。ACC 丙二酰转移酶可催化 ACC 形成 MACC，它可以影响组织中 ACC 的水平。

（3）乙烯敏感性的修饰

康乃馨花瓣对外源乙烯极其敏感，因此，乙烯反应的遗传修饰优于乙烯合成的改变，如野生型拟南芥导入拟南芥显性 etr-1-1 基因，完全使之对乙烯作用不敏感。这种变化类似 etr-1-1 显性基因导入康乃馨花中的情况，有人指出这也许是延长切花寿命的最有吸引力的新途径。

5）插花的养护

插花养护是延长切花寿命的重要手段，如果养护得法，可以较长地延长插花的观赏时间。

①切花插入瓶中前，要及时清理修剪，删去与造型无关的枝叶和枯花，减少不必要的负担，降低花枝本身的能耗。瓶插及换水时，应剪去下部叶片及 2 cm 左右的茎基，使切口保持新鲜，避免叶片腐烂，使切花有良好的吸水能力。

②插花所用的花瓶应洁净，瓶口要经常清洗，这是保持水质洁净的一个方面。花器里的水，以装到七至八成满为度，大肚小口的花器可以把水加到花器里水面与空气接触面最宽的位置。

③插花或用水养，或用保鲜液。水养，在夏天应每隔一日换一次清水，冬天可稍长一些时间换一次清水。如果是保鲜液，可连放数日，再换新的保鲜液。如保鲜液减少，可补充一点清水。瓶内保鲜液的多少，以淹没花枝下部 3~5 cm 为宜。

④合理用水。瓶花用水以雨水为佳，河水、塘水亦可，但浑浊者须澄清方可使用。唯井水碱性大，不宜养花，切勿使用。自来水中因含有氯气，须在缸内贮放数日，待氯气挥发后使用，也可将自来水煮一下，一是杀死微生物，二是可以去除一些无机盐，尤其是大量的钙盐。

⑤合适的摆放位置。插花摆放位置要考虑室内美观和布局合理，同时注意环境对切花的影响。外界空气过于干热会导致切花的呼吸加速进行，水分蒸发量提高，造成切花自身营养储备过快消耗。如果在这种环境中插花，最好经常给鲜花喷些水，以增加空气湿度。插花应避开日晒，远离水果。因为日晒会促使花凋萎，水果尤其是香蕉、苹果成熟时释放乙烯较多，对切花有害。

12.5 常用切花的保鲜方法

切花的品种不同,处理方法也不相同。有些花卉只要一两种保鲜处理即可,有些花卉却需要用多种方法综合处理。在具体应用时,应对症下药,寻找各种花卉所适用的保鲜处理方法。以下介绍部分切花的保鲜处理方法,以供参考。

12.5.1 菊花

经采收的菊花若不急于销售,可先用柔软的塑料包裹后贮藏。菊花切花贮藏的适宜温度为 0~4 ℃,相对湿度为 85%~90%,在 -5 ℃下可干贮 6~8 周,然后切去茎基部 1 cm,在 4~8 ℃下将花枝浸入 38 ℃水中让其恢复生机,在 2~3 ℃下可再贮存 3 周。

在蕾期采收的菊花切花,在开花液中插入 5~10 cm,1~3 ℃下可贮存 2 周。菊花切花作长途运输(3~5 d)时,应将温度保持在 2~4 ℃。对于运输后轻微萎蔫的切花,可将其浸入热水中恢复。菊花切花的开花液可用 2%~5%蔗糖+200 mg/L 8-HQC 或 25 mg/L 硝酸银+75 mg/L 柠檬酸配制而成。催花的条件可维持在 18~20 ℃,空气的相对湿度为 60%~80%,光照度为 1 000 lx。

菊花瓶插前可做水切或浸烫处理,去除浸于水中的杂质,可加入少量乙酰水杨酸。

12.5.2 月季

月季切花最适贮藏温度为 1~3 ℃,相对湿度为 90%~95%,最好是插入水中或保鲜液中进行湿藏,也可先把花茎基部插入含有 1%~3%蔗糖、100~200 mg/L 8-HQS 及硫酸铝、柠檬酸或硝酸银溶液 3~4 h 后再取出贮藏。若远途运输,需经包裹后装箱或用专门容器装运。干贮的月季切花在运输前应再切除花枝基部 1 cm 左右,并插入含有蔗糖的杀菌液中处理 4~6 h。

蕾期采收的花蕾催花可于采收后置于 500 mg/L 柠檬酸溶液中,在 0~1 ℃冷藏条件下过夜。然后把花蕾置于催花液中,在温度 23~25 ℃、相对湿度 80%和 1 000~3 000 lx 连续光照下处理 6~7 天,花蕾可达到能出售的发育阶段。

瓶插月季切花的保鲜液常用康乃尔配方液,月季瓶插前可用水切、铅丝穿刺固定花瓣等处理措施。

12.5.3 康乃馨

康乃馨切花采收后,若暂不出售,可先除去花茎下部 2~3 对叶,每 20 支捆成 1 束,更新切口,立即插入保鲜剂中进行采后处理,之后置于 1~2 ℃冷藏室预冷,再用薄膜包裹贮藏。贮藏条件为 0 ℃,相对湿度为 90%~95%,一般可贮藏 3~4 周。为确保切花质量,最好在蕾期采收,于 0 ℃低温下贮藏,然后作催花处理。催花液常用 70 g/L 蔗糖+200 mg/L 8-HQC +25 mg/L 硝酸银或 5%蔗糖+200 mg/L 8-HQC +20~50 mg/L 6-苄基腺嘌呤。催花的最佳环境条件:光照

1 000~4 000 lx,时间 16~24 h,温度 22~25 ℃,空气湿度 40%~70%。

康乃馨瓶插前宜水切,用清水养,经常换水,可在水中加入少量硼酸和蔗糖。

12.5.4　唐菖蒲

唐菖蒲切花采收后可先让其吸透水,按一定数目扎成束,再吸去切花表面的水分。每束花最好都用聚乙烯薄膜包裹以防压伤或失水,然后置于 3~5 ℃的冷库中冷藏。唐菖蒲切花的向地性很强,应使其保持直立状态运输或立放在有杀菌剂的容器中。切花在储运前若用以蔗糖为主的预处理液处理,然后再装箱贮藏,切花的开花品质将大大提高。

瓶插唐菖蒲切花的保鲜可于 1 000 mg/L 硝酸银预处理 10 min 后再瓶插,也可直接插入 4%蔗糖+300 mg/L 8-HQC、4%蔗糖+150 mg/L 硼酸+100 mg/L 氯化钴或 50%蔗糖+50 mg/L 硝酸银+300 mg/L 8-HQS+适量酸化剂等瓶插液中。

12.5.5　非洲菊

非洲菊不能缺水,其花梗全靠水来支撑。夏季运输时,非洲菊要插在水中运输或在 4~5 ℃下包装于保湿箱中干运。非洲菊切花湿贮于水中,4 ℃下可保存 4~7 天。而在 50 mg/L 硝酸银+200 mg/L 8-HQC +30 g/L 蔗糖的混合液中可贮藏 2 周左右。贮前,切花应喷布或浸沾杀菌剂,防止灰霉病的发生;贮后,切花应再剪截,置于新配制的保鲜液中。

非洲菊切花瓶插前可用 1 000 mg/L 硝酸银或 60 mg/L 次氯酸钠预处理 10 min,也可用 7%蔗糖+200 mg/L 8-HQC +25 mg/L 硝酸银溶液作预处液。若将非洲菊切花插入 20 mg/L 硝酸银+150 mg/L 柠檬酸+50 mg/L 磷酸二氢钾等瓶插液中,可进一步延长瓶插寿命。非洲菊瓶插前可在酒精中浸片刻,也可在花柄中穿入金属丝,作机械保鲜处理。

12.5.6　百合

百合在第一朵花蕾出现花色或花蕾膨胀而呈乳白色时即可采收。储运前用含 0.65 g/L STS 溶液和 1 g/L 赤霉素(赤霉酸)的保鲜液浸渍,也可用 0.2 mmol/L STS(杀菌剂)溶液+10%蔗糖液脉冲处理 24 h,切花的瓶插寿命将大大延长。另外,还可直接将切花插于 30 g/L 蔗糖+200 mg/L 8-HQC 等保鲜液中。瓶插前可水切或浸烫切口。

12.5.7　满天星

满天星一般在花开六七成时采收,采收的切花湿贮于水或保鲜液中,在 4 ℃下可贮存 1~3 周,保鲜液可采用 200 mg/L 8-HQC+20 g/L 蔗糖的混合液。切花若是蕾期采收的,可用 10%蔗糖+200 mg/L STS 溶液处理以促花开放。瓶插满天星切花的保鲜可用 5%~10%蔗糖+25 mg/L 硝酸银预处理后再瓶插或直接插于 2%蔗糖+200 mg/L 8-HQC 的瓶插液中。

12.5.8　火鹤

火鹤一般在花序茎部的小花已出现、花茎已充分硬化时采收。采收后将花茎基部浸在水中,出售前用纸包扎上市。运输之前应在室温下用 170 mg/L 的硝酸银水溶液中处理 10 min,为防止机械损伤,可在包装箱内放置插入物以阻止切花移动,花头应包纸或膜加以保护,也可把切花茎端插入盛水小瓶中湿运,火鹤花在 13 ℃下湿贮于水中,贮期约 2~4 周。切花瓶插前可用 4 mmol/L 硝酸银预处理 20 min,或直接插于 4% 蔗糖+50 mg/L 硝酸银+0.05 mol/L 磷酸二氢钾等瓶插液中。

12.5.9　郁金香

郁金香一般在花蕾充分着色时采收,待其充分吸水后即可包装上市。需储运的切花,则待其稍许凋萎后再包装于保湿箱内于 1 ℃下干运。注意切花宜垂直放置,包装应松散一些。切花可干贮于 0~2 ℃下,花茎应紧密包裹,水平放置。如湿贮于水中,应再剪截花茎基部,将其插于蒸馏水中。

为减缓花茎向光弯曲,可于瓶插时在水中加入 25 mg/L 吡啶醇或用 50~100 mg/L 吡啶醇溶液喷布切花。瓶插保鲜可直接插于 10 mg/L 杀藻铵+2.5% 蔗糖+10 mg/L 碳酸钙或 5% 蔗糖+300 mg/L 8-HQS+50 mg/L 矮壮素等瓶插液中。郁金香瓶插前可水切,花蕊中可滴入甘油或蜡液,花茎可做注水处理。

12.5.10　紫罗兰

紫罗兰在花序上有 1/2 的花朵开放时采收,采收时应避免日晒。温室栽培的可于傍晚从茎基部切取,重瓣 10 支 1 束,单瓣 20 支 1 束,使其充分吸水,然后全部用纸包装上市。紫罗兰冷藏过久会丧失香味,切花最好在水中或保鲜液中运输,并注意保持垂直状态。紫罗兰切花湿贮于水中或保鲜液中,于 4 ℃下可贮藏 3~5 天,冷藏过久易丧失香味。为避免花茎伸长,切花最好贮于黑暗中。

紫罗兰瓶插前可热蜡处理片刻,用 1 mmol/L STS 预处理 0.5 h 后,置于 2% 蔗糖+300 mg/L 8-HQC 中瓶插,效果较好。

12.5.11　喇叭水仙

喇叭水仙一般在花开前 2~3 天采收,采收后分级,每 10 支 1 束包装上市。切花可装入聚乙烯袋中,在 0~4 ℃下干贮,也可在水中湿贮。应注意须垂直放置,以防重力引起花茎弯曲。运输时,可将切花包装于保湿箱内,于 1 ℃下干运。

切花可直接插于 30~70 g/L 蔗糖+30~60 mg/L 银盐或 60 g/L 蔗糖+250 mg/L 8-HQC+70 mg/L 矮壮素+50 mg/L 硝酸银等瓶插液中保鲜。家庭可养在 0.1% 的淡盐水中。

由于喇叭水仙花序切口分泌出的黏液可伤害月季、康乃馨、小苍兰和郁金香等切花,故一般不宜将这些切花与喇叭水仙切花混插。

12.5.12　牡丹

牡丹采收适期因市场远近而异。离市场远时,宜在开花前 1~2 天采收;近时,以花蕾外瓣稍微张开时为采收适期。采收 1 h 后使其充分吸水,然后按长度分级,10 支 1 束,用玻璃纸包装后上市。若暂不出售,则可将花枝用 2~4 mmol/L STS 处理后密封于塑料袋中,常温下可保存 3 天,低温(2~3 ℃)冷藏 30 天都能正常开花。

牡丹瓶插前基部可做烧烤或浸烫处理。牡丹切花瓶插保鲜可直接插于 3% 蔗糖+200 mg/L 8-HQS+50 mg/L 氯化钴或 3% 蔗糖+200 mg/L 8-HQS+50 mg/L B$_9$ 等保鲜液中。

12.5.13　小苍兰

就近销售的小苍兰,以第一小花半开时为采收适期。远距离运输的小苍兰,则在第一小花显色时为采收适期。蕾期采收的小苍兰切花于 20% 蔗糖+200 mg/L 8-HQC +0.2 mmol/L 6-苄基腺嘌呤的预处理液中处理 24 h,然后插于重蒸馏水中,开花率将大大提高,且瓶插寿命也会延长。

小苍兰采收后,可直接插于 3% 蔗糖+200 mg/L 8-HQS+70 mg/L 矮壮素+50 mg/L 硝酸银或 5% 蔗糖+300 mg/L 8-HQC +50 mg/L 激动素等瓶插液中。

12.5.14　六出花

当六出花花序上四五朵小花开放,大部分花显色时即可采收。用于远距离运输的切花在基部花蕾膨大,即将开放时采收。如果就地销售可在开花前 1~2 天采收,用于水插,花朵都可开放。如果外运,可在开花前 4~5 天的蕾期采收,花蕾小,不易损伤花朵,但需瓶插液养,以保证花朵正常开放。采收的花枝除去下部叶片,20 支 1 束捆扎包装。花枝经 2 mmol/L STS 预处理 0.5 h,可延长开花时间。可湿贮于 4 ℃ 下 2~3 天,或干贮于 0.5~2 ℃下 1 周。

切花瓶插寿命约 10 天,但叶丛开始变黄较早。瓶插液用 2%~4% 蔗糖+300 mg/L 8-HQC。六出花对乙烯非常敏感,因此,用 STS 和其他保鲜剂可延长采后寿命,减轻叶片黄化。

12.5.15　鹤望兰

鹤望兰第一朵花即将开放或开放时可采收,喷杀菌剂后,花头用塑料薄膜或玻璃纸包好,装于包装箱内,位置固定好,以免互相挤碰造成机械损伤。外运包装箱内温度不应低于 8 ℃。鹤望兰为热带花卉,储运前在 22 ℃下用 STS+250 mg/L 8-HQC+100 g/L 蔗糖+150 mg/L 柠檬酸溶液处理 40~50 h。用纸包切花并置于有塑料薄膜衬里的箱子。冷藏温度不应低于 8℃,于包装箱内干藏,一般可贮存一个月。

鹤望兰预处液和催花液:10%蔗糖+250 mg/L 8-HQC+150 mg/L 柠檬酸。鹤望兰一般水养,可开花两三朵,花期 15 天,置于 10%蔗糖+250 mg/L 8-HQC+150 mg/L 柠檬酸的瓶插液中可得到更好的效果。

12.5.16　兰花

兰花切花以热带兰为主,石斛最为常见,其次是蝴蝶兰。花序上的小花开放 2/3~3/4 时方可采收。采后花枝茎基应立即插于水或保鲜液中。石斛兰可在 5~7 ℃下湿藏 2 周;蝴蝶兰贮藏温度为 7~10 ℃;兰属兰花耐低温,可在 1~2 ℃条件下湿藏,一般也只能冷藏 15 天。所有兰花对乙烯都敏感,运输中,包装箱内应放乙烯吸收剂。每支兰花花枝基部插于装保鲜液或装水的塑料小瓶中,或外包湿脱脂棉。每 10 支用塑料袋或玻璃纸包装。

单花采摘后,花序轴或花茎应立即置于盛有水的玻璃瓶中,并用橡胶或塑料膜覆盖。花序基部的老花寿命比上部幼花短。仲春开放的品种瓶插寿命最长。

切花插入盛水小瓶中,以 6 支、8 支或 12 支为一组包装于外附玻璃纸的盒子中。切花一到达目的地,应立即再剪截花序轴,并放置于水或保鲜液中。

催花液和瓶插液:2%蔗糖+200 mg/L 8-HQC+100 mg/L 抗坏血酸+250 mg/L 乙酰水杨酸。瘤管兰催花液:4%蔗糖+100~1 000 mg/L 乙酰水杨酸。

瓶插液:2%蔗糖+250 mg/L 8-HQC 或 1%蔗糖+50 mg/L 硝酸银+100 mg/L 柠檬酸。

12.5.17　芍药

花半开时采收,先用 0.1%的速克灵杀菌液浸 2 min,贮前在 2 ℃下插入水中 2~3 h,然后置于保湿包装箱中,直立放置相对湿度为 60%~70%。

芍药催花液:冷藏过的切花,剪去花枝基部 2~3 cm,置于温度为 20 ℃,相对湿度维持在 75%~80%的室内,每天光照 2 000 lx,16 h,再放入 2%蔗糖+200 mg/L 8-HQC+50 mg/L 硝酸银中,开花可达 100%。

芍药的瓶插液:2%蔗糖+200 mg/L 8-HQC+50 mg/L 硝酸银。芍药切口可做浸烫或烧烤处理。若能在晚上另浸于水缸里,早上重新插入花器,保鲜效果更佳。

12.5.18　其他切花

切花的种类和品种繁多,保鲜方法各异,在此不一一详述,仅将采收阶段和处理方法简述如下:

茶花:花微开时采收。在 7~22 ℃下可贮 10 天。先用 8-HQC 把整个花枝浸泡 20~30 min,以消除花枝上的病菌,脱脂棉包于花枝茎基吸足保鲜液 2%蔗糖+400 mg/L 8-HQC。茶花瓶插前可水切,家庭用清水养,在水中加少许硫黄粉或食盐。

栀子花:折处槌碎,以扩大切花的吸水面,用淡盐水养。古时有用干食盐抹于花枝切口处后用水养,这些方法能够避免花瓣发黄。如果在切花基部烧烤一下,沾酒精液后水养,也能起到保鲜作用。

柳条:浸烫处理,用清水养,或水切,用少量的蔗糖、水杨酸养。两年生枝条春季插花能生根。

枇杷:基部扩大切口,水养,也可在水中加些硫黄粉。

木芙蓉:浸烫处理,花虽一时萎靡不振,待水冷却后即可恢复原状。

桃花:花苞期采收,保鲜液用 0.5 mg/L 三十烷醇。

杜鹃:砸碎切口,加防腐剂水养。若有条件,可先把整枝花浸于水中留出花头,经 1~2 h 的处理再插花,保鲜效果更佳。

蜡梅:花蕾显色时的始花阶段采收。预处理液 5%蔗糖+15 mg/L 6-BA+100 mg/L STS+0.5%硝酸钙+VB$_2$ 或 5%蔗糖+15 mg/L 6-BA+100 mg/L 8-HQS+VB$_2$ 溶液等。瓶插液用 4%蔗糖+50 mg/L 8-HQS+10 mg/L 6-苄基腺嘌呤溶液。蜡梅瓶插前可切碎或砸碎花枝基部,家庭水养时加少量硫黄粉。

白兰花:花蕾初显色而未开放时采收。采后直接插入 2%蔗糖+140 mg/L 8-HQS+0.2 mmol/L STS 瓶插液中。

玉兰:花梗基部纵切或破碎,浸于薄荷油中 1~2 min 后,移入清水中养。

观赏竹:将竹枝基部插入热水中,待水冷却后移至清水中养。也可用热蜡处理后水养。在竹节中深水处理亦行之有效。

翠菊:花序上有 1/4 小花开放而未达 70%的程度时即可采收。采收后先用 1 000 mg/L 硝酸银预处理 10 min,然后插于以下瓶插液中:2%蔗糖+300 mg/L 8-HQC;或 2%蔗糖+25 mg/L 硝酸银+75 mg/L 柠檬酸;或 2%蔗糖+250 mg/L 8-HQC+70 mg/L 矮壮素。翠菊预处液:2%~5%蔗糖+25 mg/L 硝酸银+70 mg/L 柠檬酸 17 h。翠菊切口可做浸醋处理。

波斯菊:水切或浸烫处理,养在加入硼酸和蔗糖的水中。

鸢尾:花蕾充分显色,花瓣伸出 3~5 cm 时采收。采收后花枝下切口在 38 ℃热水中处理,运输前用 2 g/L 柠檬酸+2 g/L 蔗糖的溶液处理 12 h。温度 20 ℃,运输之后,将切花置于 40~50 ℃热水中浸 3 h。鸢尾瓶插前宜水切,用清水养,水中可略放几块炭,或用纱布包些活性炭投入水中防腐。

鸡冠花:水切或浸烫处理,用清水养,加入少量防腐药物。

美人蕉:取花时少振动,水中切取,用淡盐水养,并加入少量乙酰水杨酸。

睡莲:注水处理后水养,花蕊内可滴入甘油或蜡液。

荷花:注水处理后水养,花蕊内可滴入甘油或蜡液。

蜀葵:浸烫处理,用淡盐水养,并加入少量乙酰水杨酸。

大丽花:水切或浸烫处理,水中加维生素 C、蔗糖、柠檬酸或乙酰水杨酸。

金莲花:水切,用淡盐水养。

三色堇:切口在薄荷油内浸片刻后水养。

象牙红：切口烧灼处理，以浆汁不再外流为度，不宜过度烧灼，用清水养。

铁线蕨：叶片成熟后采收。运输时置于水中，包装于塑料薄膜或保水性箱子中，保鲜剂：硝酸银溶液 25 mg/L。

肾蕨：叶片充分成熟后于叶柄基部采切。用 20 g/L 蔗糖+50 mg/L 硝酸银+150 mg/L 维生素 C 或 20 g/L 蔗糖+50 mg/L 硝酸银+150 mg/L 维生素 C+50 mg/L 赤霉素。

百子莲：小花将开放或刚开放时采收。百子莲的花对乙烯敏感，采后应以 1～2 mmol/L STS 预处理 1 h，再用 30 mg/L 萘乙酸喷花序，可减少小花脱落。瓶插液：5%～10%蔗糖+300 mg/L 8-HQC+300 mg/L 柠檬酸。

百日草：茎顶花朵盛开时采收。瓶插液：1%蔗糖+200～300 mg/L 8-HQC 或 20 mg/L 0.08%硫酸铝+0.03%氯化钾+0.02%氯化钠+1.5%蔗糖。

晚香玉：花茎上 2～4 朵花开放时采收。采后用 50～200 mg/L 6-BA 喷施花序，这对未经贮藏或经过 4～6℃贮藏 1 周的切花可提高瓶插寿命和减少顶端小花蕾黄化。晚香玉瓶插前可水切，营养保鲜，加入少量防腐药物。单瓣品种还可以去除花穗挠顶头处理。

大丽花：花盛开或接近盛开时采收。瓶插液为 5%蔗糖+50 mg/L 硝酸银+200 mg/L 8-HQC。预处液、瓶插液：10%葡萄糖+0.2 mmol/L 硝酸银+200 mg/L 8-HQS。

马蹄莲：白色的佛焰苞充分展开时采收。瓶插液：可试用 2%蔗糖+250 mg/L 8-HQC 或 2%蔗糖+30 mg/L 硝酸银+100 mg/L 柠檬酸。马蹄莲瓶插前可水切，养在放有石炭酸或硼酸的水中，亦可注水处理。

花烛：红色的佛焰苞花序充分发育时采收。贮藏温度 13℃以上，相对湿度 90%以上，应置于保鲜液中湿藏。花烛预处液：4 mmol/L 硝酸银，20 min；瓶插液：4%蔗糖+50 mg/L 硝酸银+0.05 mmol/L 磷酸二氢钠或 2%蔗糖+200 mg/L 8-HQC。

香豌豆：第一朵花充分显色或开放时采收。以 2～4 mmol/L STS 液预处 10 min，然后以 2%蔗糖+300 mg/L 8-HQC；或 5%蔗糖+300 mg/L 8-HQC+50 mg/L 矮壮素；或 50 g/L 蔗糖+0.3 g/L 8-HQS+0.05 g/L 矮壮素处理可防花蕾脱落。

金鱼草：花序基部的花开放 1/4～1/3 时采收。含 0.2 mmol/L STS 的 4%蔗糖+300 mg/L 8-HQC 在 5～10℃下预处理 1 天，包装干藏，在 1℃下冷藏 3 周仍能保持新鲜状态。预处液：1 mmol/L STS，20 min。瓶插液：2%蔗糖+300 mg/L 8-HQC；或 4%蔗糖+50 mg/L 8-HQC+1 000 mg/L 异抗坏血酸；或 1.5%蔗糖+300 mg/L 8-HQC+10～50 mg/L 比久。

观赏葱：花序 1/2 花朵开放时采收。开花之后，切花茎再剪截，插入 pH 4.0 的保鲜液中。

兜兰属：花蕾开放后 3～4 天时采收。切花茎端插入盛水的玻璃瓶或塑料瓶中运输，鲜切花对乙烯非常敏感。

仙客来属：花朵充分开放时采收。花蕾开放液：50 g/L 蔗糖+30 mg/L 硝酸银，处理温度 20℃。仙客来预处液：150 g/L 蔗糖+30 mg/L 硝酸银，20 h。

福禄考属：花序 1/2 小开放时采收。STS 不能明显延长采后寿命。

羽扇豆属：花序 1/2 小开放时采收。切花对乙烯敏感。

罂粟属：花蕾显色时采收。火焰灼烧、浸烫切口。

思考与练习

1.影响切花品质的主要因素有哪些？怎样应用调节？

2.切花采后生理变化有何特点？凋萎的原因是什么？

3.切花采收适期受哪些因素的影响？如何适时采收切花？

4.插花材料应做哪些保鲜处理方法？结合你熟悉的切花进行分析。

5.鲜切花常用的贮藏方法有哪些？

6.切花保鲜剂分为几种？其使用方法、作用各有何异同？

7.切花保鲜液的主要成分有哪些？它们有何作用？

8.根据你对某种花的爱好,考虑怎样延长它的保鲜寿命？采取何种措施？

参考文献

[1] 阿瑛.高级插花[M].北京:中国纺织出版社,2011.

[2] 曹明君.树桩盆景实用技艺手册[M].北京:中国林业出版社,2003.

[3] 陈习之,林超,吴圣莲.中国山水盆景艺术[M].合肥:安徽科学技术出版社,2013.

[4] 陈新生.传统艺术与现代设计[M].合肥:合肥工业大学出版社,2005.

[5] 程芳,李程.图说现代插花[M].北京:金盾出版社,2007.

[6] 邓光华.图说花卉盆景制作与养护[M].南昌:江西科学技术出版社,2004.

[7] 定琦.插花艺术[M].重庆:重庆大学出版社,2011.

[8] 冯荭.插花艺术[M].北京:气象出版社,2009.

[9] 冯天哲,余舒.礼仪花卉[M].北京:中国农业出版社,1994.

[10] 龚卫东.山水盆景的布局[J].花木盆景:盆景赏石,2001(12):37.

[11] 龚晓鹃.插花艺术[M].重庆:重庆大学出版社,2008.

[12] 顾永华,丁昕.图解盆景制作与养护[M].北京:化学工业出版社,2010.

[13] 关杰华,关洁.学插花[M].郑州:中原农民出版社,2008.

[14] 郭国蓬,郭曾廉.谈山水盆景的制作[J].河北林业科技,2007(S1):50-51.

[15] 郝平,张盛旺,张秀丽.盆景制作与欣赏[M].北京:中国农业大学出版社,2010.

[16] 华新.以花传情,借花明志——中国传统插花艺术漫谈[J].中国花卉园艺,2010(15):
11-13.

[17] 黄毅.浅谈山水盆景的制作[J].花木盆景:花卉园艺,1999(5):21.

[18] 蒋剑.浅论山水盆景的艺术特征[J].花木盆景:花卉园艺,1994(1):22-23.

[19] 黎佩霞,范燕萍.插花艺术基础[M].2版.北京:中国农业出版社,2002.

[20] 黎佩霞.怡情雅趣享插花[M].武汉:华中科技大学出版社,2013.

[21] 李大伟.由"佛前供花"到日本花道[J].科技信息:科学教研,2007(28):207,268.

[22] 李福东.现代插花及其审美教育价值[J].西南农业大学学报:社会科学版,2011,9(11):
87-90.

[23] 李树华.中国盆景文化史[M].北京:中国林业出版社,2005.

［24］李宪章.切花保鲜技术［M］.北京:金盾出版社,1998.

［25］李欣然.盆景与插花技艺图解［M］.兰州:甘肃科学技术出版社,2006.

［26］李玉琴.中国画艺术语言在当代插花艺术当中的审美体现［J］.长沙铁道学院学报:社会科学版,2008,9(4):80-81.

［27］李正应,张连如,等.插花与厅室花卉装饰［M］.北京:科学技术文献出版社,1998.

［28］梁雪妮.插花艺术教程［M］.昆明:云南大学出版社,2004.

［29］林凤书.壁挂盆景［J］.花木盆景:上半月,2005(10):39.

［30］林凤书.盆景几架的种类及其应用［J］.花木盆景:花卉园艺,2005(8):44-45.

［31］林凤书.山水盆景制作常识［J］.花木盆景:花卉园艺,2005(4):44-45.

［32］刘飞鸣,邬帆.创意插花［M］.南京:江苏科学技术出版社,2002.

［33］刘飞鸣,邬帆.现代花艺设计［M］.杭州:中国美术学院出版社,1998.

［34］刘洪.北京山水盆景［J］.中国花卉盆景,2007(7):58-59.

［35］刘金海.插花技艺与盆景制作［M］.2版.北京:中国农业出版社,2009.

［36］刘金海.盆景与插花技艺［M］.北京:中国农业出版社,2001.

［37］刘墨.中国画论与中国美学［M］.北京:人民美术出版社,2003.

［38］刘中华,郑芳.插花艺术［M］.沈阳:辽宁大学出版社,2007.

［39］龙振宇.插花艺术的审美与创造［J］.花木盆景:花卉园艺,2000(10):16.

［40］卢艳,孙慧峰.插花艺术遵循的原则及作品养护［J］.现代园艺,2011(7):30.

［41］罗云波,蔡同一.园艺产品贮藏加工学:贮藏篇［M］.北京:中国农业大学出版社,2001.

［42］马伯钦.绘图盆景造型2 000例［M］.北京:中国林业出版社,2013.

［43］马大勇.中国传统插花艺术情境漫谈［M］.北京:中国林业出版社,2003.

［44］马德.插花造型设计［M］.武汉:湖北科学技术出版社,2003.

［45］马文其.盆景制作与养护［M］.北京:金盾出版社,1993.

［46］马文其.山水盆景制作及欣赏［M］.北京:中国林业出版社,2001.

［47］彭春生,李淑萍.盆景学［M］.3版.北京:中国林业出版社,2009.

［48］齐放,陈丽霞.古诗词意境插花:唐诗篇［M］.郑州:河南科学技术出版社,2003.

［49］邵忠.山水盆景的分类［J］.园林,2005(2):50-51.

［50］邵忠.山水盆景的立意［J］.园林,2005(4):50-51.

［51］邵忠.中国盆景艺术［M］.北京:中国林业出版社,2008.

［52］苏本一,林新华.中外盆景名家作品鉴赏［M］.北京:中国农业出版社,2002.

［53］苏本一,仲济南.中国盆景金奖集［M］.合肥:安徽科学技术出版社,2005.

［54］唐彩丽.浅谈山水盆景的创作［J］.科技信息,2012(29):463-464.

［55］唐吉青.山石盆景制作［J］.花木盆景:盆景赏石,2001(8):17-19.

［56］宛成刚.插花艺术［M］.上海:上海交通大学出版社,2005.

［57］汪彝鼎.怎样制作山水盆景［M］.北京:中国林业出版社,1989.

［58］王诚吉,马惠玲.鲜切花栽培与保鲜技术［M］.咸阳:西北农林科技大学出版社,2004.

[59] 王红兵,谭端生.盆景艺术与制作技法[M].昆明:云南科技出版社,2000.

[60] 王立平.插花艺术设计初步:插花艺术初级[M].北京:中国林业出版社,2007.

[61] 王莲英,秦魁杰.中国传统插花艺术[M].北京:中国林业出版社,2000.

[62] 王莲英.中国插花艺术发展简史[J].中国园林,2006,22(11):44-48.

[63] 王莲英.中国传统插花历史发展和艺术特点[J].北京林业大学学报,1991,13(3):7-11.

[64] 王文成,郝明会.浅谈如何鉴赏插花艺术作品[J].吉林蔬菜,2011(2):85-86.

[65] 王先霈.中国文化与中国艺术心理思想[M].武汉:湖北教育出版社,2006.

[66] 王志东,陈佳瀛,陈艳华.论张莲芳大师传统插花艺术风格特点[J].园艺与种苗,2012(3):8-12.

[67] 韦金笙.韦金笙论中国盆景艺术[M].上海:上海科学技术出版社,2004.

[68] 韦金笙.中国扬派盆景[M].上海:上海科学技术出版社,2004.

[69] 韦金笙.中国盆景名园藏品集[M].合肥:安徽科学技术出版社,2005.

[70] 韦金笙.中国盆景艺术大观[M].上海:上海科学技术出版社,1998.

[71] 韦金笙.中国盆景制作技术手册[M].2版.上海:上海科学技术出版社,2018.

[72] 吴仁义,乔红根.图说山水盆景制作与养护[M].南昌:江西科学技术出版社,2001.

[73] 吴仁义.山水盆景的空白美[J].园林,1997(5):38.

[74] 吴诗华,汪传龙.树木盆景制作技法[M].修订版.合肥:安徽科学技术出版社,2016.

[75] 伍碧凤,李桂珊.花之妙韵舞蹁跹——"绿野和鸣"插花作品设计制作赏析[J].广东园林,2012,34(5):7-9.

[76] 肖芳锐.浅谈山水盆景的摆件安放[J].花木盆景:花卉园艺,1996(3):23.

[77] 肖遣.盆景的形式美与造型实例[M].合肥:安徽科学技术出版社,2010.

[78] 谢利娟.插花与花艺设计[M].北京:中国农业出版社,2007.

[79] 熊承伟.盆景制作及欣赏[M].贵阳:贵州科技出版社,2000.

[80] 徐惠风,金研铭.室内绿化装饰[M].2版.北京:中国林业出版社,2008.

[81] 徐成文.浅谈山石盆景石料的选择[J].中国花卉盆景,2003(2):48.

[82] 徐玉安.花卉基础与插花艺术[M].武汉:湖北科学技术出版社,2004.

[83] 俞慧珍.山水盆景制作与养护[M].南京:江苏科学技术出版社,2004.

[84] 曾端香.插花艺术[M].2版.重庆:重庆大学出版社,2006.

[85] 曾景祥,等.中国书画在现代平面设计中的创新与应用研究[M].成都:西南交通大学出版社,2006.

[86] 曾宪烨,马文其.树木盆景造型养护与欣赏[M].北京:中国林业出版社,1999.

[87] 曾宪烨,马文其.新编盆景造型技艺图解[M].北京:中国林业出版社,2008.

[88] 张鲁归.中国画论与盆景[J].园林,2008(2):87.

[89] 张宗贤.图说插花制作和技艺[M].上海:百家出版社,2005.

[90] 赵丽芹.园艺产品贮藏加工学[M].北京:中国轻工业出版社,2001.

[91] 钟伟雄.现代西方插花艺术设计沙龙[M].北京:中国林业出版社,2002.

［92］仲济南.名家教你做山水盆景［M］.福州:福建科学技术出版社,2006.

［93］仲济南.山水盆景:名家授艺十日通［M］.福州:福建科学技术出版社,2007.

［94］仲济南.山水盆景制作技法［M］.2 版.合肥:安徽科学技术出版社,2011.

［95］仲济南.中国山水与水旱盆景艺术［M］.合肥:安徽科学技术出版社,2005.

［96］朱迎迎.意境插花［M］.上海:上海科学技术出版社,2003.

［97］庄茂长,张丕方,等.盆景与插花技艺［M］.兰州:甘肃科学技术出版社,1986.